可怕的心理学

可怕的心理学

桑楚　主编

中国华侨出版社
北京

图书在版编目（CIP）数据

可怕的心理学／桑楚主编. —北京：中国华侨出版社，2013.5 （2022.4重印）
ISBN 978-7-5113-3535-7

Ⅰ.①可… Ⅱ.①桑… Ⅲ.①心理学—通俗读物 Ⅳ.①B84-49

中国版本图书馆CIP数据核字（2013）第084662号

可怕的心理学

主　　编：桑　楚
责任编辑：滕　森
封面设计：阳春白雪
文字编辑：于海娣
美术编辑：宇　枫
经　　销：新华书店
开　　本：720mm×1020mm　1/16　印张：24　字数：351千字
印　　刷：北京德富泰印务有限公司
版　　次：2013年6月第1版　2022年4月第6次印刷
书　　号：ISBN 978-7-5113-3535-7
定　　价：68.00元

中国华侨出版社　北京市朝阳区西坝河东里77号楼底商5号　　邮编：100028
发 行 部：（010）88866079　　　　　　　传　　真：（010）88877396
网　　址：www.oveaschin.com　　　　　E－m a i l：oveaschin@sina.com

如发现印装质量问题，影响阅读，请与印刷厂联系调换。

前　言

　　人的言行总是在无意识中受到"深层心理"的影响，一举一动都在"泄露天机"，无意识、下意识、潜意识，无不暴露内心真意识。

　　从内心产生的愿望、不安和孤独感，到针对他人的攻击和敌意，等等，在我们的内心深处，存在着连我们自己都不知道的某种力量在支配着这一切。在这种"深层心理"面前，我们往往无能为力，很难读懂人们内心深处的秘密。作为一门研究人类行为和心理过程的科学，心理学却能知晓人类内心深处的想法，找到内心深处支配我们行动的力量。

　　其实，日常生活中很多看似平常的行为，人们司空见惯的现象，人生中的各种问题，都与心理学有着千丝万缕的联系。不论是日常交往，还是求职社交；不论是婚恋教子，还是职场谈判，都深深地受到心理学的影响。正如冯特所说："一块石头，一棵植物，一种声音，一束光线，就观念而论，都是心理学的对象。"

　　每个人都希望了解自己，了解他人，但是这并不容易做到。心理学的出现让这一切都变得简单起来，它可以帮助人们认识自己，看透别人，破解生活中的许多难题，从而让你更好地驾驭自己的人生。

　　如何分辨人的真心话、客套话和谎言，在人际交往中能如鱼得水、左右逢源？恋爱和婚姻中的心理学规律有哪些，如何才能收获美满的爱情和幸福的婚姻？梦的真相如何，人的深层心理究竟是怎样的？怎样做才能知人识心，也更加了解自己？内心的黑暗以及与之相关的心理疾病要如何祛除？怎样才能拥有更加健康的心态和幸福的生活？怎样才能提高自我认知水平，发

1

现未知的自己？《可怕的心理学》从人际交往、男女关系、梦和深层心理分析、现代人的心理问题和精神病理四个方面，阐述了人们普遍存在的心理规律，并通过大量的心理个案与实验案例，全面剖析了心理学在社会生活各个领域的广泛应用以及心理学规律对人类发展的巨大作用，以及各种心理问题产生的原因和解决方法等。帮助读者轻松掌握心理学的智慧与奥秘，从而更好地了解自己、读懂他人、认识社会，拥有融洽的人际关系、良好的心态和幸福的生活。

要洞察人心的秘密，先要分析人的行为，而了解他人其实就是为了了解自己。读完这本《可怕的心理学》，了解并学会在学习、工作、生活中运用"可怕"的心理学，有助于我们不断进步，获得生活和事业上的成功，进而实现人生价值的突破。

目 录

第一篇　可怕的交际心理学

第二篇 可怕的男女心理学

第三篇 可怕的梦和深层心理学

第四篇 可怕的心理问题和精神病理

第一篇
可怕的交际心理学

第一章

所有的人都可能说谎

第一节　谎言，我们必须面对的事实

谎言，我们必须面对的事实

　　我们的大脑从接收到信息到指挥身体各个部位发出信息的刹那，经过了高速而缜密的思维过程，掌握语言中枢的新皮质大脑会根据不同的情况分析出最佳的对话策略，于是就出现了所谓的"口是心非""言不由衷"等情况。如果有人宣称他这辈子从来没有撒过谎，想必任何人都不会相信。我们无法否认也无法拒绝我们生活在一个充满谎言的世界里这一事实，正如法国的沃尔纳格所说，人人生来都是纯真的，每个人死去时都是说谎者。的确，人人都会撒谎，撒谎可以说是人类天性的表露。

　　例如，一个年年都是"三好学生"的小学生为了获得一次和同学去郊外野餐的机会，他会理直气壮地告诉父母，周末的作业习题他都已经完成了，而事实上他才做了一半；一个刚毕业不久的大学生，虽然只进入了一家普通的公司，拿着微薄的薪水，为了不让家人担心，会夸口说他进了一家声名显赫的大公司，一个月的薪水有多少多少，而事实上他的薪水只有他说的一半。

　　心理学家告诉我们，说谎是人类区别于其他动物的重要特点之一，是人类社会生活中不可缺少的部分。有研究结果表明，大多数人平均每天会撒两次大谎，人与人的交谈中有三分之一的部分存在某种形式的谎话，但是，其中只有五分之一被人们察觉到了，有 80% 以上的人曾经为了获取工作或保住职位而说谎，对伴侣说谎的频率更是居高不下。

可见撒谎在我们的生活中比比皆是。甚至有位西方哲人说，社会就是由谎言组成的，人与人之间就是互相撒谎的关系。这句话当然有些偏激，但不可否认，撒谎的确是人类日常生活的一个组成部分。只要我们稍稍留意一下，就会发现在我们的生活中，随时随地都会听到各种各样的大大小小的谎言，其中有一些只是善意的欺骗，还有一些是恶意的谎言，会对我们造成伤害，因此我们必须学会如何面对谎言，从而有效地保护自己。虽然我们无法阻止别人说谎，但是我们可以学着永远不上当。

为什么会出现"口是心非"

大家普遍认为，口头语言是人际沟通的唯一途径，但许多人却忽略了口头语言并不是"百分之百"准确。在很多情况下，口头语言并不能将人们内心的真实想法，即所谓的"心口不一"，当然也包括了人际交往中常出现的"口是心非"。

我们已经知道，人体所有的行为都受到大脑的控制。不论是弯腰、挠痒，还是三级跳、后空翻，这些动作都是通过大脑掌控的。长久以来，在大多数人的印象中，我们每个人都只有一个大脑，实际上，在我们的大脑中，有三个截然不同的部分，或者说每个人其实有三个大脑，每个大脑都具有不同的特点和功能，它们合起来构成了完整的人脑，给人体的每个部位下达指令，这三个部分分别是脑干、边缘系统和大脑新皮层。

其中，边缘系统对人类的非语言行为起着重要的作用，它主管人类的情绪和感觉功能。其他哺乳类动物和人类一样也有"边缘系统"，这是大脑最古老的一部分，使得人类得以成为一个存活了数百万年的物种。边缘系统的主要功能是对我们的听觉、视觉、感觉和触觉作出反应。这些反应是即时的一瞬间的无须经过思考的；因此，它就能对环境作出最诚实的回应。

相比起来，"新皮层"则是人脑这一"宝库"的最新成员，掌管记忆、计算、分析、解析和直觉等高级思维活动，而这些能力的高级程度是人类这一物种独有的。由于它具备复杂的思维能力，所以这一部分的大脑和"边缘系统"不同，它并不总是老老实实的，相反，它会经常撒谎，是大脑构成的3个部分中最不可信的。当有个令人讨厌的人走过身边，老实的"边缘系统"可能会迫使人们做出斜视的动作，这是下意识的，而聪明的"新皮层"则很善于对真实的感受撒谎。掌控大脑语言运动中枢的"新皮层"也许会让我们在看到那个讨厌的人时，一脸笑容地说："好久不见，真高兴再见到你。"尽管这话一听完全就是假的。由于"新皮层"擅长说谎，所以别指望能从它那儿得到既可靠、又准确的信息。

对于语言系统本身而言，这套符号系统若要传播人们内心的想法，首先要进行编码，把思想转换为语言符号。当信息传递给别人时，他人在领会意义时又要进行解码，也就是把语言符号重新转化为思想。但由于存在个人表达和他人理解的偏差，往往就容易让接受者在信息传输上产生与本意有异的现象。

语言并非天生，而是经过后天的学习才能掌握的技能。对于一项客观存在的技能，必然有人掌握得好，有人掌握得差。就像生活中，我们常会形容一些人口齿伶俐，而另一些人笨嘴拙舌，这个区别就来自他们对口头语言技能的掌握。当然，这并不能作为判断一个人聪明或愚蠢的标准，但往往容易让人产生误解。

人们刻意地歪曲了内心的真实想法，这就导致了谎言的产生。在很多情况下，人们在说话时，会出于一定目的地隐藏自己的本意。无论是基于什么原因，这些话都会对沟通和交流的效果大受影响，交流的时间被浪费，语言传递信息的作用被削弱。

现实生活中，也许你还没有意识到口头语言的局限，相信看到下文列举的场景后，你一定会觉得熟悉。

场景一：他接受你的观点了

你试图劝说一个顽固的人，虽然他表面上满口答应，但目光斜视地面，双手抱肩，一副十分犹豫的样子。实际上，他内心也正在抵触你的观点，甚至可能计划着明天依然照旧，绝不改变。与其继续浪费时间，你还不如早些结束劝说。

场景二：孩子的谎言

一些小朋友们因为犯了错误而害怕受到家长的惩罚，便向家长说谎。虽然他们言辞上没什么漏洞，但由于内心充满了不安与愧疚，往往会在脸色、小动作或睡眠方面表现出异常。而这些反常的变化，就是孩子不诚实理由的最好证据。

场景三：朋友在说真心话

同朋友去特卖场买衣服，当穿上自认为漂亮的衣服问对方时，对方可能说："不错，还可以，你喜欢就行。"仔细观察他的表情你可能会发现，他的鼻子和嘴像快挤到一起了，眉毛皱得都打了结。这些表情都说明他没有说真话，实际情况是——这身打扮在你身上真是糟糕透了。但为了避免伤害你的自尊和心情，你的朋友只能选择一种举动，那就是口头上赞扬，身体上抗拒。这个时候，如果不是很为难，你最好考虑换一身衣服。

场景四：你到底有多高兴

有时候，言语不能完整地表达出内心所想。例如，在我们长久梦想的事情实现时，当时的心情根本无法用词来表达。因为，内心的感触要远比这些能说出的词汇更加丰富。而那些快乐与幸福更将成为人们"只可意会，不可言传"的心灵感触。

综上可见，人们内心与语言的不一致相当普遍。所以，我们在洞察人心的时候，不能完全依靠语言这一途径。

谎话大王的四张面孔

虽说人人都会说谎，没有一个人敢声称自己是绝对清白的，但人们说谎的频率确实有所差别，的确有那么一些人，是可信度极低的谎话大王，对于他们所说的话一定要秉着"批判主义的精神"，当然，你也可以把他们当作你练习识破谎言技巧的最佳教材。

心理学家为我们总结出了最爱说谎的 4 种人：

虚荣心重的人

生活中的很多谎言都是因为面子问题而产生的，虚荣心重的人最看重面子，这类人十分在乎他人对自己的评价，喜欢受到关注和赞美，不愿意别人看低自己，因为他们太注重外在的东西，而对个人的素质与气质疏于培养，但又渴望得到别人的喝彩，于是，他们凭内在的实力无法达到这种目的时，撒谎便成了他们使用的最便利的手段。这类人常常在不熟悉的朋友面前编造一些美好的谎言。例如自己的家庭背景有多好，身上戴的首饰值多少钱，甚至自己是哪所名牌大学毕业的。当然，这些谎言仅仅是为了满足个人的虚荣心，如果你识破了也大可不必揭穿它。

自卑感强的人

严重自卑的人通常敏感而脆弱，既能敏锐地感受到自己许多不如别人的地方，同时，又极容易把周围一切人对自己的注意——哪怕是关心和帮助——看成是对自己的怜悯。因此他们需要一些谎言来安慰自己，或者是借助谎言来逃避，在别人面前树立完美的形象，以谎言为武器来调整自己在他人心目中的位置和形象，用谎言来安慰、麻痹自己，在幻想中获得满足感和认同感。

过分争强好胜的人

争强好胜在一定程度上说是一种有益的品质，说明一个人积极进取、不甘落于人后，这样的人也更容易在事业上有较大的成就和作为。但任何事情都有个限度，超过这个限度便走向它的反面。要强也是如此，事事要强，时时要强，总想高出别人一头，这作为一种理想是很不错的，但如果把它落实在生活中，则太困难了。过分好强的人活得很累，他们事事都想出类拔萃，对自己要求很高。一旦失败或者遭遇挫折，往往没有勇气面对，只能用谎言编织理由为自己寻找退路，维护面子和自尊，虚构成功的情景、蒙骗他人或欺骗自己，便常常成为他们的拿手好戏。

过分以自我为中心的人

趋利避害是人的本性，我们每个人在思考问题、处理事情时，都不免会以自我为中心，首先考虑保全自己的利益。但这种以自我为中心的心理应有个限度。如果没有损害他人的生活，大家自可相安无事。但如果一个人以自我为中心的心理严重到过分的地步，在与他人发生利益冲突的时候，在任何时候都只考虑自己的利益，损人利己的谎言也就随之而来。

身体语言如何泄露谎言

可能很多人都会认为说谎是一件很容易的事，其实并不是这样。说谎，尤其是想成功地说一次谎，是一件非常困难的事。为什么说谎就这么困难呢？主要原因在于当一个人撒谎时，他的潜意识不会听从他的"指挥"，而会独自行动。如此一来，他的身体语言就会使他的谎言不攻自破。这就是为什么那些平常很少说谎的人，一旦说谎，无论其谎言多么完美，显得多么真实可信，都会很容易被对方识破。因为从他开始说谎的那一刻起，他的身体就会发出一些自相矛盾的信号（身体语言和有声语言处于相互矛盾的状态之中），这就会让对方觉得他一定在撒谎。而那些职业说谎家，比如某些骗子，他们之所以说谎时不容易被别人识破，关键就在于他们能够有意识地将自己的身体语言和有声语言协调到较为完美的境界。因此，当他们向人撒谎时，人们往往会深信不疑。

看到这儿，有些读者可能会好奇地问，那些职业骗子是如何让自己的身体语言和有声语言达到较为完美境界的？一般来说，他们常用以下两种方法来实现这一目的。其一，平日反复练习说谎的时候做出正确的身体姿势，长时间的反复练习是必不可少的，一般为 2 ~ 3 年。其二，尽可能地减少身体语言，尤其是自己潜意识不能控制的身体语言，这样，他们在说谎的时候，就会很少做出一些负面动作了。不过，要想做到这一点，往往是非常困难的。下面的这个实验也证明了这一点。实验中，心理学家让参加实验的人故意向他撒谎，并让他们尽量压抑一切身体姿势，不管是正面的，抑或是负面的。

然而，那些故意撒谎的人虽然控制住了主要身体语言，但仍有不少的细微动作表现了出来。比如，瞳孔缩小、用手触摸鼻子、拽衣领、脸色潮红、鼻子出汗，以及其他一些细微动作，而这些细微的动作已经暴露了一个人在撒谎。

由此可见，要想成功地欺骗他人，最好的办法就是将自己的身体隐藏起来，让别人只能"闻其声，而不能见其人"。也正是因为这个原因，审问嫌疑犯时，审讯人员往往会将疑犯置于一个空旷屋子的中间，或是置于较为强烈的灯光之下，以便让他们的全身都暴露在自己的视线之中。这种情况下，嫌疑犯任何一个细微动作都逃不过审讯人员眼睛，如果他们一旦说谎，就会非常容易地被揭穿。

一般来说，当你坐在桌子的后面，并借用桌子部分抵挡住自己的身体，或是从关着的门后面露出脑袋对人撒谎就较为容易成功了。当然，辅助撒谎的最好工具还是电话，或者是 QQ 等聊天工具。

对方直视你的眼睛，也未必在说真话

人们往往相信，当一个人说谎时，他会因为心虚而不敢正视对方的眼睛，而是将自己的视线移向一边。那么我们是否可以就此认定，当一个人和另一个人谈话时只要他敢于直视对方的眼睛，他就一定没有对对方撒谎呢？先不着急回答这个问题，一起来看下面这个实验。

实验中，心理学家把参加实验的人员分为甲、乙两组，并让甲组的人对乙组的人撒谎，同时，心理学家还要求甲组中85%的人在撒谎时一定要看着对方的眼睛。随后，心理学家把甲、乙两组人员的撒谎过程进行了录像。录像完毕后，心理学家来到一家电视台做了一期"你能识别哪些人在撒谎"的谈话节目。让台下观众看完录像节目后，心理学家便开始让他们来识别哪些人在撒谎，并让他们说明各自的理由。

结果发现，很多观众都中了心理学家的"圈套"。在那些撒谎时注视对方眼睛的"骗子"中，有95%的人没有被观众识破，他们认为那些"骗子"在实话实说。因为"骗子"们在说话时敢于注视对方的眼神。而在那些事先没有被心理学家叮嘱过在撒谎时要注视对方眼神的"骗子"中，有80%的人都被观众识破了。可见，"注视对方的眼睛"正是说谎者用来伪装的有力道具之一。

由此，我们也就可以回答刚才提出的问题了。长久以来，变幻莫测的眼神、频繁的眨眼、不敢对视，都被认为是说谎的信号。这些看法都有道理，但是由于大多数人都这么想，所以很多人在说谎时就利用了这种心理，故意盯着对方的眼睛，显得那么从容不迫、游刃有余，以此表明自己没有撒谎。视线的转移确实会显露出一个人的情感状态。例如，悲伤时，我们的眼睛会向下看；羞愧时，我们会低下头。如果不同意对方的观点，则会直接把视线从对方身上移开。但说谎的人绝不会这么做，因为他们害怕被你看穿。

说谎者的骗术固然高明，但也不是完全没有破绽，因为这种可以的"盯"和自然的凝视眼神是不同的。仔细观察就会发现，这种凝视很不自然。所以，即使对方直视你的眼睛，也未必在说真话。

顺势装糊涂，谬释其意解责难

美国第九任总统威廉·哈里森，小时候家里很穷，他沉默寡言，人们甚至认为他是个傻孩子，他家乡的人常常拿他开玩笑。比如拿一枚五分的硬币和一枚一角的银币放在他面前，然后告诉他只准拿其中的一枚。每次，哈里森都是拿那枚五分的，而不拿一角的。

一次，一位妇女问他："孩子，你难道真的不知道哪个更值钱吗？"

哈里森回答说："当然知道，夫人。可要是我拿了一枚一角的银币，他们就再不会把硬币摆在我面前，那么我就连五分也拿不到。"

看得出来，哈里森表面"傻"，装作不知道一角比五分多，可他的"傻"里面蕴含着智慧，从而使自己总能拿到钱。

大智若愚运用在语言诘难中，是指对对方的谬论假装不明白，故作曲解，谬释其意。

在某机场售票厅里，旅客们正在排队买票，突然，一位绅士粗暴地挤到售票窗口指责售票员工作效率太慢，当人们要他排队时，他又嚷道："你们叫什么？不知道我是谁？"

对此，售票员平静地向旅客说："各位，这位绅士有些健忘，已经不知道自己是谁了，不然，我想他不会做出有失身份的举动的。谁能帮助他回忆一下，他是谁呢？"

售票员的话引来了阵阵笑声，绅士羞得满脸通红，悻悻地走了。

售票员面对绅士的粗野，假装不知，顺势糊涂，实则机智幽默，大智若愚。

大智若愚是曲线型思维的结果，即采用拐弯抹角的进攻方式，因此，运用此法可以产生强大的嘲讽和幽默效果，是论辩家常用的雄辩技巧。

有一次，一个银行家揶揄地问大仲马说："听说你有四分之一的黑人血统，是吗？"

"我想是这样。"大仲马说。

"那令尊呢？"

"半黑。"

"令祖呢？"

"全黑。"

"请问，令尊祖呢？"

"人猿。"大仲马一本正经地说。

"阁下可是开玩笑？这怎么可能？"

"真的，是人猿，"大仲马怡然地说，"我的家族从人猿开始，而你的家族到人猿为止。"

这里，大仲马开始用"假痴"佯装自己的真实目的，麻痹银行家，然后反守为攻，突然出击，使对方猝然不防，陷于窘境。

现实交际中，懂得顺势装糊涂，可以轻松麻痹对方，从而让对方陷入被动境地。然后再采取反攻举措，便可以轻松制胜了。

第二节　学会识别"谎言的信号"

眼睛向右上方看，大脑正在制造想象

神经科学的研究告诉我们，当我们思考时，大脑中的不同区域会被激活，导致眼睛向不同的方向运动。眼睛向左上方看时，表明大脑正在回忆过去的情景或事物；眼睛向右上方看时，表明大脑正在想象一幅新的画面；眼睛向左下方看，表明大脑正在回忆某种味道或感觉；眼睛向右下方看，表明正感受到身体上的痛苦。也就是说，眼珠转动的方向会暴露我们的思想。借助这个线索，我们可以从对方眼睛运动的方向来判断对方是否在说谎。

具体来说，眼睛向左上方看，意味着大脑正在搜索记忆，所说的是真话；眼睛向右上方看，意味着大脑正在创建想象，所说的可能就是谎话。如果你周一早上问你的同事周末是怎样度过的，对方回答："带儿子去游乐场了。"此时，如果他的眼睛向左上方看，说明他脑海中正在浮现昨天和儿子在游乐场玩乐的情景，并没有撒谎；而如果他的眼睛向右上方看，则说明游乐场一事可能是他临时编造出来应付你的谎言。

人们在思考时，眼睛的运动方向是由大脑内活动的区域决定的，很难人为控制，因此，观察眼睛的运动方向来判别谎言不失为一个很好的办法。不过，为了确保判断的准确性，使用这个方法还有两个很重要的注意事项。

事先编造好谎言的人眼睛不会转动

眼睛的转动必须和相应的思维活动相联系才有意义，如果人们已经事先准备好了一套说辞，就等着你问他了，那你就不会看到他的眼睛运动有什么不同。因为即使谎言是虚构的，此时也变成了一种记忆。因此，只有在人们没有准备的情况下，一边说话一边构造谎言的时候，才能采用这种方法来判别。

眼睛解读线索并不适用于所有人

科学研究总结了大多数人的眼睛运动方式，但它并不适用于所有人，现实生活中总是存在着许多例外情况。例如，惯用左手的人眼睛转动的方向可能正好相反，往左上方看不是回忆而是编造谎言的表现。为了确保判断的准确，可以先提一些试探性的问题，找准对方眼睛转动的规律。例如，你可以先问对方"你觉得二十年后你会是什么样子？"这是一个关于想象的问题，仔细观察可以确定他在创建想象时眼睛转动的方向，然后就可以进行正确的判断了。

避免眼神接触，因为害怕被人看穿

大多数人在说谎时心中难免会有愧疚之感，以及担心谎言被揭穿的恐惧，愧疚和恐惧都会从他们的眼睛里流露出来，比如回避目光交流，或是低头不看对方，或是明显地把头偏向一侧，这些都可以说明这个人不坦诚。说谎时如果与别人对视，心里会更加紧张，然后就反映在眼睛里，因此说谎者本能地转移视线，以消除紧张感。

避免眼神接触或很少直视对方是典型的欺骗征兆。人在潜意识里觉得别人会从他的眼睛里看穿他的心思，因此，很多人会尽量避免和对方眼神接触，因为心虚所以不愿意面对你，眼神闪烁、飘忽不定，或者不停地眨眼。影视剧中经常可以看到这样的片段，一个人怀疑别人在对他撒谎，于是对那个人说："看着我的眼睛，告诉我，到底是怎么回事。"而对方却把头低下或者撇开，不敢直视对方。的确，眼睛很容易泄露谎言，持续长久和躲躲闪闪的目光接触都是对方在说谎的重要标志。

揉眼睛则是另一种避免眼神接触的方式。当一个小孩不想看到某些人或某些事情的时候，他可能会用一只或两只手来揉自己的眼睛。成人也一样，当他们看到某些不愉快的东西时，也可能会用手揉自己的眼睛。揉眼睛这个动作是大脑不想让眼睛看到欺骗、疑惑或是其他不好的东西，或者是不想让自己在说谎时与别人发生眼神接触，以免自己因心虚而露馅。一般来说，当一个男性撒谎时，他可能会用力揉自己的眼睛。如果谎撒得较大，他会转移视线，通常是将眼睛朝下；当一个女性撒谎时，她不会像男性那样用力揉自己的眼睛，相反，她仅会轻柔几下眼部下方，同时将头上仰，以免和对方发生眼神接触。

频繁眨眼也是说谎的标志之一。科学家通过暗中观察记录，发现人们在正常而放松的状态下，眼睛每分钟会眨 6~8 次。而这种间隔在非正常状况下被打破。所谓非正常状态就是说你的内心情绪有较大起伏，比如因为说谎而紧张，这个时候眨眼睛的频率就很可能会显著提升。撒谎的人内心无法平静，承受着担心谎言被识破的巨大压力。在这种压力下，说谎者或许可以控制自己的口头表达，但却很难控制身体语言，于是眼睛因为巨大的紧张感而不停地收缩。

当一个人心理压力忽然增大时，他眨眼的频率就会增加。比如，正常条件下（职业骗子除外），当一个人撒谎时，由于害怕自己的谎言被对方揭穿，他在说完谎话后，其心理压力会骤然增大，相应地他眨眼的频率会增加，最高可达每分钟 15 次。所以，你在和某个人谈话时，如果你发现他总是不断地眨眼睛，说话也变得结结巴巴，你就得留心他所说话内容的真实性了。

此外，英国动物学家戴斯蒙德·莫里斯在观察警察审讯的过程中发现，当人们说谎或努力掩饰某种情感时，他们眨眼时眼睛闭上的时间会比说真话时更长，这是另一种避免眼神接触的方式，说谎者在无意识中通过延长眨眼时间给自己关上"一道门"，从而减轻内心因说谎而产生的愧疚感。

假表情总是慢半拍、持续时间长

人的面部表情可以说实话也可以说谎话，而且常常是在同一时间内既说实话又说谎话。在现实生活中，人们时常利用面部表情来作为掩饰和伪装其真实思想感情的"面具"。例如，因违章而受到交警训斥的司机为了避免把事情搞得更糟，往往故作笑脸，表现得服服帖帖；一对正在家中赌气的夫妻，一旦有贵客来访，便会装出没事的样子，笑脸相迎。当人们撒谎时，也会制造虚假的表情来掩盖真相，为了识别谎言，我们必须学会如何识别虚假表情。

虚假表情包括两种，伪装的表情和克制的表情。伪装，即假装出一种与自己真情实感相反的情感。例如小学生假装肚子疼请假回家时脸上装出的表情。克制，即为了不让别人发现我们真实的情感，努力控制自己的脸部肌肉，故作镇定。善于撒谎的人往往会小心翼翼，不让他们真实的情感以这种方式偷偷显露出来。无论是伪装还是克制，虚假表情的表现方式毕竟与自然流露的表情有所不同，最重要的区别即虚假表情总是慢半拍，而且持续时间长。情绪出现的时间快慢是很难人为控制的，由于刻意制造的假情绪不是自然发生的，因此它出现的时间总是会稍微延后，持续时间也会比真实的表情要久，然后就"突然"消失了。

假表情总是慢半拍

反映内心真实感受的表情被称为"最初的反应表情"，会在情感产生的一秒钟之内立刻流露出来，之后才能进行人为的掩饰或伪装。因此，如果对方话还没说出口，或者刚开始说话时看起来就很生气，那么他可能确实被激怒了。相反，如果他说完之后才开始表现出很生气的样子，撇着嘴、瞪大了眼睛，这就是刻意加上的表情，并非出于内心的真实情感，对方只是想表现出很生气的样子。

假表情持续时间长

表情持续的时间长短也可反映出说谎的印迹。停顿时间长的表情通常是假的，比如10秒钟或10秒钟以上的时间，甚至停顿5秒钟的表情也可能是不真实的。除了那种极其强烈的情绪感受，比如欣喜若狂、勃然大怒、悲痛欲绝等，自然的表情都不会超过4～5秒钟。而且，即使是非常激动的情绪，其表情也不可能持续太久，而是一阵阵地短暂地出现。只有象征性表情和嘲弄式表情是长时间存在的。例如，真正的惊讶表情从形成到消失不到1秒钟，如果有人对你说的话展现出长达3秒的惊讶表情，他多半是在故意假装自己不知道这件事。

面部表情是说谎者最容易作伪的部位，这给判断一个人是否在撒谎带来了麻烦。假如是好消息，面部表情中总有一部分是人为无法控制的情不自禁流露出来的，因此，我们可以通过识别对方脸上掩饰不住的真实表情来揭穿谎言。面颊肤色变化就是典型的紧张征兆。面颊的颜色会随着情绪的变化而发生相应的变化。面颊肤色的变化是由自主神经系统造成的，是难以人为控制或掩饰的。最明显的是变红和变白。人们最常见的面颊变红经常出现在害羞、羞愧和尴尬等情形中，脸红也是愤怒的表现，愤怒时，面颊瞬时转为通红而不是由面颊中心慢慢扩散开来。当愤怒中的人们想极力抑制自己的怒气和克制自己的攻击性冲动时，其面颊肤色会变得苍白，当人们处于惊骇的情绪状态下，面颊肤色也会变得苍白。可见，由面颊肤色的变化我们可以观察到对方真实的情感。类似的线索还有很多，只要在生活中留心观察，定能有所收获。

突然放大的瞳孔揭示隐藏的情感

人类瞳孔的变化是不由人的主观意志控制的，完全是下意识的反应，因此可以真实地反映人的情绪变化。前面已经提到，人的瞳孔会随着情绪的变化而相应地放大或缩小。无论说谎者的演技多么高超，他也无法掩盖这一点。瞳孔的这种变化是人无法控制的，因此只要我们留意观察对方的瞳孔，就能断定他是否在说谎。

当我们对眼前的事物或者谈话内容感兴趣的时候，瞳孔就会放大。如果一个人的瞳孔变化和他试图表现出来的情绪不相符，就可以怀疑他所说的真实性。警察在询问嫌疑人时经常会用到这个方法。例如，警察想要知道嫌疑人和另一名疑犯是否相互认识，会把许多张照片一张一张地给嫌疑人看，其中只有一个是目标人物，嫌疑犯看到目标人物的照片时，瞳孔会突然放大然后恢复，警察如果能够观察到这个细节，基本上就可以下结论了。

关于瞳孔与谎言的关系，俄国有一个故事。

一个叫卡莫的俄国人在外国被警察抓获，沙皇政府要求引渡他。卡莫知道，一旦他回到俄国，无疑将面临死刑。于是他装成疯子，企图以此逃过惩罚。他的演技骗过了一位又一位经验丰富的医生，最后他被送到德国一个著名的医生那里进行鉴定。这位医生把一根烧红的金属棒放在他的手臂上，为了逃避惩罚，卡莫忍受着巨大的疼痛，没有喊叫，也没有露出任何痛苦的表情，但是他的瞳孔因为痛苦和恐惧而放大了。聪明的医生看到了这一点，完全明白了他不是丧失了知觉的疯子，而是一个正常人。

可见，演技再高超的骗子也无法控制自己瞳孔的大小变化。故事中的医生正是利用瞳孔与恐惧情绪之间的联系发现了这个俄国人的破绽。反过来，人们也可以利用瞳孔变化与兴奋情绪之间的联系来识破谎言。

第二次世界大战期间，盟军反间谍机关抓到一个可疑的人物，此人自称是来自比利时北部的流浪汉。这位流浪汉的言谈举止十分可疑，眼神中露出一种机警、狡黠，不像普通的农民那么朴实、憨厚。法国反间谍军官吉姆斯负责审讯此人，吉姆斯怀疑他是德国间谍。

第一天，吉姆斯问这位流浪汉："你会数数吗？"流浪汉点点头，开始用法语数数，他数得很熟练，没有露出一丝破绽，甚至在德国人最容易露馅的地方也没有出错，于是，他过了第一关。

吉姆斯设计了第二招，让哨兵用德语大声喊："着火了！"然而流浪汉似乎完全听不懂德语，一动不动地坐在椅子上，脸上也没有任何表情。吉姆斯心想，这个间谍果然不简单。

吉姆斯冥思苦想，想出了一个特别的办法。第二天，士兵将流浪汉押进审讯室，他依然是一副无辜的样子，十分冷静。吉姆斯看见他进来，假装非常认真地阅读完一份文件，并在上面签字之后，故意用德语说："好了，我知道了，你的确就是一个普通的农民，你可以走了。"

流浪汉一听到这话，误以为他骗过了吉姆斯，不自觉地卸下了防备，于是抬起头深深地呼吸，瞳孔突然放大，眼睛里闪过一丝兴奋。吉姆斯从这短暂的表情中看出了端倪，看来这位流浪汉确实会讲德语，而且之前一直是在伪装。吉姆斯抓住这个细节，对流浪汉进一步审讯，终于揭穿了他的谎言。

总之，瞳孔放大必然和恐惧、兴奋等情绪有联系，即使对方的身体一动不动、一言不发，仅从瞳孔的变化也可以发现他企图掩藏的情绪，从而揭开谎言。

第三节　看透他人内心，识破谎言

利用他的虚荣心，不必碰灰办成事

哈伯博士原来是芝加哥大学的校长。他是那个时代最好的一位大学校长，曾为学校筹募了数额庞大的基金。洛克菲勒捐款百万美元以支持芝加哥大学就是由他筹资的。

一次，哈伯博士需要一百万美元来兴建一座新的建筑。他拿了一份芝加哥百万富翁的名单，研究可以向什么人筹募这笔捐款。

哈伯博士选了其中两个人，他们都是千万富翁，而且是生意场上的死对头。其中一位当时是芝加哥市区电车公司的总裁。哈伯博士选了一天的中午时分——这时候，办公室的人员都已外出用餐了——悠闲地走入总裁办公室。

因为哈伯博士知道如果通过正常方式向这位总裁发出请求并约定见面的时间，这期间一定会浪费很多时间，并使这位总裁有时间准备充分的理由来拒绝这个让他花钱的请求。而现在对方对于他的突然出现，大吃一惊。

哈伯博士自我介绍说："我叫哈伯，是芝加哥大学的校长。请原谅我自己闯了进来，外面办公室没有人，我只好自己决定，走了进来。"做完简短的自我介绍后，哈伯博士继续说："我曾多次想到你，以及你们的市区电车公司。你已经建立了一套很好的电车系统，赚了很多钱。但是，每一想到你，我总是要想到，总有一天你就要进入那个不可知的世界。在你走后，你并未在这个世界上留下任何纪念物，因为其他人将接管你的金钱，而金钱一旦易手，很快就会被人忘记它原来的主人是谁，每当想到这里，我都不禁会为你惋惜。

"我常想提供你一个让你的姓名永垂不朽的机会。我可以允许你在芝加哥大学兴建一所新的大楼，以你的姓名命名。我本来早就想给你这个机会，但是，学校董事会的一名董事却希望把这份荣誉留给××先生（电车公司老板的敌人）。不过，我个人在私底下一向欣赏你，而且我现在还是支持你，如果你能允许我这样做，我将去说服校董事会的反对人士，让他们也来支持你。

"今天我并不是来要求你做出决定，只不过是我刚好经过这儿，想顺便进来坐一下，和你见见面，谈一谈。你可以考虑一下，如果你希望和我再谈谈这件事，麻烦你有空时拨个电话给我。再见，先生，我很高兴能有这个机会和你聊一聊。"

说完这些，他把自己的名片放到总裁的办公桌上并低头致意，然后退了出去，不给这位电车公司的老板表示意见的机会。事实上，这位电车公司老板根本没有任何机会说话，都是哈伯先生在说话，这也是他事先计划的。他进入对方的办公室只是为了埋下种子，他相信，只要时间来到，这颗种子就会发芽，成长壮大。

果然，正如他所预想的那样，他刚回到办公室，电话铃就响了，是电车公司老板打来的电话。他要求和哈伯博士定个约会，具体谈谈这件事情。第二天早上，两人在哈伯博士的办公室见了面，一个小时后，一张一百万美元的支票就交到哈伯博士的手上了。

哈伯博士的高明之处就在于：第一，利用合适的时间。午休时，办公室的文职人员都不在，省去了不必要的程序，而那位总裁的精神状态也处于放松阶段。第二，合理的理由。让这位成功的总裁永垂不朽，准确地抓住了总裁的心理需求。第三，巧妙的方法。他以特殊的方式提出说辞，而制造出机会。他使这位电车公司老板处于防守的地位（似乎是哈伯在给他帮忙，而不是有求于他）。他告诉这位老板说，他（哈伯博士）不敢肯定一定能说服董事会接受这位老板想使他的姓名出现在新大楼的欲望，这样就在那位老板脑中灌输了这个念头：如果他不予捐款的话，他的对手及竞争者可能就要获得这项荣誉了，由此激起了那位老板好胜的虚荣心，以至不捐款反而不痛快了。

每个人都有或多或少的虚荣心，如果巧妙地利用，可能更容易达到你的目的。所以你应该记住：必要时，善意的谎言更能让人成功。

别人的"危言"，可以听但不能"耸听"

一只老鹰飞到一棵大橡树上筑起了巢，将家安在树枝上。一只猫在这棵树的树干上找到一个树洞，稍加整理后也在那里安家，并且生下了小猫。母野猪不会爬树，但是在树底下找到一个洞，于是带着小猪住在树根的洞里。刚开始时，三家互不侵犯，相安无事。

后来，猫想独占这块地方，把老鹰和野猪都赶走。缜密计划后，猫便实行她的诡计。她先爬到老鹰巢边，哭丧着脸说："哎！你们真不幸啊！不久你的家将要被毁灭，甚至连命也会丢掉，而我们也很危险。你往下看看，树下的野猪天天挖土，想把这棵树连根拔掉。树一倒下，她就可以轻而易举地把我们的孩子抓去，喂给她的孩子吃。树下的洞越来越大，我们该怎么办啊？"听了猫的哭诉，老鹰吓得心惊胆战，惊慌失措，绞尽脑汁想办法躲避危机。

猫见自己的话起到了作用，心里暗自偷笑，她来到野猪洞里说："野猪妈妈，你怎么还这么安心地住着啊？危险来了你还不知道！你的孩子们非常危险，只要你出去为小猪找食，树上的老鹰就会把他们叼了去。你没见老鹰天天站在树上盯着你等候时机吗？你可千万别大意啊。"野猪连连感激猫的提醒，心里也非常害怕。

猫狠狠地吓唬了老鹰和野猪后，假装自己也很害怕，躲进了她的树洞，以此来迷惑老鹰和野猪。到了晚上，她却偷偷地跑出去为自己和孩子寻找食物。白天，她仍装出一副恐惧的样子，整天躲在洞口守望着。

于是，老鹰害怕野猪把树挖倒，伤到自己的孩子，每天都静静地坐在枝头，不敢乱走；野猪也害怕老鹰趁自己不在叼走小野猪，每天不敢走出洞来，在家保护孩子。

过了不久，老鹰和野猪以及他们的孩子都饿死了。猫便把老鹰和野猪作为自己和孩子的食物了。

在上面的故事中，猫是一个两面三刀、挑拨离间的恶人，为了独占大树，她挑拨了老鹰和野猪的关系，引起了它们的心理恐慌。老鹰和野猪不经过证实便相信了猫的话，为了躲避不存在的危机连命都搭上了，让猫的诡计得逞。坏人无端的"提醒"其实是迷惑你的烟雾，你不能保持心里的镇定，不经过思考，便会成为坏人渔利的工具。

与人交往之初，在没有利益纷争的时候，都是各司其职，相安无事。一旦出现竞争，涉及利益冲突的时候，人的本性便开始显露出来。有的人为了在竞争中占据有利地位，或者妄图独霸利益，就绞尽脑汁挑拨离间，设计陷阱。这样的人用心极其险恶，他们总是给别人制造恐慌，唯恐天下不乱。对于这样的人，绝对不能被他们唬住，自己要具备辨别真伪的能力，不要因为别人的三言两语便提心吊胆，诚惶诚恐。世界没有那么多纷争，真正乱的是我们的内心。

利用心虚策略，悄无声息辨别谎言

说谎者因为这种难以消除的害怕感和心虚感，将会让我们成功地识破谎言。

宋宁宗年间，刘宰出任泰兴县令。一次，一个大户人家丢失了一支金钗，四下寻找不见，告到县上。刘宰调查后，了解到金钗是在室内丢失的，当时只有两个仆妇在场，但谁也不承认拿了金钗。

刘宰将两人带到县衙，安置在一间房子里，也不审问。众人都很困惑，刘宰却像没事人一样，饮酒散步，与大家闲谈。

到了天黑以后，刘宰拿着两根芦苇走进关押仆妇的房间，每人给了一根，说道："你们好好拿着芦苇，明天我要根据芦苇决案，谁要偷了金钗，芦苇就会长出二寸来。"说罢关门走了。

第二天，仆妇被带到堂上。刘宰取过芦苇审视，果然有一根长出二寸。刘宰嘿嘿一笑，却指着手持短芦苇的仆妇大声喝道："你如何盗得主人金钗？还不从实招来！"那个仆妇战战兢兢，当即跪倒在地，口中喃喃道："是我拿了金钗，大人如何知道？"

刘宰答道："我给你们二人的芦苇是一样长的，你若心中没鬼，为何要偷偷截去一节？"仆妇方知上了当。

刘宰正是因为知道撒谎的仆妇有恐惧和心虚感，才用这个测试办法使其自我暴露，辨识出了说谎者。

现实生活中，有很多时候，我们都希望悄无声息地查出别人有没有对我们说谎。如果直接去问，对方即便说了谎也很难承认；如果对方没有说谎，我们又会因为责怪而得罪对方。所以，这种情况下，最行之有效的策略就是在不知不觉中测试一下对方是否心虚。当然，在这个过程中一定要表现得自然，不要让对方知道你是在测谎。

虚设一条底线，让对方产生危机感

一次，我国某市与一家外国公司代表就建立化肥厂事宜进行接触，几次会议都很顺利，双方确定了利用港口优越条件的项目。后来，另一家外国公司也参加进来。在第一次三方谈判中，第三家外国公司的董事长出席，在听过中外双方已经进行的一些筹备工作介绍之后，他断然表示："你们前面所做的一切工作都是没有用的，要从头开始！"

听到这话，中方和先前一家外国公司的代表都感到很为难。因为，在此之前，双方已经做了大量细致的工作，花费了大量的人力、财力。但是，这位董事长有着很高的权威性，他的公司在前面那家公司的所在国拥有许多企业的大量股份，他的话没有人敢于反驳。但是，如果按照这位高傲的董事长的建议从头开始的话，不仅前面的工作成果会付之东流，更重要的是会无谓地浪费更多的时间，甚至会使这个项目搁浅。

人们沉默着……

中方一位地方政府代表打破了沉默，他说："我代表地方政府声明：为了建立这个化肥厂，我们确定了接近港口、地理位置优越的一块地作为厂址。也为了尊重我们的友谊，在其他许多合资企业向我们申请这块土地的使用权时，我们都拒绝了。如果按照董事长今天的提议，事情将要无限期地拖延下去，那我们只好马上把这块土地转给别人了。对不起，我还有别的重要的事，我宣布退出谈判，下午我等你们的消息。"

说完，他拎起皮包就走出了谈判厅，躲到别的房间看报纸去了。半小时以后，中方一位代表跑来报告好消息："董事长说了，快请你回去。他们强烈要求迅速征用港口的场地……"接下来，谈判进行得非常顺利。

由于谈判对手有一定声望，当面唱反调会让对方失面子，不利于谈判，于是，中方代表用"谎言"描画出一幅竞争激烈、时不我待的情景，对方自然就不会再坚持己见，心甘情愿地做出了让步。

这位政府官员的打破僵局，讲明事实，虚设底线，使高傲的外商有危机感，不得不做出让步。他敏锐地找到对方的底线，并且提高了自己的底线，然后用自己的行政权力来影响谈判，这位官员代表政府，本意是希望促成这场谈判的，但在关键时刻他敢于站在客户的立场上果断离开谈判桌，可谓有勇有谋。"大不了我们不做了，"有了这样的心态就不会再有负担，而没有负担的谈判往往是效率最高的、结果最好的谈判，而在充分了解对方利益需求的基础上，来设置自己的底线，往往可以达到这一效果。最终使谈判顺利进行。

事情往往就是这样，在一定条件下，与其苦口婆心地解释、诉说不起实际作用的真话，莫不如虚设一条底线，用个小策略让对方遵从自己的意愿。

制造"机会"，让说谎者自露破绽

唐朝初年，李靖担任岐州刺史时，有人向当朝者告他谋反。唐高祖李渊派了一个御史前往调查此事。

御史是李靖的故交，深知李靖的为人，他心里很清楚李靖是遭到了奸人的诬陷，因此便想办法要救李靖，替李靖洗清不白之冤。于是便向皇帝请旨，请告密者共同前去查办此案。皇帝准奏，告密者也高兴地答应下来。途中，御史假说检举信丢失了，观察告密者以后的动作反应。

御史佯装害怕的样子，不停地向陪伴的告密者说："这可如何是好！身负皇上之托，职责所在，却丢失重要证据，我可真的难辞其咎了！"说着，御史便发起怒来，鞭打随从的典吏官。他的举动使告密者确信检举信已丢失。

御史无奈地向告密者请求："事已至此，只好请您重写一份了。否则，不仅我要担负不能办成查访之任的罪责，您的检举得不到查证，就没办法让皇上论功行赏了。"

那人一想不错，赶紧去重写。根据想象，又凭空捏造出一份来。

御史接到信件，拿出原信一比较，只见大有出入：除了告李靖密谋造反的罪名一样，而所举证据都换了模样，细节更是大相径庭，时间、人物都难以对上号，一看即知是胡编乱造的诬告信。御史笑笑，立刻下令把告密者关押起来。随后拿着两封检举信赶回京城，向唐高祖禀告原委。

上述整件事情的峰回路转，完全都要归功于御史巧妙地引出说谎者前后不一的证据，成功地揭穿了诬告谎言，惩治了撒谎者。

因此，我们就要为说谎者创造这样的"机会"，让他的谎言露出破绽。

第二章

讲究技巧，把话说到人心里

第一节　不能不会说的客套话

拉近感情，先要学会客套

客套，包含着客气、谦卑，处处显示出对别人的尊重；客套，还显示出你的平和与内敛。

客套是语言艺术中的一种。我们往往在教育孩子的时候会说"见了大人要打招呼，借了同学的橡皮要说谢谢，不小心碰倒了人家要说对不起"等，这是最基础的礼貌教育。

客套的书面文字是那么地枯涩、乏味，但是变成语言之后，却是那么地悦耳和动听。

一次，李女士去看重病中的好朋友，看到对方非常痛苦的样子，她没有说一句话。她没有说话是因为当时有许多的顾虑：说客套话吧，不能表达自己的心情；不说话吧，又被认为冷眼旁观。她太内向了。

这种"内向"要比虚情假意和口蜜腹剑的做法诚实得多。但是，由于不能充分地表达自己的内心，在他人看来一切都等于零。一个人如果连一句最普通的客套话都不会说，探望病人的时候，连一句"没事吗"都说不出口，这种人会给人一种冷酷的感觉。

所以，生活中要学会说客套话，用自己的语言表达出自己的感情，比如

"没事吗"这句话，你并不是只把字面的含义说给对方，这里面，你可以加进去自己的真实感情，比如"有什么我能帮你的？""我看到你难受的样子非常难过！""没事吗？好了之后，我们一起去打保龄球。"这样，更有益于促进彼此之间的关系。

客套不是低声下气，是尊重；客套不是虚伪，是礼貌。生活、工作，哪一样都需要语言作为纽带。人要衣装，佛要金装，语言也要靠包装。语言的魅力，在于使人心悦诚服，语言的运用，在于修养气度。

会客套的人，说出来的话叫人喜欢听、愿意听，别人也会欣然接受；不会客套的人，常常面临许多的尴尬，造成许多的误解，出现人际关系的障碍，导致自己的人际关系恶化。

有的人说，客套多，朋友多；朋友多，好事多。这句话一点都不假。因为客套和寒暄可以帮助你认识很多朋友，缩短人与人之间的距离，从而促成两人的交往。

在生活当中，我们往往会听到如"谢谢您""多谢关照""劳驾""拜托"之类的客套话。这样的客套话可以向别人表示感谢，能沟通人与人的心灵，建立融洽的人际关系。在求人做事以后，应真诚地说一声"谢谢"。如果你不说一声"谢谢"，只把感激之情埋在心底，对方会有一种不快的感觉，他的劳动没有得到肯定，或认为你不懂礼貌，今后也不会再帮助你。同样，在打搅别人，给别人添麻烦时能真诚地说一声"对不起"，对方的气就会减少一半。所以，在人际关交往、求人办事的过程中，我们千万不要忽视客套的作用。

许多时候，客套就是表现出对对方的尊重、礼节和谦虚，比如有人作报告或讲话，总会说"我资质不高，研究不够，恐怕讲不好"，或者是"我讲得不好，请大家批评指正"。诸如此类的客套话，看起来是随口而出，实际上起着表达讲话者谦恭愿望的作用。

客套必须要自然，要真诚，言必由衷，富有艺术性。

　　小王是上海某大饭店里的服务员。著名美籍华裔舞蹈家孟先生第一次到该饭店，小王向他微笑致意："您好！欢迎您光临我们酒店。"第二次来店，小王认出他来，边行礼边说："孟先生，欢迎您再次到来，我们经理有安排，请上楼。"随即陪同孟先生上了楼。时隔数日，当孟先生第三次踏入酒店时，小王脱口而出："欢迎您又一次光临。"孟先生十分高兴地称赞小王："不呆板，不制式"。

　　小王之所以会受如此表扬，在于他并不是鹦鹉学舌，见客只会一声"欢迎光临"，而能根据交际情境的变化运用不同的方法，表现出他对工作的热爱和说话的艺术。

　　"人有礼则安，无礼则危。故曰，礼者不可不学也。"可见，人类从很早以前就开始呼唤礼仪，呼唤文明。有的人总是说，礼仪中的寒暄是人际交往的废话，其实这句话是不正确的。在人际交往中往往少不了客套，客套会使我们彼此之间的关系更加和谐。要把"谢谢、对不起、请"常挂嘴上。请人办事，说一声"劳驾"，送客临别，讲一句"慢走"。这些都能显示出你礼貌周到、谈吐文雅。擅长外交的人们像精通交通规则一般精于客套，得体的客套同我们美好的仪容一样，是永久的荐书。以下是总结出的一些日常生活中常用的客套话：

　　初次见面说"久仰"，好久不见说"久违"。

　　请人评论说"指教"，求人原谅说"包涵"。

　　求人帮忙说"劳驾"，求给方便说"借光"。

　　麻烦别人说"打扰"，向人祝贺说"恭喜"。

　　请人改稿称"斧正"，请人指点用"赐教"。

　　求人解答用"请问"，赞人见解用"高见"。

　　看望别人用"拜访"，拖人办事用"拜托"。

　　宾客来到用"光临"，送客出门称"慢走"。

　　招待远客称"洗尘"，陪伴朋友用"奉陪"。

请人勿送用"留步"，欢迎购买叫"光顾"。

与客作别称"再见"，归还原物叫"奉还"。

对方来信叫"慧书"，老人年龄叫"高寿"。

得体的"致谢"会更加温暖对方的心窝，也能使你的语言更加充满魅力。得体的"道歉"是你送给对方的最廉价的礼物，也是调和可能产生紧张关系的一帖灵药……有的人往往容易把应酬、客套、寒暄甚至是聊天这些基础的交往行为看作是虚伪、庸俗和毫无意义的东西，在思想上加以排斥，在行动上加以抵制。这样的人违背了人类的某些本性，在交际上会屡屡受挫，连连吃亏。

客套并不一定是在语言上，一个眼神、一个手势，点一下头，微笑一下，或给对方送些小礼物，凡此种种，都属于客套的范畴。换句话来说，客套是一个比较宽泛的概念，客套是一种礼节，如果客套运用得好，会使你收到意外的惊喜。

日本松下电器公司的松下幸之助是个很讲客套的人。他在交托下属去执行某一件事时，会说："这件事拜托你了。"遇到员工时，他会鞠躬并说"谢谢你""辛苦了"之类的客套话，有时会亲自给员工斟一杯茶，或者送给员工一件小礼物。就是因为这种客套，员工才毫无怨言地为他尽心竭力。

人类是一种感情的动物，从某种意义上说，人际关系网正是出于人类感情交流的需要。客套是温暖的，能加深对方的了解、亲切关系，增加友谊，彼此之间的关系因为客套而发生变化，心理距离也会随之缩短，感情自然有了呼应和共鸣。

在人际交往中，要想使别人怎么对你，你首先就要学会如何对待别人。客套一下，看似平常，可它却能引起人际间的良性互动，成为交际、办事成功的促进剂。

抓准说客套话的时机

在交际场合说点客套话是非常必要的。恰到好处的客套话，可以赢得他人的欢心，从而增加彼此的感情。但是，客套话并不是说得越多越好，有时候说客套话也得注意场合。如果不分场合地说客套话，很可能给别人留下轻浮与虚伪的印象。

社会是由人组成的，人与人之间相处、交往是再正常不过的事情了。一踏入社会，应酬的机会就多了，这些应酬包括去别人家里做客、赴宴、会议，以及其他聚会等。不管你对应酬满不满意，客套话一定要讲。

什么是客套话呢？

客套话就是让主人高兴的话。既然说是客套话，必须十分得体中听，这种话不一定代表你内心的真实想法，也不一定合乎事实，但讲出来之后，就算主人明知你"言不由衷"，也会感到高兴。

客套话是日常交际中常见的现象之一，而说客套话也是一种应酬的技巧和生存智慧。从日常社交来看，你至少需要学会以下几种客套话。

当面赞扬他人的话。你可以称赞别人的孩子聪明可爱，称赞别人的衣服大方漂亮，称赞别人教子有方等。这种客套话所说的有的是实情，有的则与事实存在相当的差距，有时正好相反，但这种话说起来只要不太离谱，听的人十有八九都会感到高兴。

当面答应他人的话——如"我会全力帮忙的""这事包在我身上""有什么问题尽管来找我"等，这种话有时是不说不行，因为当面拒绝场面会很难堪，有时甚至会得罪人。用客套话先打发一下，能帮忙就帮忙，帮不上忙或不愿意帮忙再找理由，总之，有缓兵之计的作用。

在很多情况下，客套话我们不想说不还不行，因为不说，会对你的人际关系造成影响。

到别人家做客时，一定要感谢主人的邀请，并盛赞菜的精美丰盛可口，并看实际情况，称赞主人的室内布置，小孩的乖巧聪明……

赴宴时，要称赞主人选择的餐厅和菜色，当然感谢主人的邀请这一点绝不能免。

参加酒会，要称赞酒会的成功，以及你如何有"宾至如归"的感受。

参加会议，如有机会发言，要称赞会议准备得周详。

参加婚礼，除了夸奖菜色丰富之外，一定要记得称赞新郎新娘的"郎才女貌"。

生活中的"场面"当然不只以上几种，至于客套话的说法，也没有一定的标准，要视当时的情况决定。客套话切忌讲得太多，要点到为止，太多了就显得虚伪而且令人肉麻。

总而言之，客套话就是感谢加称赞，如果你能学会讲客套话，对你的人际关系必有很大的帮助，你也会成为受欢迎的人。

没话也要找话说，营造热络的气氛

话题是初步交谈的媒介，是深入细谈的基础，是纵情畅谈的开端。没有话题，谈话是很难顺利进行下去的。要想营造热络的气氛，没话题也要找话题。

不善言谈在交际场中很容易陷入尴尬局面。要想成为求人办事的高手，首先必须掌握没话找话的诀窍。没话找话说的关键是要善于找话题，或者根据某事引出话题。

好话题的标准是：至少有一方熟悉，能谈；大家感兴趣，爱谈；有展开探讨的余地，好谈。那么，怎么找到话题呢？

众人都关心的话题

面对众多的陌生人，要选择大家关心的事件为话题，把话题对准大家的兴奋中心。这类话题是大家想谈、爱谈又能谈的，人人有话，自然能说个不停了。

借用新闻或身边的材料

巧妙地以彼时、彼地、彼人的某些材料为题，借此引发交谈。有人善于借助对方的姓名、籍贯、年龄、服饰、居室等即兴引出话题，常常收到好的效果。"即兴引入"法的优点是灵活自然、就地取材，其关键是要思维敏捷，能做由此及彼的联想。

提问的方式

向河水中投块石子，探明水的深浅再前进，就能有把握地过河。与陌生人交谈，先提一些"投石"式的问题，在略有了解后再有目的地交谈，便能谈得更为自如。

找到共同爱好

问明陌生人的兴趣，循趣发问，能顺利地进入话题。如对方喜爱足球，便可以此为话题，谈最近的精彩赛事、某球星在场上的表现，以及中国队与外国队的差距等，都可以作为话题而引起对方的谈兴。引发话题，类似"抽线头""插路标"，重点在"引"，目的在导出对方的话茬儿。

循序渐进，由浅入深

孔子说"道不同，不相为谋"，只有志同道合，才能谈得拢。我国有许多"一见如故"的美谈。陌生人要能谈得投机，要在"故"字上做文章，变"生"为"故"。下面是变"生"为"故"的几个方法：

适时切入。看准情势，不放过应当说话的机会，适时地"自我表现"，能让对方充分了解自己。

交谈是双边活动，光了解对方，不让对方了解自己，同样难以深谈。陌生人如能从你"切入"式的谈话中获取教益，双方会更亲近。

借用媒介。寻找自己与陌生人之间的媒介物，以此找出共同语言，缩短双方距离。如见一位陌生人手里拿着一件什么东西，可问："这是什么？……看来你在这方面一定是个行家。正巧我有个问题想向你请教。"对别人的一切显出浓厚兴趣，通过媒介物引发表露自我，交谈也会顺利进行。

留有余地。留些空缺让对方接口，使对方感到双方的心是相通的，交谈是和谐的，进而缩短距离。

有经验的记者能通过观察和分析，迅速与对方套上近乎，找到一个可以引起双方话题的共同点，打破那种不知从何谈起的场面。

一位记者去采访一位教师，行前有人说这位老师性格有点古怪，经常三言两语就把人打发了。记者到学校去找时，他正在跟传达室的人发脾气。记者一听他说话的口音是山西人，心里暗暗高兴，因为他也是山西人。后来，他们的交谈就从家乡谈起，越谈越热乎，这一段题外话也为正题做了很好的铺垫。

在交际过程中，谈话时要善于寻找话题，这样才能套上近乎。有位交际大师指出：交谈中要学会没话找话的本领。

交际中要有情感共鸣点

要拉近双方感情，使得场面更和谐，就一定要找到对方感情的突破口，只有情感上有了共鸣，交谈才能继续下去。

日常交往并不是总在熟人间进行，有时你甚至要闯入陌生人的领地。当进入一个陌生的家庭、环境时，要迅速打开局面，首先要寻找理想的"突破口"。有了"突破口"，便可以以点带面或由此及彼地发挥开去，从而实现让对方在感情上接受你的效果。

纽约某大银行的乔·理特奉上司指示，秘密进入某家公司进行信用调查。正巧理特认识另一家大企业的董事长，这位董事长很清楚该公司的行政情形，理特便亲自登门拜访。

当他进入董事长室，才坐定不久，女秘书便从门口探头对董事长说：

"很抱歉，今天我没有邮票拿给您。"

"我那12岁的儿子正在收集邮票，所以……"董事长不好意思地向理特解释。

接着理特便开门见山地说明来意，可是董事长却含糊其词，一直不愿做正面回答。理特见此情景，只好离去，没得到一点儿收获。

不久，理特突然想起那位女秘书向董事长说的话，同时也想到他服务的银行国外科每天都有许多来自世界各地的信件，那上面有各国的邮票。

第二天下午，理特又去找那位董事长，告诉他是专程替他儿子送邮票来的。董事长热诚地欢迎了他。理特把邮票交给他，他面露微笑，双手接过邮票，就像得到稀世珍宝似的自言自语："我儿子一定高兴得不得了。啊！多有价值！"

董事长和理特谈了40分钟有关集邮的事情，又让理特看他儿子的照片。之后，没等理特开口，他就自动地说出了理特要知道的内幕消息，足足说了一个钟头。他不但把所知道的消息都告诉了理特，又召来部下询问，还打电话请教朋友。理特没想到区区几十张邮票竟让他圆满地完成了任务。

人常说：要讨一个母亲的欢心，那就去赞扬她的孩子。找到情感共鸣，沟通自然会顺畅。

分清别人说的客套话

客套话大家都在说，但究竟哪些客套话是真的，那些客套话是虚言的应酬，我们要做到心中有数。

走入社会后很多人就会发现，虽然自己名片盒里的名片越来越多，真正无话不谈的朋友还是那么几个。绝大多数的朋友，迎来送往，无非是个"你好"加上"再见"。苦恼的是，若是真正的朋友，就算相对无语，彼此也不觉得尴尬。但社交上的朋友就不同了，毕竟从见面到分手之间的一段空白还是要去填的。善于应酬的人，也就是公认的社交高手，总能漂亮地完成使命，让彼此轻松愉悦地度过一段时间；反之，则空留尴尬的笑脸和一段难熬的时间。

一个法资公司的大老板每年环球巡游一次，听各国首席执行官们述职。当然，也顺便见一下各国雇员。只是全球数万张面孔，哪儿记得过来？于是他每年都问同样的三个问题：你是哪个大学毕业的？学的是什么专业？何时来到我们公司的？除了首席执行官们之外，公司其余的人每年要回答一次。

大多数员工对待这三个问题就像对待元首阅兵一样，把答案像口令一样喊出来而已，从不奢望自己能被大老板记住，除了一个信息技术工程师。他每次回答完"我的专业是建筑设计"之后，都会解释一下为何原来的建筑设计师会转行到信息技术领域。这是个漫长的故事，但大老板老是记不住，于是他连续讲了三年。第四年，当他又开始讲第四次的时候，大老板制止了他："好像有个挺长的故事是吗？无论如何，我代表公司感谢你的努力工作。"可怜的人只好把他那感人的奋斗史收了起来。

老板只是在客套一下，谁知他竟当了真。

坐上大老板的位置后，也许不用再花心思设计机敏的客套话；但下属就不同了，场面上反应机敏与否，直接关系到将来的前程。

一次会议的中场休息之后，许多人迟到。大老板面露愠色。大部分人默默地进来，默默地入座，空气十分凝重。只有一个中层女经理人未到，话先到："哎呀呀，卫生间的队好长啊。老板，你怎么雇了这么多女人啊！"一句话把大老板逗乐了。

在一个鸡尾酒会上，有个商人模样的老外过来打招呼，琳达马上放下冰橙汁，与他握手。他笑问琳达："为什么你的手冰冰的呀？"她忙着解释，朝那杯冰橙汁乱指。他马上摇头："不不不，你只需要说'但我的心是热的'就行了。"

一句话提醒了琳达。

其实他并不关心为何琳达的手是冷的，而琳达也并无义务解释为何自己的手是冷的。不过是两个陌生人找个话题混个脸熟而已，什么话开心，什么话可以博个笑脸，就讲什么话。

客套话人人都在说，但究竟所说的客套话哪些是真的，哪些只是基于社交的礼节虚言的应付，我们的心中要有个数，这样就不至于因为没有分清对方的客套话而造成尴尬的局面。

面对不同的人有不同的客套话

不同的人所关注和喜欢的东西也会不同，面对不同的人，我们要学会说不同的客套话。只有说话得当，客套话才能引起对方的兴趣，谈话才能持续下去。

有一个年轻的渔夫，一天收网的时候，发现网里有一个旧瓶子。他把瓶塞打开，突然一阵浓烈的烟雾喷出来，很快变成一个比山还大的巨魔。

这时，巨魔突然笑着说"哈哈！年轻人，你把我救出来，本来我应该感谢你的，可是，你做得太迟了，倘若你早几年把我救出来，你就可以得到一座金山啦！唉，又让我等了500年，我太不耐烦了，我已经许了恶愿，要把救我出来的那个人一口吃掉！"

那年轻人吃了一惊，但立即镇定地说："哟，这么小的一个瓶子，怎么能把你盛下呀，你一定在说谎，你再回到瓶子里让我看看吧。"

那巨魔听后，竟大笑说："哈哈哈哈，我不会上当的！《天方夜谭》早把这个古老的故事说过了，我如果再钻入瓶子里，你把塞子塞上，我不就完蛋了吗？"

"你看过《天方夜谭》？真是一个博学多才之士呀！你看过苏格拉底的哲学著作吗？"

"哼！这500年来，我躲进瓶子里，穷读天下的经典著作，苦苦修行，莫说是西方的巨著，连中国的《大学》《中庸》《论语》《孟子》我都念得熟透了。"

"啊，那么《史记》你也颇有研究吧？墨子的著作也有涉猎吗？"

"别说了，经史子集无一不通！"

"不过，我想你一定没有见过《红楼梦》的手抄本，这是一部难得一见的版本呢！"

"哼！你这个小子太小觑我了，这本书的收藏者正是我呀！让我拿出来给你开开眼界吧！"

刚说完，只见巨魔立即又化作一阵浓烟，徐徐进入瓶子里。这时候，年轻的渔夫不再迟疑，连忙用瓶塞堵住了瓶子。

每个人都有可能是他兴趣所在领域的专家，激发对方的兴趣，你不仅会获得新知，有时加以利用，还能够逢凶化吉。年轻的渔夫就是利用这一点降服了巨魔。

与对方能够畅谈的原则，就是能够顺着对方的喜好，与他人融洽地交谈。心理学家告诉我们，对于不同类型的人要用不同的交谈方式。

人际关系型

如果对方时常提到自己和某个人的关系，或是某个人和另一个人的关系，就代表他对人际关系很有兴趣。如果你让他知道你也懂得人际关系学，那么，他就会很喜欢和你谈下去。

逻辑思维型

如果这个人说话有条理、很利索，而且用词精确，这种人通常喜欢有逻辑性地去思考，谈话滴水不漏。因此在对话时，你不能只是说出自己的感觉，尽量调动自己的"分析"因子，去分析事物背后的道理。

情感丰富型

当你讨论到对于某个人或某件事情的想法，如果对方说出"这个人好可怜……"之类的话，代表他情感丰富，凡事凭感觉，而且好恶分明。面对这种人，不要谈理论、讲求逻辑分析，他对此可能一点兴趣也没有。

艺术欣赏型

这种人喜欢谈论美术或音乐等话题，你可以和对方讨论最近最热门的商品设计或是音乐表演等，请教对方的意见，不仅让对方有一个表现的机会，你也能从中学到一些知识。

有一位学者曾说过："如果你能和任何人连续谈上10分钟而让对方产生兴趣，那你便是一流的说话高手。"两个陌生人初次见面，如果不能善用机会，找出话题，说不好该说的客套话，必然不能取得交谈的成功。谈论别人感兴趣的事物，会使人感觉受到尊重，同时也是一种深刻了解别人，并与之愉快相处的方式。

初次见面，赞美的话要说得准

对于初次见面的人，最好避免以对方的人品或性格为谈话内容，即使是赞美对方"你真是个好人"，对方也容易产生"才第一次见面，你怎么知道我是好人"的疑念及戒备心。

通常情况下，不是直接称赞对方，而是称赞与对方有关的事情，这种间接赞美在初次见面时比较有效。打个比方，如果对方是女性，她的服装和装饰品将是间接赞美的最佳对象。

唐码和不少朋友的家人都相处得很好，其中与一位夫人的友谊甚至超过和她丈夫的友谊。本来唐码只认识她的丈夫，那么他怎么成了她全家的朋友呢？起因是在与她初次见面的那次宴会上唐码随便说出的一句话。

当时，唐码被介绍给这位朋友的夫人，由于当时没有适当的话题，就顺口说了一句"你配戴的这个坠子很少见，非常特别"。唐码说这句话完全是无意的，因为他根本不懂女人的装饰品。出人意料的是，这个坠子果然很特别，只有在巴黎圣母院才买得到，这是她的心爱之物。随便说出的这句话，使夫人联想起有关坠子的种种往事，从此他们便成了好朋友。

要恰如其分地赞美别人是件很不容易的事。如果称赞不得法，反而会遭到排斥。为了让对方坦然说出心里话，必须尽早发现对方引以自豪、喜欢被人称赞的地方，然后对此大加赞美。在尚未确定对方最引以自豪之处前，最好不要胡乱称赞，以免自讨没趣。试想，一位原本已经为身材消瘦而苦恼的女性，听到别人赞美她苗条、纤细，又怎么会感到由衷的高兴呢？

赵明长得很像一位演员。每当他和朋友一起到饭店去，初次见到他的服务小姐都会对他说："你长得真像电影明星！"的确，无论是赵明的容貌还是气质都与那位演员非常相似。一般而言，说某人很像名演员，是一种恭维之词，被称赞的人通常不会不高兴。赵明的反应却不同，他听了服务小姐的赞美后，原本不喜欢开口的他，变得更加沉默了。

对于赵明的反应，服务小姐很是诧异。赵明的反应一点儿也不奇怪，因为服务小姐的赞美根本不得法。赵明了解自己的缺点，就是容易给人冷漠的印象，而那位电影明星在屏幕上所扮演的正是冷酷无情的角色。所以，如果说他酷似那位电影明星，这哪里是在赞美，分明是指出了赵明的缺点。

另外，从第三者口中得到的情报有时在初次见到对方时能起到重要的作用。因此，利用所得到的情报当面夸奖对方，当然也会为自己赢得主动。但是，如果你将这些情报、传言直接转述给对方，恐怕只会遭到冷遇。所以，赞美之词一定要说得准确，才能帮助你进一步开展人际关系。

第二节　夸就夸到人心坎里的赞美话

赞美的话要发自内心

如果你的赞美之辞不是发自于内心的，那么，你的赞美很难达到预期的功效。

赞美别人就是发现别人的美，并且用恰当的语言表达出来。赞美的语言稍微夸张一点是可以的，但是倘若言过其实，便会让人怀疑你赞美的诚意和动机了。

有这样一个人，在单位里经常赞美同事，见到领导时，赞美的话更是滔滔不绝。见到身材魁梧的领导，他就说："一看就知道您是有福之人啊！"当见到秃顶的领导时，他就说："贵人不顶重发，聪明绝顶啊！"这些话倒是不伤大雅，倒还能让领导开心，只是有一次，因为他过分夸大的赞美言词让领导对他有了重新的认识。

某领导在应酬时，酒喝多了，走路时一不小心摔了一跤，这时，这位经常赞美领导的"赞美家"赶紧过来扶起领导，嘴里说道："领导为了工作，连自己的身体都不顾了，就算是喝出胃出血也没有任何怨言。"喝醉了酒的领导一听到有人这样"赞美"自己，一下子就火了，指着这位时时不忘赞美领导的人破口大骂："你到底会不会说话，你那是称赞我吗？你是盼着我死吧？"这次，平日伶牙俐齿的他再也说不出任何赞美之词了。

他的赞美之所以得不到听者的认可，是因为他的赞美之词不是发自内心的赞美。在他的赞美中，有很重的趋炎附势、惺惺作态的成分。这样的赞美是无法打动人心的。

小王是建筑公司的拆迁办主任，在拆迁工作顺利进行的时候，一家钉子户使拆迁工作不得不停下。小王了解了这家的基本情况后得知，这家的主人是一名曾参加过抗美援朝的老军人，他之所以不肯搬家，是因为这套四合院是在他光荣离休后政府赠予他的。

随后，小王亲自拜访了这位老人。他进入到老人的书房，看见墙上都是老人身穿军装的照片，不由得说道："您老年轻时一定是名强悍的军人。因为我在您身上仿佛见到了你当年奋勇杀敌的勇猛和果断。"老人没有做声。小王继续说："我小的时候就愿意和我爷爷在一起，他总有许多战场上的故事可以讲，后来他年纪大了，有的故事甚至都讲20遍了，可是每次他像是第一次讲一样，眼中充满了激动的泪水。我想您所知道的故事一定和我爷爷知道的一样多，甚至比他的还多。而这其中的辛酸不易，我想只有您自己体会得最深刻了。"

说到此，小王起身说道："老先生，打扰您这么久，真是对不住啊！"说完他就走出了屋子，往大门外走去。当他即将迈出大门时，老人在背后喊道："明天过来时把拆迁的公文带来，让我好好瞅瞅。"小王心里的大石头终于落了地，老人要看公文，证明拆迁的事情有戏了。

从头至尾，小王只字未提拆迁的事，只是和老人聊了会家常话。其实，正是小王的家常话打动了老人。小王称赞老人勇敢，称赞老人阅历丰富，这都是发自于内心的赞美。他的赞美之词在老人的心中也激起了层层涟漪。因为小王真诚的赞美，打开了老人的心房。

有的人非常吝啬对他人的赞美，认为那是阿谀奉承的表现，是令人不齿的做法，然而人人都喜欢听到他人的赞美，都以得到他人的赞美为荣。因为，如果能得到别人的赞美，说明自己的行为得到了他人的认可，对赞美他的人自然就会产生好感。无论何时，赞美都拥有神奇的力量，能帮助他人走出困境，是交际中最有效的手段之一。发自内心的赞美，是任何人都喜爱的。

有些人不是出自真心而是随大流，跟着别人说重复的赞美话，或者附和别人的赞美，这会引起对方的反感。因为这样的赞美会令对方认为你是在溜须拍马。

哈佛大学弗尔帕斯教授经历过这样一件事：有一年夏天，天气又闷又热，他走进拥挤的列车餐车去吃午饭，当服务员递给他菜单的时候，他说："今天那些在炉子边烧菜的小伙子一定是够受的了。"那位服务员听了后吃惊地看着他说："上这儿来的人不是抱怨这里的食物，便是指责这里的服务，要不就是因为车厢内闷热而大发牢骚。19年来，你是第一个对我们表示同情的人。"

总能找到赞美的理由

我们常会碰到一些难缠的人，讲道理不听，软说强求也无效，而且有时他还对你抱有一种固执的敌意。对这样的人你肯定不会去赞美他。然而此时此刻，恰恰只有赞美才能解开这个死结。

费城华克公司的高先生懂得从对方身上找到赞美的理由，借由赞美达到自己的目的。

华克公司承包了一幢办公大厦的建筑工程，必须在合同规定的日期内完工。开始一切顺利，眼看工程就要完工了，突然负责供应楼内装饰材料的供应商声称，他不能按期交货。如果这样，整个工程都将受到影响，不能按期交工，公司的麻烦可就大了。

高先生于是去找这个供应商。高先生径直走进那家公司董事长的办公室，但是高先生并没有责备对方，而是从赞扬开始，他说对方的姓在这个地区是独一无二的。这让那位董事长很意外，也打开了话匣，他用了很长的时间谈论他的家族及祖先。等他说完了，高先生又赞扬他一个人支撑那么大一个公司，并且比其他同类公司生产的铜制品都好。于是董事长坚持要请高先生吃饭。在吃饭的过程中高先生又说了一些其他的事情，始终没说来访的目的。

午饭后，还是那位董事长主动提到了实质问题，由于高先生给他带来了很多的快乐，董事长答应按合同交付产品。

高先生甚至没有提出要求就达到了目的。那些材料准时送到，他们也按期交工。

找到赞美的理由，从赞扬和欣赏开始更容易说服他人。做鱼有腥味，可以加料酒去腥，肉骨头炖不烂，可以滴几滴醋，这些都是一物降一物的道理。在追求成功的道路上，善用这个道理的人，事半功倍，不善用这个道理的人，吃力不讨好。

柯达公司创始人伊斯曼，捐出巨款要在罗彻斯特建造一座音乐堂、一座纪念馆和一座戏院。为承接这批建筑物内的座椅，许多制造商展开了激烈的竞争。但是，找伊斯曼谈生意的商人无不乘兴而来，败兴而归。在这样的情况下，优美座位公司的经理亚当森前来会见伊斯曼，希望能够得到这笔价值9万美元的生意。

伊斯曼的秘书在引见亚当森前，就对亚当森说："我知道您急于得到这批订货，但我现在可以告诉您，如果您占用了伊斯曼先生5分钟以上的时间，您就完了。他是一个很严厉的大忙人，所以您进去后要快快地讲。"亚当森微笑着点头称是。

亚当森被引进伊斯曼的办公室后，看见伊斯曼正埋头于桌上的一堆文件，于是静静地站在那里仔细地打量起这间办公室来。过一会儿，伊斯曼抬起头来，发现了亚当森，便问道："先生有何见教？"秘书把亚当森做了简单的介绍后，便退了出去。这时，亚当森没有谈生意，而是说："伊斯曼先生，在我们等您的时候，我仔细地观察了您这间办公室。我本人长期从事室内的木工装修，但从来没见过装修得这么精致的办公室。"

伊斯曼回答说："哎呀！这间办公室是我亲自设计的，当初刚建好的时候，我喜欢极了。但是后来一忙，一连几个星期我都没有机会仔细欣赏一下这个房间。"

亚当森走到墙边，用手在木板上一擦，说："我想这是英国橡木，是不是？意大利的橡木质地不是这样的。"

"是的，"伊斯曼高兴得站起身来回答说，"那是从英国进口的橡木，是我的一位专门研究室内橡木的朋友专程去英国为我订的。"

伊斯曼心情极好，便带着亚当森仔细地参观起办公室来了。他把办公室内所有的装饰一件件向亚当森做介绍，从木质谈到比例，又从比例谈到颜色、从手艺谈到价格，然后又详细介绍了他设计的经过。此时，亚当森微笑着聆听，饶有兴致。

亚当森看到伊斯曼谈兴正浓，便好奇地询问起他的经历。伊斯曼便向他讲述了自己苦难的青少年时代的生活，母子俩如何在贫困中挣扎的情景，自己发明柯达相机的经过，以及自己打算为社会所做的巨额的捐赠。亚当森由衷地赞扬他的功德心。

本来秘书警告过亚当森，谈话不要超过5分钟。结果，亚当森和伊斯曼谈了一个小时又一个小时，一直谈到中午。最后伊斯曼对亚当森说："上次我在日本买了几张椅子，放在我家的走廊里，由于日晒，都脱了漆。昨天我上街买了油漆，我打算自己把它们重新漆好。您有兴趣看看我的油漆表演吗？好了，到我家里和我一起吃午饭，再看看我的手艺吧。"午饭以后，伊斯曼便动手，把椅子一一漆好，并深感自豪。直到亚当森告别的时候，两人都未谈及生意。最后，亚当森不但得到了大批的订单，而且和伊斯曼结下了终生的友谊。

夸人要夸到点子上

把话说在点子上，往往能收到意想不到的效果，而夸人夸到在点子上，更会令对方喜出望外。

赞美是人们生活中不可或缺的生活调味剂，有了它，人与人之间的距离则会变得越来越近。如果要消除两人间的隔阂，真心地赞美对方是你最理想的方法。但如果我们的赞美没有针对性，没有赞美到点子上，那么很可能会引起对方的厌恶。

当你与年老的长者交谈时，可以多称赞他引以为豪的过去，因为老年人一般都希望别人能够记住他当年的业绩和往日的雄风；当你与年轻人交谈时，不妨语气稍为夸张地赞扬他的创造才能和开拓精神，并举出几点实例证明他的确能够前程似锦；当你与商人交谈时，可以称赞他头脑灵活，生财有道；当你与知识分子交谈时，可以称赞他知识渊博、宁静淡泊。当然，这一切要依据事实，切不可虚夸。

因为赞美过度，会让人觉得你是在阿谀奉承、拍马溜须。所以，在赞美别人时一定要善于寻找到对方最希望被人赞美的地方。

云莉从升入大学的第一天，就被同学们评为"班花"。云莉自己也知道，从小到大她听到的称赞最多的就是关于她漂亮的外表，对于这样的赞美，云莉是感觉有点儿"疲劳"了。其实在她内心深处最希望听到别人说她"有才华，将来肯定会有所成就"。云莉的男朋友就是靠着"别具一格的赞美"才赢得了她的芳心。"在我身上，他总能发现别人发现不了的优点。"云莉开心地说。

由此可见，赞美就得"赞美"到点子上。这样的赞美才不会给人虚假和牵强的感觉，这样的赞美往往会使对方听来十分亲切真实，使对方产生一种遇到"知音"的感觉，从而增进友谊，缩短彼此间的距离。

赞扬是对下属最好的奖赏

一句赞扬可以提高下属的积极性，使其努力地工作，但一句批评可能让他站到你的对立面，与你对着干。

人们发展的需要是全面的，不仅包括物质利益方面，还包括名誉、地位等精神方面。在单位里，每个人都会非常在乎领导的评价，领导一句不经意的赞扬会是下属最好的奖赏。

首先，领导的赞扬可以使下属意识到自己在群体中的位置和价值，在领导心中的形象。而领导的表扬往往具有权威性，是确立自己在本单位同事中的价值和位置的依据。

有的领导善于给自己的下属就某方面的能力排座次，使每个人按不同的标准排列都能名列前茅，可以说是一种皆大欢喜的激励方法。比如，小王是本单位第一位博士生；小李是本单位"舞"林第一高手；小刘是单位计算机专家，等等，人人都有个第一的头衔，人人的长处都得到肯定，整个集体几乎都是由各方面的优秀分子组成，能不说这是一个生动活泼、奋发向上的集体吗？

其次，领导的赞扬可以满足下属的荣誉感和成就感，使其在精神上受到鼓励。如果一个下属很认真地完成了一项任务或做出了一些成绩，虽然此时他表面上装得毫不在意，但心里却默默地期待着领导来一番称心如意的嘉奖，而领导一旦没有关注，不给予公正的赞扬，他必定会产生一种挫折感，对领导也产生看法，"反正领导也看不见，干好干坏一个样。"这样的领导是不能调动起下属的积极性的。

再次，赞扬下属还能够密切上下级的关系，有利于上下团结。领导的赞扬不仅表明了领导对下属的肯定和赏识，还表明了领导很关注下属的事情，对他的一言一行都很关心。有人受到赞美后常常高兴地对朋友讲："瞧我们头儿既关心我又赏识我，我做的那件连自己都觉得没什么了不起的事也被他大大夸奖了一番。跟着他干气儿顺。"互相都有这么好的看法，能有什么隔阂？能不团结一致拧成一股绳把工作搞好吗？

最后，对下属成绩和良好思想品格的肯定和赞扬，实际上就是对另一种与之相对立的倾向的有力的否定和批评。直接指斥某种倾向的危害，明白地提出某种诫令，不失为一种可行的常规办法。但这只能是一种辅助手段，其效力不会更深远。倘若及时向下属说明"什么好""应该干什么""怎样干"，那就从根本上解决了带有过程意义的问题。所以对于规范下属的行为，肯定、赞扬要比否定、批评来得更为直接。

下属的活动一般来说，都是自觉地指向上级确定的目标，遵循着上级的规定展开的，主观上是希冀成功的。然而，由于受个人的智力、学识、经验以及种种随机因素的制约，其活动结果不尽如人意甚至出现大的差异也是不可避免的。在失误、败绩面前，上级该作如何处置呢？简单的方法当然是论过行罚。但是，这并不明智。更为远虑的处置应该是宽容。在必要的批评和处罚之外，要言辞中肯、情意温馨，对其过失之外的成绩、长处予以肯定，对其深切的负疚感、追悔心予以彰明，对其振作图进的心意予以抚慰和信赖。当事人就会从不安中看到希望，决心日后努力工作，将功补过。

所以，即使作为有一定权力的领导，也不要随意地批评你的下属。在任何时候，赞美、鼓励都会比批评更有效果，都更能把人团结在你的周围。

赞美要具体

赞美可以是抽象的，也可以是具体的，然而抽象的赞美远没有具体的赞美来得实在，具体的赞美也更易为人所理解和接受。

抽象的东西往往很难确定它的范围，难以给人留下深刻印象。赞美应该是看得见、摸得着的，是具体的。

赞美的话只有说得细致具体、符合实际，才能让对方感觉到你是在真心地关注他。空洞的赞美不但没有任何意义，还会让对方觉得你是在敷衍他。

在赞美别人的时候，千万不要使用模棱两可的表述，像"挺好""没那么糟"

这样的话都不要用。含糊的赞美往往起不到应有的作用，而且还会适得其反。因此，在与人交往的时候，应该从具体事件入手，善于发现别人哪怕是最微小的长处，并不失时机地予以赞美。

赞美越具体越好，这样可以说明你对对方非常了解，对他的长处和成绩很看重，让对方感到你的真挚、亲切和可信。比如你的同事今天穿了一件新衣服，打扮得很漂亮，你如果仅仅是说"你今天很漂亮"，效果显然会比"这件连衣裙真是不错，尤其是和你的气质特别搭配"差很多。

当你只针对一件事情进行赞美时，赞美会更有力量。赞美的对象越庞杂，它的力量就越弱。因此，在赞扬别人时，要针对具体的某一件事情。例如，我们在社交场合，常听到的赞美不外乎"你今天好漂亮""你看起来气色很好"等话语，这些赞美太过含糊笼统，会使你的赞美大打折扣。

1975年3月4日，卓别林在英国白金汉宫被伊丽莎白女王封为爵士。封爵仪式开始，正当卓别林非常兴奋的时候，女王赞美卓别林说："我观赏过你的许多电影，你是一位难得的好演员。"可是这位伟大的艺术家似乎对这个赞美并没有什么特别的感觉。

事情过后，有人向卓别林询问当时的感想。可是，卓别林的回答令人大吃一惊："女王陛下虽然说她看过我演的许多电影，并称赞我演得好，可是她没说出哪部电影的哪个地方演得最好。"当女王知道了卓别林这样说后，感到非常遗憾。

从这个故事中，我们可以看出，如果赞美别人就得说出具体的事实，尽量针对某人做的某件具体的事情，这样才会产生良好的效果。

美国社会心理学家海伦·克林纳德认为：正确的赞美方法是将赞美的内容详细化、具体化。其中有三个基本因素需要明确：你喜欢的具体行为，这种行为对你有何帮助，你对这种帮助的结果有无良好的感觉。有这三个基本因素为依托，赞美才不会空泛笼统，才能给人留下好印象。赞美对方就要先了解对方，了解得越多越好。只有了解对方，你的夸奖和赞扬才会有针对性。只有当你的话说到了点子上，才会让对方感受到你的真心。一般情况下，对方不仅仅想要你说他好，而且很想知道为什么说他好，好到什么程度。

倾听是对讲话者的高度赞美

赞美他人我们往往用的是语言。其实倾听也是对讲话者的高度赞美。

倾听不仅是一种对别人的礼貌与尊重，也是对讲话者的高度赞美。每个人都希望获得别人的尊重，受到别人的重视。当我们专心致志地听对方讲，努力地听，甚至是全神贯注地听时，对方一定会有一种被尊重和受重视的感觉，双方之间的距离必然会拉近。所以，懂得倾听可能会直接决定你要办的这件事能否成功。

经朋友介绍，重型汽车推销员乔治去拜访一位曾经买过他们公司汽车的商人。见面时，乔治照例先递上自己的名片："您好，我是重型汽车公司的推销员，我叫……"

才说了不到几个字，该顾客就以十分严厉的口气打断了乔治的话，并开始抱怨当初买车时的种种不快，例如，服务态度不好、报价不实、内装及配备不对、交接车的时间等待得过长……

顾客在喋喋不休地数落着乔治的公司及当初提供汽车的推销员，乔治只好静静地站在一旁，认真地听着，一句话也不敢说。

终于，那位顾客把以前所有的怨气都一股脑地发泄了。当他稍微喘息了一下时，方才发现，眼前的这个推销员好像很陌生。于是，他便有点不好意思地对乔治说："小伙子，你贵姓呀，现在有没有一些好一点的车种，拿一份目录来给我看看，给我介绍介绍吧。"

当乔治离开时，已经兴奋得几乎跳起来，因为他的手上拿着两台重型汽车的订单。

从乔治拿出产品目录到那位顾客决定购买，整个过程中，乔治说的话加起来都不超过10句。重型汽车交易拍板的关键，由那位顾客道出来了，他说："我是看到你非常实在、有诚意又很尊重我，所以我才向你买车的。"

只是几分钟的倾听，就做成了一笔业务，这就是倾听的魅力。

玫琳凯·艾施在《玫琳凯谈人的管理》一书中，就曾对倾听的影响做了如此说明："我认为不能听取别人的意见，是自己最大的疏忽。"

玫琳凯经营的企业能够迅速发展成为拥有20万名美容顾问的化妆品公司，其成功秘诀之一就是她相当重视每个人的价值，而且很清楚地了解员工真正需要的除了金钱、地位外，还有一位真正能"倾听"他们意见的知心人。因此，她严格要求自己，并且让所有的下属铭记这条金科玉律：倾听，是最优先的事，绝对不可轻视倾听的作用。

所以，当你说话办事时，不要一味地只顾着表达自己的想法和观点，留一点时间给别人，沉静下来听别人说一会儿话，你的倾听会给你带来更多的收获。

赞美要自然

每个人都不会拒绝别人真诚的赞誉之词，而我们在赞美人时也要表现得自然。

在人与人的交往中，任何人都喜欢被人赞美。事实上，面对别人自然的赞美，相信世界上没有人会无动于衷。

在尼克松为法国总统戴高乐举行的宴会上，尼克松夫人费了很大的心思布置了一个鲜花展台：美丽的喷泉旁是一张马蹄形的桌子，鲜艳的热带鲜花在阳光的照射下显得娇艳无比。

戴高乐将军一眼就看出这是主人为欢迎他而精心制作的，不禁赞不绝口："女主人真是用心，这么漂亮、雅致的计划与布置一定花了很多时间吧。"尼克松夫人听后，觉得非常开心。

也许在其他人看来，尼克松夫人布置的鲜花展台不过是她作为一位总统夫人的分内之事，没什么值得赞美的；但戴高乐将军却能领悟到她的苦心，并向夫人表示了特别的肯定与感谢，从而也使尼克松夫人异常高兴。

赞美是打开心门的钥匙，它不但会把老相识、老朋友团结得更加紧密，而且可以把互不相识的人联系在一起。

戴维和法拉第二人的友谊至今仍被世人所称道。虽然有一段时间，法拉第的突出成就引起戴维的嫉妒，但这份情缘的取得少不了法拉第对戴维的真诚赞美这一原因。法拉第未和戴维相识前，就给戴维写信："戴维先生，您的讲演真好，我简直听得入迷了，我热爱化学，我想拜您为师……"

收到信后，戴维便约见了法拉第。后来，法拉第成了近代电磁学的奠基人，名满欧洲。

无论如何，任何赞美的话都一定要切合实际。赞美要看对象：像爱漂亮的女孩子你就赞美她的打扮，有小孩的母亲最好赞美她的小孩，工作型的女孩可赞美她的工作能力；至于男人，最好赞美他的实力。到别人家做客，可赞美其房子布置得别出心裁，或赞美一个盆景的精巧或去欣赏那些鱼的美丽；等等。

当你自然真诚地赞美了对方后，对方表现出满意的态度时，你的赞美就成了促进你与主人关系的润滑剂。

男人与女人，不同的赞美

人们都说女人是用耳朵来生活的，赞美是女人生命中的阳光。其实，男人也一样，他们一样喜欢听到他人对自己的肯定和赞美，因为这会让他们有一种价值感，并由此充满自信。

人人都渴望被别人赞美，但男人和女人的需要是不同的。

男人要面子、好虚荣，多表现在追逐功名、显示能力、展示个性以显潇洒和能人之形象方面，而女人则表现在对容貌、衣着的刻意追求或身边伴个白马王子以示魅力方面。

男人的面子千万不要去伤害、破坏，否则便万事皆休一切都了——友谊中断，恋爱告吹，生意不成，升官无望，职称泡汤。

因此赞美他人时也要见什么人说什么话。

比如，赞美一个女人漂亮就大有学问。对于容貌绝佳的女性，她已习惯了别人的赞叹，不妨用些新颖的方式，如用比喻去赞美她；对于一个明显较丑的女性，如果你虚假地夸赞她的容貌，她会认为你在讥讽她，而引起她的反感。你最好是去发掘她的气质、能力或性格；而普通的女性是最需要赞美的，因为她身上也有美，并且也最向往美，最渴望被人肯定。

你可以赞美女人的修养。有许多女人，虽然长得漂亮，但是缺乏修养，没有内涵，稍一相处，便会让人感到俗不可耐。因而，花瓶式的女人虽然可赢得一时的赞美，却不能使男人长久地爱慕她，更无法获得男士的尊敬，而一种好的气质，则可以使一位非常普通的女人变得十分迷人，令人心驰神往。因为一个人的修养是一种内在美、精神美、升华美，它可以永久地征服一个男人的心。

作为男人更要会赞美女人。能够做到张口也赞闭口也赞，这样，你才能在女人面前受欢迎，使你魅力无穷。

男人赞美女人是对女人价值的肯定，更是对女人魅力的一种欣赏。在男人眼里，女人身上总有美丽动人之处，或者是皮肤细腻，或者是身材苗条，或者是眉目含情，或者是穿着得体。所以你一定要善于去发现、去捕捉她的美。许多女人都会对自己的缺憾有所了解，但她们却十分了解自己的最动人之处，只要你能慧眼独具，赞美得体，你一定会博得她的赏识与青睐。

现在注重个性，夸赞一个女人有个性已成了一种时尚。固执的性格可当此人有个性来赞，孤傲的性格也可以用有个性来赞，像男人一样不拘小节，有些泼辣的女性也能用有个性来赞。只要是稍稍区别于大众的性格，你用个性二字来赞她，无论是哪种女性，她都会觉得你这个人很有品位。

最后，谈一谈女人的能力。现代社会，在各种事业中女人都表现出了她非凡的能力。她们不仅能把自己分内的事完成得十分得体，还会凭她们细心的洞察力去发掘工作中出现的问题，把各部门的事情都安排得十分妥当，有时的工作能力大大地超越了男性。而女人在取得很大的成就时，她是需要被这个社会所肯定的。她们希望这个社会能认同自己，肯定自己的能力，也希望在男人眼中她们不再是处处依附于男人的人，而是能够独当一面，把事情处理得完美无瑕有能力的人。于是，她们就需要男人的赞美，希望自己所做到的，能够得到男人的认同与赏识。如果你是她的老板或是同事，你可千万别忽视她的业绩，常常激励她、赞美她，换取她更大的工作积极性吧。

除此之外，生活中女人们的能力也值得你一赞。日常家务，如烧饭做菜，收拾房间，照顾孩子，这些虽是一些细小的事情，但却能表现出女人的动手能力、审美能力、教育能力。只要你在日常生活中也不忘记赞美一下女性，你定会得到女性们一致的好评。

最后要记住的是，女人喜欢甜言蜜语，但并非是喜欢太过花哨的话，所以赞美她时多用些实际的语言，不用刻意去修饰，不然会让人觉得你很肤浅。

人们都说女人是用耳朵来生活的，赞美是女人生命中的阳光。其实，男人也一样，他们一样喜欢听到他人对自己的肯定和赞美，因为这会让他们有一种价值感，并由此充满自信。可以说，恰到好处的赞美是打在男人身上的一剂强心剂。你可以从以下几个方面来打造对男人的赞美之词：

赞美他是成功的男人

由于传统社会对男性角色的定位——立业者，使得男人非常在乎自己在别人心目中的形象，任何人对他的工作做出的评价都会让他反应敏感。因此，无论男人从事的是怎样的工作，他都希望能得到别人的认同。

不过你得注意，不管一个男人有多成功，多得意，他内心深处最渴望的还是别人的理解和关怀。一般的理解和关怀都是无可厚非的，可一定要注意把握"度"的原则。过犹不及，说得太夸张、太过分、太直白就会被人当成追逐名利、爱慕虚荣的女人，会成为男人心底讨厌的势利女人。因此，即使是赞美，也要掌握分寸。通常从以下几个方面入手来赞美别人，是比较容易被接受，而且会收到预期效果的。

首先，在赞美男人的同时，注意表达关心与体贴。关心与体贴是女人善良天性的表现，也是女人细腻温柔的体现。女人的关心，有如吹面而过的柔和的春风，又如沁人心脾的淡淡花香，会在不知不觉中悄悄渗入男人的心灵之中，融化他们的心怀。男人们最喜欢的是那种会关心、会体贴、善解人意的女人，女人的关心和温柔会让男人从心底感激她。以前，曾有人这样赞美过别人：

"张老师，您那本书写得真好，没少花工夫吧？您可得注意休息了，瞧您现在比以前瘦多了。"

"刘总，这么大的工程，您一个人给搞定了，可真了不起！不过您可要注意身体呀，别光为了工作，累坏了自己。"

这些又温馨又充满敬仰与关切的语句，怎么能让男人不动心，不打心底感激，不视女人为自己的好友呢？

其次，在赞美男人的时候，恰当地表达出崇拜的思想。不管男人还是女人，都希望有人崇拜自己，都希望被人用尊敬、仰视的眼光看待，这也是人之常情。被人崇拜是无法拒绝的，被人崇拜意味着对"自我"的肯定，是一种人生价值的体现。对一个春风得意的人来说，他最自豪的是"自我"，也就是他的成功之源。

最后，别忘了在赞美的同时予以鼓励。一个女人鼓励一个男士，既是对他过去的肯定，对他以前创业生涯的一种肯定，又是对他未来充满信心的一种表现。人在任何情况下都是希望有支持和鼓励的，人不仅对自己有信心，更需要别人对自己有信心。现在的社会，竞争激烈，压力大，成功是需要付出很大代价的。一个成功的、春风得意的男士，即使在一定程度上达到了自我价值的展现，但也还是需要鼓励的，尤其需要别人对他有信心。

还有一些男士，春风得意的时候，往往会在别人的一片颂扬声中沾沾自喜、自高自大、忘乎所以，而女性的委婉的激励，有时就像一剂良药，给头昏脑热的春风得意者一点不动声色的提醒，进一步激发起他的冷静和投入下一次竞争的热情。

赞美他是一位绅士

所谓风度，是男人在言谈举止中透出的一种味道。不要以为男人真的是散漫随意、潇洒不羁，其实他们是很在乎别人对自己举止的评价。曾经有一位女友说起她和男友分手的原因，只因为她在一次朋友聚会上调侃了男友的局促，就大大伤了对方的自尊心，扔了句："既然你认为我没风度，那么分开好了。"

事实也如此，行动比语言更有说服力，只有当女方对对方的举止言谈很满意、很欣赏时，女方才会爱上他。而在这方面赞美男人的聪明之道，也是拿他和别的男人比较，表现出你的欣赏。一位范先生说："有一次，我和女友乘出租车，下车后我替她打开车门，她说她以前遇到的男人从不知道什么是绅士风度。这句话极大地满足了我的自尊心，也让我觉得自己是个很受欢迎的男人。"

另外，在赞美一个男士的时候，有一点特别忌讳的是，不要当着这位男士的面大肆指责他的竞争对手，这样做也许当时能让这位春风得意的男士十分高兴，但过后，他就会清楚地意识到这种以贬低一个人来衬托另一个人的手法是多么地笨拙，并且让人感到的只是巴结和恭维。所以，建议那些想要锦上添花的朋友，一定要注意，添花要小心，要把握好分寸，不要搞出笑话来，以免遭人反感。

给他最想要的赞美

有的时候并不是什么伟大举动才值得让人赞美，相反一些微乎其微的小事别人会期望得到你的肯定和称许。

在一个人所走过的人生道路中，有无数让他们引以为自豪的事情，这些都是一个人人生的闪光点。这些东西又会不经意地在他们的言谈中流露出来，例如，"想当年，我在朝鲜战场上……""我年轻的时候……"，等等。

对于这些引以为荣的事情，他们不仅常常挂在嘴边，而且深深地渴望能够得到别人由衷的肯定与赞美。对于一位老师而言，引以为荣的往往是由他授过课的学生在社会上很有出息，你为了表达对他的赞美，不妨说："您的学生××真不愧是您的得意门生啊！现在已经自己出书了。"对于一位一生都默默无闻的母亲，引以为荣的往往是她那几个有出息的孩子，你如果对她说："你有福气啊，两个儿子都那么有出息。"她一定会高兴不已。对于老年人来说，他们引以为荣的往往是他们年轻时的那些血与火的经历。

真诚地赞美一个人引以为荣的事情，可以更好地与之相处。

乾隆皇帝喜欢在处理政事之机品茶，论诗。对茶道颇有见地，并引以为荣。有一天，宰相张廷玉精疲力竭地回到家刚想休息，乾隆忽然来访，张廷玉感到莫大的荣幸，称赞乾隆道："臣在先帝手里办了13年差，从没有这个例，哪有皇上来看下臣的！真是折煞老臣了！"张廷玉深知乾隆好茶，命令把家里的隔年雪水挖出来煎茶给乾隆品尝。乾隆很高兴地招呼随从坐下，"今儿个我们都是客，不要拘君臣之礼。坐而论道品茗，不亦乐乎？"水开时，乾隆亲自给各位泡茶，还讲了一番茶经，张廷玉听后由衷地赞美道："我哪里晓得这些，只知道吃茶可以解渴提神。一样的水和茶，却从没闻过这样的香味。"李卫也乘机称赞道："皇上圣学渊深，真叫人瞠目结舌，吃一口茶竟然有这么多的学问！"乾隆听后心花怒放，谈兴大发，从"茶乃水中君子、酒乃水中小人"开始论起"宽猛之道"。真是妙语连珠，滔滔不绝，众臣洗耳恭听。乾隆的话刚结束，张廷玉赞道："下臣在上书房办差几十年，只要不病，与圣祖、先帝算是朝夕相伴。午夜扪心，凭天良说话，私心里常也有圣祖宽、先帝严，一朝天子一朝臣这个想头。我为臣子的，尽忠尽职而已。对陛下的旨意，尽力往好处办，以为这就是贤能宰相。今儿个皇上这番宏论，从孔孟仁恕之道发端，譬讲三朝政治，虽然只是三个字'趋中庸'，却振聋发聩，令人心目一开。皇上圣学，真是到了登峰造极的地步。"其他人也都随声附和，乾隆大大满足了一把。张廷玉和李卫作为乾隆的臣下，都深知乾隆对自己的杂经和"宏论"引以为豪。而张李二人对其大加赞美，融洽了君臣关系。

没有人不会被真心诚意的赞赏所触动。

抓住他人最胜过于别人的，最引以为豪的东西，并将其放在突出的位置进行赞美，往往能起到超乎意料的效果。在这一点上，有一个很经典的实例。

在镇压太平天国起义的过程中，一次，曾国藩用完晚饭后与几位幕僚闲谈，评论当今英雄。他说："彭玉麟、李鸿章都是人才，为我所不及。我可自许者，只是生平不好诿耳。"一个幕僚说："各有所长：彭公威猛，人不敢欺；李公精敏，人不能欺。"说到这里，他说不下去了。曾国藩又问："你们以为我怎样？"众人皆低头沉思。忽然走出一个管抄写的后生过来插话道："曾师是仁德，人不忍欺。"众人听了齐拍手。曾国藩十分得意地说："不敢当，不敢当。"后生告退而去。曾氏问："此是何人？"幕僚告诉他："此人是扬州人。入过学，家贫，办事谨慎。"曾国藩听完后说："此人有大才，不可埋没。"不久，曾国藩升任两江总督，就派这位后生去扬州任盐运使。

他人最想要的赞美一定是真诚的，不是那种公式般的赞美，千篇一律，最让人反感。

"久仰大名，如雷贯耳，您的生意一定发财兴隆""小弟才疏学浅，一切请阁下多多指教"，这些缺乏感情的，完全是公式化的恭维语，若从谈话的艺术观点看来，非加以改正不可。而言之有物是说一切话所必备的条件，与其泛说久仰大名，如雷贯耳，不如说您上次主持的讨论会成绩之佳，真是出人意料等话。若赞扬别人生意兴隆，不如赞美他推销产品的努力，或赞美他的商业手腕；泛泛地请人指教是不行的，你应该择其所长，集中某点请他指教，如此他一定高兴得多。赞美的话一定要切合实际，到别人家里，与其乱捧一场，不如赞美房子布置得别出心裁，或欣赏壁上的一张好画，或惊叹一个盆栽的精巧。若要讨主人喜欢，你要注意细节，主人爱狗，你应该赞美他养的狗，主人养了许多金鱼，你应该谈那些鱼的美丽。赞美别人最近的工作成绩，最心爱的宠物，最费心血的设计，这比说上许多无谓的虚泛的客套话更佳。

有的时候并不是什么伟大举动才值得让人赞美，相反一些微乎其微的小事别人会期望得到你的肯定和称许。

如果某天早晨，你的丈夫偶然一次早起为你准备好了早餐，你不妨大大赞美他一番，那他今后起床做早餐的频率也许会更高。如果你的小孩，有一天非常小心地在家做好了晚饭等你回家，当你回到家中，不要吃惊孩子脸上的污渍，也不要惋惜已经摔碎的碗碟，先要将孩子赞美一番，即使孩子所炒的菜让人难以下咽。因为你的赞美可以让孩子所做的下顿或者是下下顿饭变成美味。在公司，如果某位职员，记述你口述的信件，速度比你想象的要快，不妨表扬她一下，今后她的工作就一定会更加卖力。

从一件小事上去赞美他人必须注重细节，不要对他人在细节上所花费的时间和心血视而不见，而要特别地对他人的这番煞费苦心表示肯定和感谢。因为对方所做的一些小事，既说明对方对你的偏爱，也说明他渴望得到肯定与赞扬。

第三节　让人心服口服的拒绝技巧

给你做的每件事一个说法

很多时候，我们需要为自己所做的事找一个借口，这样，我们所做的事才更容易得到别人的认同。

做任何事情都要有正当的理由，至少是表面上的。古往今来，凡是成大事的人，都懂得为自己做的事找一个能够为人所接受的借口。

人与人交往，我们有时难免要借助善意的借口、美丽的谎言，因为它是关心对方、理解对方的一种表示，对人际关系的和谐大有裨益。如果我们懂得运用这种真诚和善意来处理相互间的关系，我们与他人的交往便更具艺术性。

戴尔·卡耐基在《人性的弱点》一书中，有这样一个例子：

一个妇女应老师的要求，回到家中请她的丈夫给自己列出六项缺点。本来，她丈夫可以给她列举出许多缺点，但是，他没有这样做。而是借口说自己一时还很难想清楚，等次日想好后再告诉她。第二天，他一起床，便给花店打了一个电话，要求给他家送来六朵玫瑰花，并附了一张字条："我想不出有哪六项缺点，我就喜欢你现在的样子。"结果，他妻子不仅非常感激他那善意的宽容，而且自觉、自愿地改正了以前的缺点。

日常交往中，我们每个人都在有意、无意地用着这样或那样的借口。比如，朋友来家做客，不小心打碎了茶杯，这时，你马上会说："不要紧，你才打了一只，我爱人曾经打碎了三只。相比起来，你的战绩平平。"这种幽默的借口，既打破了尴尬的局面，也避免了对方陷入难堪的境地。

可见，在日常生活中，要处理好人与人之间的关系，做到善解人意、与人为善，有时就需要寻找合适的借口，因为这种善意的借口既能满足对方的自尊心，维护对方的颜面，又可以让自己摆脱不必要的尴尬和难堪。

知己知彼，托词才更好说

要想说好让对方心服口服的托词，要先了解对方，根据对方的脾性说出合理的能让对方接受的托词。

什么样的托词才能够让对方欣然接受呢？如果你对对方不够了解的话，显然你很难说好托词。

应先了解对方的一些经历及生活状况。思维方式不同，人的观念也不同，因此，要了解他的人生观、价值观。

必须注意对方的心境。如果在交谈当中，不顾对方的心理变化，而一味地将想法统统搬出来，那么，你是得不到他的认同的。一厢情愿的谈话往往会让对方厌恶。不该说话的时候说了，则犯了急躁的毛病；该说话的时候却没有说，从而失掉了说话的时机；不看对方的态度便贸然开口，叫作闭着眼睛说瞎话。在交谈过程中应兼顾对方的心理活动，使谈话内容和听者的心境变化同步，这样才能引起共鸣。

性格外向的人易于"喜形于色"，和他可以侃侃而谈；性格内向的人多半"沉默寡言"，与其交往时则应注意委言婉语、循循善诱。

你的托词不能损害对方的利益

从对方的利益出发，掌握好说"不"的分寸和技巧，给对方一个能够接受的，并且不会伤害对方的托词十分重要。

随着社会的发展，人与人之间的交往越来越密切，也越来越复杂。比如，我们经常会发现办公室中谈笑风生的两个人，其实早已积怨很深。或者昨天还势如水火的两个同事，今天却亲密得俨如老友。从中我们可以看出，办公室中的人际关系确实是高深莫测，让人难以捉摸。其实，我们每个人都希望能够得到他人的关注与理解。因此在职场上，我们要学会理解他人，要把握处理事情的分寸，尤其是我们因为各种原因而不能配合对方时，一定要从对方的利益出发，说好托词。

例如，在办公室里，你在拒绝别人请求时，如只是说"我很忙"，对方则会说你不爱帮助别人。所以，拒绝别人时，要具体地说明一下理由。再如，你正忙着整理第二天重要会议的资料时，你的上司走过来对你说："先处理这份文件。"这时，你可以明确地告诉他自己正在为第二天重要会议准备资料，然后让上司判断哪个工作更加急迫。"是这样啊！你正在做的工作不尽快完成可不行，我的这份之后再弄。"

每个人总会有需要别人施以援手的时候，所以，多一个敌人绝对不是什么好事情。虽然我们避免不了拒绝的发生，却可以采取适当的拒绝方式，最大程度地避免因为拒绝而树敌。

经常有人会说出这样的话："这件事情恕难照办""我们每天都一样地工作，凭什么要我帮你的忙"……如果你听到些话，会是什么反应呢？你会很高兴很客气地说"既然如此，那我就不打扰你了，对不起"吗？恐怕不会吧。你一定会恼羞成怒地回击对方："你这个人讲话怎么如此无情！难道你一辈子就没求过人吗？"然后拂袖而去，并伺机报复。

一般情况下，我们在拒绝别人的时候要注意以下几点。

积极地倾听

当你要拒绝别人的请求时，不要随口就说出自己的想法。过分急躁的拒绝最容易引起对方的反感，应该耐心地听完对方的话，并用心弄懂对方的理由和要求，让对方了解到自己的拒绝不是草率做出的，是在认真考虑之后才不得已而为之的。

用和蔼的态度拒绝对方

不要以一种高高在上的态度拒绝对方的要求，不要对他人的请求流露出不快的神色，更不要蔑视或忽略对方，这都是没有修养的具体表现，会让对方觉得你的拒绝是对他抱有成见，从而对你的拒绝产生逆反心理。拒绝对方要保持和蔼的态度，要真诚。

明白地告诉对方你要考虑的时间

我们经常碍于面子不愿意当面拒绝他人的请求，而是以"需要考虑"为借口来避免直接拒绝对方，其实希望通过拖延时间使对方知难而退。这是错误的。如果不愿意立刻当面拒绝，应该明确告知对方考虑的时间，表示自己的诚意。

用抱歉的话语来缓和对方的情绪

对于他人的请求，表示出无能为力，或迫于情势而不得不拒绝时，一定记得加上"实在对不起""请您原谅"等抱歉用语，这样，便能不同程度地减轻对方因遭拒绝而受的打击，舒缓对方的挫折感和对立情绪。

说明拒绝的理由

在拒绝他人的请求时，不要只用一个"不"字就想使对方"打道回府"，而应给"不"加上合情合理的注解，以使对方明白，自己的拒绝并非是毫无理由，而是确有苦衷。真诚地说出你拒绝的理由是非常必要的，它有助于你们维持原有的友好关系。

提出取代的办法

当你拒绝别人时，肯定会影响他计划的正常进程，甚至使他的计划搁浅。如果你帮他提供一些建设性的意见，当然更能减轻对方的挫折感和对你的怨恨心理。

对事不对人

你要想方设法地让对方知道你拒绝的是他的请求，而不是他这个人。

总而言之，成功地拒绝别人的请求不仅可以节省自己的时间和精力，还可以免除由不情愿行为所带来的心理压力。但前提是，拒绝时必须不损害对方的利益。

托词要真诚

当你不得不拒绝别人时，要想好一些真诚的托词，让别人打从心眼里觉得的确是你能力有限从而不得不拒绝。

拒绝总是会让人感到不愉快。委婉拒绝无非是为了减轻双方，特别是对方的心理负担，并非玩弄"技巧"来捉弄对方。特别是上司拒绝下属的要求时，不能盛气凌人，要以同情的态度，关切的口吻讲述理由，使之心服。在结束交谈时，一定要表示歉意。一次成功的拒绝，也可能为将来的重新握手、更深层次的交际播下希望的种子。

从事销售的小刘遇上一位工作狂的上司，很多同事都因此而"逃离"了，而她却能始终保持极佳的工作状态，她是怎么做的呢？

小刘说："一开始我也像他们一样以办公室为家，日日夜夜伏案工作，在我的字典里'休息'这个词似乎早就不存在了。后来我发现，工作狂的老板通常有一个思维定式：他们一般疏于考虑自己分配下去的任务量有多少，下属需要花费多长时间可以搞定，他们想当然地认为你应该没问题。所以，以后如果我觉得工作量过大，超出了个人能力所能达到的范畴时，我不会一味投身于工作中蛮干，要知道，不说出来的话，工作狂的老板是不会体会到你的负荷已经到了警戒线的。这也不能怪他，每个人的承受能力不同，老板又如何能体会到下属执行当中的难度与苦衷？这个时候，下属应该主动与老板沟通交流。口头上的陈述困难或许有故意推托之嫌，书面呈送工作时间安排与流程，靠数据来说明工作过多，让他相信，过多的工作令效率降低。合理正确的沟通会令老板了解你的需求，从而适当调整任务量及完成时间，或选派更多的同人来帮你分担。"

试想一下，如果小刘怕得罪上司而勉强接受所有任务，到时完不成任务更会受到上司的指责，如果因为自己不事先说明难度，最后又耽搁公司整体事务的进展，罪过就更大了。这种坦诚拒绝的方法不仅适用于上司，也适用于周围的同事。当然，坦诚拒绝也要讲究方式。

当别人向你提出请求时，他们一定会担心你会不会马上拒绝自己，或者给自己脸色看。所以，在你决定拒绝之前，首先要注意倾听他的诉说。比较好的办法是，请对方把处境与需要讲得更清楚一些，这样，自己才知道如何帮他。

倾听能够让对方感受到你的尊重和真诚，在你委婉地向对方表达了自己的拒绝时，这可以避免使对方的感情受到严重的伤害。倾听的另一个好处是，你虽然拒绝他，却可以针对他的情况，建议如何取得适当的支援。若是能提出有效的建议或替代方案，对方一样会感激你，甚至在你的指引下找到更适当的解决方案。

直接的拒绝只会伤害彼此的感情，而委婉地说"不"却更容易让人接受。当你仔细倾听了别人的要求、并认为自己应该拒绝的时候，说"不"的态度必须是温和而坚定的。

例如，当对方提出的要求不符合公司或部门的规定，你就要委婉地让对方知道自己帮不了这个忙，因为它违反了公司的相关规定。在自己工作已经排满而爱莫能助的前提下，要让他清楚地明白这一点。一般来说，同事听你这么说一定会知难而退，再想其他办法。

拒绝除了需要技巧，更需要耐性与关怀。若只是敷衍了事，这样只会伤害到对方。

对领导说"不"时一定要把握好时机

"不管什么事情只要交给安娜，我就放心了。"安娜进公司3年，这是领导常挂在嘴边的话。开始安娜很高兴，但时间一天天过去，交给她的任务越来越多。安娜，这个方案你盯一下；安娜，这个客户恐怕只有你能对付；安娜，上海的那个项目人手不够，你顶一下。老总为某事抓狂时，必会打开房门大叫安娜。

安娜手里的事情多到了加班加点也做不完，可周围有些同事却闲得很，薪水也并不比她少多少。安娜想，也许自己再忍一忍就会有升职的机会。然而，机会一次次地走到了她面前却又一次次地拐了弯。后来，安娜从人事部的一位前辈口里得知，关于她升职的事中层主管讨论过很多次了，每次都被老总否绝了，说安娜虽然业务能力不错，但管理能力不足，需要再锻炼锻炼。

安娜很气恼，回家跟丈夫抱怨。丈夫居然也说："如果我是你们老总，我也不会升你的职。一个不懂拒绝的人，怎么去管理别人？"安娜仔细想了想，觉得这话真的很有道理。

往后，当老总给她加工作量时，安娜鼓足勇气说："我手里有3个大项目，10个小项目，我担心时间安排不过来。"老总一听，脸立刻变了色："可是，这个项目只有你去做我才放心。"

"那好吧，我赶一赶。"说完这句话，安娜恨不得咬掉自己的舌头。看到老总的脸，一个大胆的念头突然冒了出来："不过，要按时保质完成，我需要几个帮手。"安娜轻描淡写地说。老总惊讶地看着她，继而笑着说："我考虑一下。"

原来安娜想，如果老总答应给自己派助手，就相当于变相给自己晋升，自己的工作也有人可以分担了；如果不答应，老总也不好把新任务硬塞给自己了。

果然，老总再也没提过加派新任务的事，还破天荒地经常跑来关心安娜的工作进展，并叮嘱她有困难就提出来，别累坏了身体，等等。

当领导把砖头一块块地往你身上叠加时，他也并不是不知道砖头的重量，但是他知道把工作加给一个不懂拒绝的人是件再省心不过的事。你不要因此就梦想你理所当然比别人薪水更高或升迁更快。

有的时候，你并不需要大张旗鼓地拒绝领导，只需要摆出自己的难处，领导也不会觉得你的拒绝很过分。要拒绝领导，就必须告诉他你在时间或精力上的困难，让他明白你既不是傻瓜也不是超人。

不想加班，就必须找个恰当的理由

"世界上最痛苦的是什么？加班！比加班更痛苦的是什么？天天加班！比天天加班更痛苦的是什么？天天无偿加班！"这些关于加班的种种看似戏言和怨言的说法，在调侃之余，也真实地反映了职场中人的生活和工作现状，因为加班已经成为他们生活中的必要组成部分。

身在职场，加班是很多人最痛恨的一件事。面对领导要求的加班，做下属的就只能听之任之吗？是不是也可以找到合适的理由，既不得罪领导，又能够少受一点加班之苦呢？

小李和女友相识 3 周年的纪念日就在这个周五，可是当离下班还有 10 分钟时，小李听到了部门领导的微信呼叫："今天晚上留下来吃饭，约好了一位客户谈目前这个项目的事情。"顿时，小李不知所措。

小李肯定是不想错过今天这个重要日子里的约会的，但是，他又不能得罪领导。他琢磨了一会儿，心想凭着自己几年来和领导的关系，再加上自己幽默风趣的性格，相信领导能够放他一马。于是小李通过微信和领导说："本人是公司著名的妻管严，地球人都知道，要不是为了她，俺哪敢和领导讲条件，再说俺要敢放俺那口子鸽子，俺可能会有生命危险。"等了一会儿，微信上传来了领导的回复："你不用加班了，这事我来做，你去陪你的女朋友吧，代我向她问好！"

看到这句话，小李以最快的速度拎起包飞奔出了办公室。

"适者生存，不适者淘汰"已成为企业中很多人士坚定不移的座右铭，也是上班族命运的真实写照。虽然如此，但每个人的生活中除了工作中的8个小时，还有亲情、友情、爱情需要时间去维护，若因为工作而将其他的统统放弃，实在是得不偿失。而要实现这一目标，就需要多学一些拒绝的技巧。小李的做法也许并不适合每一个人，但也不失为一种借鉴。其实，每个人在拒绝加班时都可以找到恰当的理由，让8小时以外的时间真正属于自己。

巧借打电话，逃离酒桌应酬

当单位里有应酬时，领导总想把自己喜欢和信任的下属带去"陪酒"。得到领导的赏识是一件好事，但有时候确实不愿意去，这时你该怎么办？如果贸然拒绝了领导的好意，就很容易把领导得罪了。如何逃离酒桌应酬，又能让领导理解，这得用点技巧。

小王是一家杂志社的采访部主任，本来谈广告业务的事和她没有什么关系，但多年的打拼让她成了交际"达人"，再加上大方、稳重的气质和漂亮的外貌，主编每当面对大客户时都会想到她，让她作陪。

但小王对这类应酬是很不情愿的，因为下班后她希望能多陪陪孩子和丈夫，享受家庭的幸福生活。几次应酬之后，小王觉得不能再这样下去了，必须想个方法逃离酒桌。当主编又一次要带小王去见客户的时候，小王并没有当面拒绝主编，而是爽快地答应了下来。

晚上，小王如约前往。酒桌上，小王看出这次的客户确实来头不小，而且对他们的杂志比较认可。陪客人的除了她和主编外，还有杂志社的投资人以及广告部的主任。小王不知道自己的到来是否能起到一定的作用，但她还是不辱使命，施展着自己的交际才华。时间过去了大约半个小时，小王的电话响了起来，于是小王离桌去接电话。一会儿，小王回来，焦急地和主编说，自己的好朋友谢菲打来电话，说她得了急性阑尾炎，而其家人又不在身边，需要她去照顾一下。主编和在座的各位一看到这种情况，就马上答应了，让小王赶紧去。

就这样，小王一边说着抱歉的话一边急匆匆地离开了。

出门后，她给好友发短信："终于逃离了，谢谢你哦。是你的'阑尾炎'救了我！"

相信很多人都有同感。那些特别注重家庭生活的都市白领，都希望自己能够和家人共进晚餐，享受其乐融融的家庭氛围，而不是去酒桌旁陪客户、陪领导。在工作与家庭之间，在薪水与面子面前，他们往往不能按照自己的意愿行事，哪怕勉为其难也得将就着。不过，有些时候还是可以利用一些巧妙的方法，将那些自己不喜欢的应酬统统甩掉。就如小王这样，运用打电话救急，也不失为一个好办法。

巧妙应对，避开另类"骚扰"

身在职场，很多女性都容易遭遇一个比较普遍的问题——性骚扰。在工作场合，性骚扰有时候会来自于领导。该怎样去应对性骚扰而又不得罪领导呢？

最近一次公司聚会后，伊茜发现老板罗伯特有点问题。饭后伊茜要回家，可罗伯特说要去唱歌，并且一个都不许走，其他同事都赞成，伊茜也不好反对。伊茜因为喝了点酒有点头晕就靠坐在了沙发上，偶尔为他们选一些歌。罗伯特坐在离伊茜不远处，突然在和伊茜说话时用手轻轻地划了一下她的脸，伊茜想罗伯特可能喝醉了，于是离他更远了一些。终于一曲完了，伊茜准备回家，没想到他跟着伊茜离开。电梯里只有他俩，罗伯特抱住伊茜说："亲一下！"伊茜说不行。这时电梯停了，进来几个人，他只好放开了伊茜。

后来伊茜想他大概是喝醉了，自己以后不再参加这种聚会就是了。可没过几天，罗伯特的秘书很神秘地对伊茜说，后天还有个聚会，大家都得参加。伊茜心里暗暗叫苦，麻烦来了！伊茜后来找了一个理由，才躲了过去。然而，这几天罗伯特总是有意无意地来到伊茜的办公室，伊茜只好跟他谈工作的事。但他却总是有意无意地把话题往别的方面引，伊茜思前想后终于想出了一个主意。由于伊茜和罗伯特的妻子是老同学，于是伊茜周末约罗伯特的妻子一起打牌、游泳，他知道这些事后，便不再"骚扰"伊茜了。

遇上想占便宜的领导是职场女性最烦恼的事，因为处理不好的话便会丢了工作和声誉。案例中的伊茜在对付来自领导的性骚扰方法得当，巧妙地保护了自己，值得职场女性学习。

助你驰骋商场的实用托词

当作业务的你没法满足顾客所提出的要求时，不要直截了当说"不"，因为这样会伤害顾客，进而失去很多潜在的顾客。为了让顾客心理平衡，要找好托词，于无形中驳回顾客的要求，这样即使交易失败，也会赢得顾客的好感，进而为自己留住潜在顾客。

顾客就是上帝，在销售场合中，当我们需要否定顾客的意见时，应尽量避免使用"不""不行""办不到"等词语。可是如果必须要说出这些字眼时，就要找到适当的托词，并且予以顾客另外的补偿，以使他心理平衡，从而让他对你产生好感。

提出建议，介绍新去处

假如你的商品已售完，可以向他介绍其他有这种商品的地方。这种处处为顾客着想的做法可以提升你的形象，从而赢得顾客的再次光临。

"真抱歉，这种商品正好卖完了。您来看看这种，或许正是您所需要的。"

"真是很不好意思，我找遍了都没有找到您所需要的号码，这样吧，您明天再过来，我提前给您准备好。"

"您来得真是不凑巧，我们这儿正好没有这种商品了，您可以去某店，那里很可能会有。"

作出否定回答的同时，给顾客提出建设性的建议，也就相当于他在你那里得到了需要的满足，可以留给他一个好印象。

补偿安慰拒绝法

当在价格上无法接受顾客提出的要求时，若断然予以否定定会破坏推销的气氛，打击顾客的购买欲，甚至可能会惹恼顾客，从而导致交易的失败。为避免这种情况的发生，推销员在拒绝顾客的时候，应在其可以承受的范围内，予以适当的补偿，并以此来满足顾客想买到便宜货的心理。

"价格不能再降了，这样吧，在价格上您做一些让步，我给您再配上一对电池，怎么样？"

"抱歉，这已经是全市的最低价了，要不这样，我们免费给您送货，如何？"

在商品本身以外给予一定的利益，以此来拒绝顾客减价的要求，使交易不至于因为遭到否定而中断。

寓否定于肯定

顾客的要求假使你满足不了，你的拒绝中并没有包含任何一个否定的词语，而顾客却能听出你的弦外之音。这种方法让你的否定含义隐含在肯定句中，顾客一听就可以明白，既可以避免顾客的难堪，也不会使人觉得你的拒绝很唐突。

（笑着说）"周经理，光天化日之下您这是要抢劫啊！"

"您开出的价格有点那个，您看是不是……"

在肯定句中包含有否定的意思，指出顾客的要求有欠妥当之处，像这样软弱的否定一般不会轻易伤害顾客的自尊心，并比较容易被顾客所接受，从而也能使交易顺利地进行下去。

对于那些不论产品质量如何，看到价格就先"砍一半价"的消费者，推销员应该不卑不亢，学会拒绝。

消费者："这东西是很好，不过价格太贵了，便宜点吧。"

推销员："不好意思，这是公司定的价格，我们是不能随意改动的，公司有规定既不允许我们故意抬高价格来欺骗顾客，也不准我们随便打折。说实在的，我们公司的产品从来不在品质上有所折扣，因此在价格上也从不打折。"

这样既可以表明产品在质量上的可靠性，说明它物有所值，同时也向顾客说明了产品的价格是很合理的，也是比较便宜的，所以不可能再降了。

对于那些比较善"缠"的顾客则可以使用"重复"的说服方法，坚守"不"的立场，把握住"好货不便宜"的消费心理，你越是不降低价钱，就越能证明你的商品好，不愁没人要。当然用这种方法要慎重，态度不能过于强硬而把消费者吓跑。

消费者："做生意灵活些嘛，你做些让步，我给你再加点钱，咱们就成交了嘛。"

多数时候这是消费者希望推销员能够降价的最后尝试了，这时推销员一定要更加耐心，诚恳地对待你的准客户。

推销员："实在很抱歉，我们的售价就是这样了，质量上乘的产品价格都是不便宜的。如果价格低，但是产品不好，不是欺骗消费者吗？"

这种重复说"不"的方式，能够加深顾客认为你推销的商品质量好的印象，相信这样一来他一定不会再在价格上为难你了，只要是好东西，即使多花一点钱，那么消费者从心理上也是可以接受的，并且会有踏实的感觉。学会说"不"并善于利用"不"，你就一定不会再让价格成为你推销的障碍了。

幽默拒绝很管用

用幽默的方法拒绝别人，既可以缓解紧张的氛围，又不会影响彼此的友谊。

玛丽抱怨她的丈夫说："你看邻居 W 先生，每次出门都要吻他的妻子，你就不能做到这一点吗？"

丈夫说："当然可以，不过我目前跟 W 太太还不太熟。"

玛丽的本意是要她的丈夫在每次出门前吻自己，而丈夫却有意地曲解为让他吻 W 太太，委婉地表达了自己不愿意那样做的本意。

直接拒绝别人很容易伤害对方，甚至造成许多误解，破坏彼此间的友谊。但是，利用幽默，巧妙拒绝，却能使很多问题迎刃而解。

有位员工代表向老板谈加薪的问题，并使出了眼泪战术，苦苦哀求道："老板，请你一定要帮帮忙，现在这点薪水我实在无法和我太太继续在一起生活下去呀！"上司回答说："好吧！那么我会出面来说服你太太，要她跟你离婚的。"

在工作当中，如果不懂得拒绝的技巧，往往会吃亏上当。下面的例子很有借鉴意义。

大个子瑞克是一位被公司冷落的老主任。有一天，某部门经理拍着他的肩膀说："瑞克，你看是不是要早日把你的职位让给年轻人！"

"好啊！就这么办！"

"哎！你愿意？"

"是啊！不过俗话说，'鸟去不浊池'，所以我有一个请求，希望能让我把正在进行的工作彻底做好再走。"

"哦！这是理所当然的。不过，你那个工作预计什么时候可以完成呢！"

"我想，大概还要 10 年。"

在拒绝别人时，采用幽默的方式不但不会伤害到对方，而且还可以避免不必要的尴尬。

拒绝的话要合情合理

如何拒绝别人是一门艺术，这门艺术的关键点就在于拒绝别人的话要怎么说才能让觉得合情合理，进而让别人更容易接受。

人的一生就是在不断的接受和拒绝中度过的。如果拒绝未采用合适的方法和相应的技巧就容易伤害对方，引发怨恨和不满，从而导致人际关系的破裂，让自己陷入非常被动的境地之中。即使不至于闹到很严重的地步，因拒绝而引起的疙瘩也会使对方耿耿于怀。

"我实在没有钱借给你，否则，我就不必如此地拼命了""我们非亲非故的，凭什么要帮你"……在遭受这样的拒绝后，你会有怎样的反应呢？你一定会感到恼羞成怒，用犀利的言语回击对方。

有时，对方与我们反目成仇，并非完全是由于我们拒绝了他，更多的是我们拒绝的语言和方式伤害了他。那么我们要如何拒绝呢？

借口要实在

小李24岁，才貌双全，大学毕业后分配到一家公司工作。不料，她的顶头上司——部门经理对她一见倾心，便发起了猛烈的攻势。小李怕直接回绝会伤了上司的自尊，给自己以后的工作带来不便。考虑再三，最后小李决定实话实说，于是彬彬有礼地告诉经理："我已另有所爱，只是男友暂时在外地工作。"如此一来，经理在"恨不相逢未嫁时"的深深遗憾中打消了自己的念头，以平常心对待小李。

借口要合适

小林陪女友逛商店，女友在某时装店看中了一件风衣，价格不菲，而小林觉得这件衣服很普通，不值这个价。但是在女友面前不便说，否则女友会认为自己是个小气鬼，两人免不了要闹一阵子情绪。只见小林鼓动女友试衣，左看右看后对女友说："很合身，但我觉得你穿上它气质不如从前了。主要是款式太新潮，不适合你的职业特点，倒更像是较前卫的女孩穿的。"女友一听此话，忙不迭地脱下风衣，拉着小林离开了商店。

小林巧用衣服与气质的关系，让女友主动放弃了自己中意的风衣，达到了自己的目的。

先承后转避直接

对对方的请求最好避免一开口就说"不行"，而是要表示理解、同情，然后再据实陈述无法接受的理由，获得对方的理解，自动放弃请求。

有时对方提出的要求有一定的合理性，但因条件的限制又无法予以满足。在这种情况下，拒绝的言辞可采用"先肯定后否定"的形式，使其精神上得到一些满足，以减少因拒绝而产生的不快和失望。例如，一家公司的经理对一家工厂的厂长说："我们两家搞联营，你看怎么样？"厂长回答："这个设想很不错，只是目前条件还没有成熟。"这样既拒绝了对方，又给自己留了后路。

对对方的请求最好避免一开口就说"不行"，而是要表示理解、同情，然后再据实陈述无法接受的理由，获得对方的理解，自动放弃请求。

李刚和王静是大学同学，李刚这几年做生意虽说挣了些钱，但也有不少的外债。两人毕业后一直无来往，忽一日王静向李刚提出借钱的请求，李刚很犯难，借吧，怕担风险；不借吧，同学一回，又不好拒绝。思忖再三，最后李刚说："你在困难时找到我，是信任我，瞧得起我，但不巧的是我刚刚买了房子，手头一时没有积蓄，你先等几天，等我过几天账结回来，一定借给你。"

先扬后抑这种方法也可以说成是一种"先承后转"的方法，这也是一种力求避免正面表述，而采用间接拒绝他人的一种方法。先用肯定的口气去赞赏别人的一些想法和要求，然后再来表达你需要拒绝的原因，这样你就不会直接地去伤害对方的感情和积极性了，而且还能够使对方更容易接受你，同时也为自己留下一条退路。一般情况来说，你还可以采用下面一些话来表达你的意见，"这真的是一个好主意，只可惜由于……我们不能马上采用它，等情况好了再说吧""这个主意太好了，但是如果只从眼下的这些条件来看，我们必须要放弃它，我想我们以后肯定是能够用到它的""我知道你是一个体谅朋友的人，你如果对我不十分信任，认为我没有能力做好这件事，那么你是不会找我的，但是我实在忙不过来了，下次如果有什么事情我一定会尽我的全力来支持你"，等等。

有的时候对方可能会很急于事成而相求，但是你确实又没有时间，没有办法帮助他的时候，一定要考虑到对方的实际情况和他当时的心情，一定要避免使对方恼羞成怒，以免造成误会。

拒绝还可以从感情上先表示同情，然后再表明无能为力。

黄女士在民航售票处担任售票工作，由于经济的发展，乘坐飞机的旅客与日俱增，黄女士时常要拒绝很多旅客的订票要求，黄女士每每总是带着非常同情的心情对旅客说："我知道你们非常需要坐飞机，从感情上说我也十分愿意为你们效劳，使你们如愿以偿，但票已订完了，实在无能为力。欢迎你们下次再来乘坐我们的飞机。"黄女士的一番话，叫旅客再也提不出意见来。

对领导要这样拒绝

当领导提出某种要求而属下又无法满足时，设法造成属下已尽全力的错觉，让领导自动放弃其要求，这也是一种好方法。

领导委托你做某事时，你要善加考虑，这件事自己是否能胜任？是否违背自己的良心？然后再做决定。

如果只是为了一时的情面，即使是无法做到的事也接受下来，这种人的心似乎太软。纵使是很照顾自己的领导委托你办事，但自觉实在是做不到，你就应该很明确地表明态度，说："对不起！我不能接受。"这才是真正有勇气的人。否则，你就会误大事。

如果你认为这是领导拜托你的事不便拒绝，或因拒绝了领导会使其不悦而接受下来，那么，此后你的处境就会很艰难。因畏惧领导报复而勉强答应，答应后又感到懊悔时，就太迟了。

领导所说的话有违道理，你可以断然地驳斥，这才是保护自己之道。假使领导欲强迫你接受无理的难题，这种领导便不可靠，你更不能接受。

尽管部下是隶属于领导的，但部下也有他独立的人格，不能什么事不分善恶是非都服从。倘若你的领导以往曾帮过你很多忙，而今他要委托你做无理或不恰当的事，你更应该毅然地拒绝，这对领导来说是好的，对自己也是负责的。

当然，拒绝领导的要求不是一件容易的事。谁都不敢因此而得罪领导。因为领导有可能掌握你一生的前程。然而，你知道一些拒绝领导的技巧，就能两全其美，既不得罪领导，又可以表明拒绝之意。不过要强调的是，这些技巧仅限于那些领导的非合理要求。

当领导提出一件让你难以做到的事时，如果你直言答复做不到时，可能会让领导有损颜面，这时，你不妨说出一件与此类似的事情，让领导自觉问题的难度而自动放弃这个要求。

当上司要求你做违法的事或违背良心的事时，你要平静地解释你对他的要求感到不安，你也可以坚定地对上司说："你可以解雇我，也可以放弃要求，因为我不能泄露这些资料。"如果你幸运，老板会自知理亏并知难而退；反之，你可能会授人以柄。但假若你不能坚持自身的价值观，不能坚持一定的准则，那只会迷失自己，最终会影响工作的成绩，以致断送自己的前途。

当上司器重你并将你连升两级，但那职务并不是你想从事的工作时，你可以表示要考虑几天，然后慢慢解释你为何不适合这工作，再给他一个两全其美的解决方法："我很感激你的器重，但我正全心全意发展营销工作，我想为公司付出我的最佳潜能和技巧，集中建立顾客网络。"正面地讨论，可以使你被视为一个注重团体精神和有主见的人。

当领导提出某种要求而属下又无法满足时，设法造成属下已尽全力的错觉，让领导自动放弃其要求，这也是一种好方法。

比如，当领导提出不能满足的要求后，就可采取下列步骤先答复："您的意见我懂了，请放心，我保证全力以赴去做。"过几天，再汇报："这几天×××因急事出差，等下星期回来，我再立即报告他。"又过几天，再告诉领导："您的要求我已转告×××了，他答应在公司会议上认真地讨论。"尽管事情最后不了了之，但你也会给领导留下好印象，因为你已尽力而为，领导也就不会再怪罪你了。

通常情况下，人们对自己提出的要求，总是念念不忘。但如果长时间得不到回音，就会认为对方不重视自己的问题，反感、不满由此而生。相反，即使不能满足领导的要求，只要能做出些样子，对方就不会抱怨，甚至会对你心存感激，主动撤回已让你为难的要求。

你也可以利用群体掩饰自己说"不"，这不失为一大妙招。

例如，你被领导要求做某一件事时，其实很想拒绝，可是又说不出来，这时候，你不妨拜托两位同事和你一起到领导那里去，这并非所谓的三人战术，而是依靠群体替你做掩护来说"不"。

首先，商量好谁是赞成的那一方，谁是反对的那一方，然后在领导面前争论。等到争论一会儿后，你再出面含蓄地说"原来如此，那可能太牵强了"，而靠向反对的那一方。

这样一来，你可以不必直接向领导说"不"，就能表明自己的态度。这种方法会给人"你们是经过激烈讨论后，绞尽脑汁才下结论"的印象，而包括领导在内的全体人士都不会有哪一方受到伤害的感觉，从而领导会很自然地自动放弃对你的命令。

对于超负荷工作的要求，你即使是力不能及，也不能马上面露难色。不妨先动起手来做，让事实来证明领导的要求是不可能达到的。

下面是发生在职场中的一件事情：

"小康，请你今晚把这一叠讲义抄一遍。"经理指着厚厚一叠稿纸对秘书小康说。小康听到此言，面对讲义，面露难色，说："这么多，抄得完吗？""抄不完吗？那请你另觅轻松的去处吧！"也许经理正在气头上，于是小康被"炒了鱿鱼"。

小康的被"炒"实在令人惋惜。像她这样生硬直接地拒绝上司的要求，给上司的感觉是她在对抗，不服从指示，因而扫了上司的威信，被"炒"也就难免了。其实，她可以处理得更灵活些。她不妨这样，立即搬过那一堆稿子埋头就抄起来，过一两个小时后，把抄好了的稿子交给经理，再委婉地表示自己的困难，那么经理肯定会很满足于自己说话的威力，并意识到自己的要求的不合理处，而延长时限，小康就不至于被解雇。

拒绝上司必须把握以下 3 点。

要有充分的拒绝理由

首先设身处地，表明自己对这项工作的重视；然后再表明自己的遗憾，具体说明自己为什么不能接受。如说："我有件紧急工作，必须在这两天赶出来。"充足的理由、诚恳的态度一定能取得上司的理解。

不可一味地拒绝

尽管你拒绝的理由冠冕堂皇，但是上司也许仍坚持非你不行。这时，你便不能一味地拒绝，否则，上司可能会以为你是在推脱，从而怀疑你的工作干劲和能力，以致失去对你的信任，在以后的工作中，会有意无意地使你与机会失之交臂。

提出合理的接替方法

对上司所交代的事，你不能接受，又无法拒绝，这时，你可得仔细考虑，千万不可怒气冲天，拂袖而去。你可以与上司共商对策，或者说："既然这样，那么过两天，等我手头的工作告一段落，就开始做，你看怎么样。"你也可以向上司推荐一位能力相当的人，同时表示自己一定会去给他出点子，提建议。这样，你一定能进一步地赢得上司的理解和信任，也会为你以后的工作、生活铺开一条平坦的大道，因为上司也是和你一样是个普普通通、有血有肉、有感情，也当过职员的人。

把握好以上要点，才能不让自己难堪，也不会失去上司的信任。

让对方换位思考

在寻求拒绝的技巧过程中，要知道，拒绝对方的最有力武器，往往是对方自身。

在交际过程中，当自己处于不利态势，为了寻找转机，加强己方的立场，也需要找借口拒绝对方。这时，如果你能灵活机智地用对方的话来拒绝对方，就能使对方不再坚持，从而达到自己拒绝对方的目的。

有一次，萧伯纳的脊椎骨出了毛病，需从脚上取一块骨头来补脊椎的缺损。手术做完后，医生想多捞一点手术费，便说：

"萧伯纳先生，这是我们从来没有做过的新手术啊！"

萧伯纳当然听出了医生的言外之意，但向病人收取额外的手术费，显然是不合规定的，萧伯纳不愿意再给医生"塞包"，但又不便明确拒绝，便装傻卖愚地顺着另一层意思说下去：

"这好极了！请问你们打算支付我多少试验费呢？"

医生顿时窘住了，只好讪讪离开。萧伯纳的思维是：既然你要强调这是从来没有做过的新手术，那我的身体便变成试验品了！萧伯纳合理地从对方的话里引出了一个合乎逻辑的相反结论，巧踢"回传球"，让对方哑巴吃黄连——有苦说不出。

有很多的问题，我们还可以巧妙地把对方设置在同样的情景，以此来促使对方作出他的判断，从而让对方明白自己的处境或意思，巧妙地拒绝对方的要求。

在历史上就有一个这样的例子：

有一次，一个人问艾森豪威尔将军一个有关军事机密的问题，艾森豪威尔将军做耳语状说："这是一个机密问题，你能替我保密吗？"于是那个人就连忙说道："我一定能！"艾森豪威尔将军则回答道："那我同样也能！"

这样的例子在我们的日常生活中也屡见不鲜。

小李从一个朋友那里借了一架照相机，他一边走一边摆弄着，这时刚好小赵迎面走来了。他知道小赵有个毛病：见了熟人有好玩的东西，非得借去玩几天不可。这次看见了他手中的照相机又非借不可了。尽管小李百般说明情况，小赵依然不肯放过。小李灵机一动，故作姿态地说："好吧，我可以借给你，不过我要你不要借给别人，你做得到吗？"小赵一听，正合自己的意思。他连忙说："当然，当然，我一定做到。""绝不失信？"小赵还追加一句说："失信还能叫作人？"小李斩钉截铁地说："我也不能失信，因为我也答应过别人，这个照相机绝不外借。"听到这，小赵也是目瞪口呆了，这件事也只有这样算了。

通过设问，抛砖引玉，以对方的回答来作为拒绝依据，使对方就此作罢。因为人不可以出尔反尔，自我推翻。

小陈是小杨的一个好朋友。有一天，小陈来到小杨的单位，找小杨帮他一件事，为他的未婚妻报仇。原来小陈的未婚妻被车间主任欺侮了，小陈发誓要为未婚妻报仇，而且还买了一把锋利的弹簧刀，想杀掉那个车间主任，但考虑到车间主任人高马大，自己一个人对付不了他，于是就想请小杨帮忙。小杨听后，心中很明白，尽管那个车间主任不是好东西，应该教训教训他，但如果感情用事，将他杀了，那是会犯罪的。因此，小杨决定拒绝小陈，也不能让他办错事。他问小陈："你爱你的未婚妻吗？"

"爱，当然爱，如果不爱我才不管这事呢。"小陈回答说。

"这就好，爱一个人不容易，真正爱上一个人，是不管她遇上多么大的不幸，都会永远爱她，相反，在她遇到不幸时还要帮她解脱出来。如果你将主任杀了，只是感情用事，并不是爱她，这是在伤害她，使她更伤心。她也不会为此而感谢你，相反会恨你。坏人总是要受到惩处的，这要靠法律。车间主任的行为是犯法的。这样吧，我帮你和你的未婚妻运用法律的手段来惩处车间主任吧，我相信，法律会给你们一个满意的答复的。"

小陈听了小杨的一番话，放弃了报仇的想法，最终运用法律惩处了那位车间主任。而小陈也非常感谢小杨对他的帮助。

小杨先拿到一个肯定的答案：小陈爱自己的未婚妻。既然是爱，那就应该采取一种正确的态度和方式来帮她摆脱困境。小杨透彻地阐释了什么才是真正的爱，如果小陈还不放弃报仇的想法，那就说明他并不爱自己的未婚妻。因此，小陈只好放弃了找小杨协助犯罪的念头。

在寻求拒绝的技巧过程中，要知道，拒绝对方的最有力武器，往往是对方自身。我们应该懂得引导对方的谈话，从对方口中拿到自己拒绝对方的理由。

"恕我能力有限"

若是用没有能力，也就是自己无法控制的原因来拒绝（想帮你，可是帮不了）的话，拒绝起来便容易多了。

有很多既没有什么实际意义又浪费时间与精力的活动，我们要对它进行拒绝，可以采取自我贬低的方法。

"自我贬低"是一种特殊形式，表示自己无能为力，不愿做不想做的事。也就是说："我办不到！所以不想做！"

根据心理学的调查发现，人们的确有在日常生活中自我贬低的现象。例如，在上班族中，有12%的人曾对上司装过傻，而14%的人对同事装过傻。虽然它跟"楚楚可怜"法一样，会导致别人对自己的评价降低，但令人惊讶的是，仍有一成以上的人是在自己有意识的情况下用了这个办法。

上班族会用到"自我贬低法"的场合有以下3种。

第一，遇到不想做的事。例如，像是打杂般的工作、很花时间的工作、或单调的工作等。还有像公司运动会之类，筹办公司内部活动也是其中之一。像这些情形便有不少人会用"我不会呀"或"我对这方面不擅长"等理由，来把不想做的事巧妙地推掉。

第二，拒绝他人的请求。当别人找上你，希望你能帮他的忙时，你很难直接说："不！"因此便以"我很想帮你，可是我自己也没有那个能力"的态度来婉转拒绝。拒绝别人时，很难直接以"我不愿意"这种态度来拒绝，而且如果拒绝不恰当还可能会让对方怀恨在心。因此，若是用没有能力，也就是自己无法控制的原因来拒绝（想帮你，可是帮不了）的话，拒绝起来便容易多了。

第三，想降低其他人对自己的期望值。一个人若能得到他人的高度期待，固然值得高兴，但压力也会随之而来。因为万一失败，受到高度期待的人，所带给其他人的冲击性会很大。因此，借由表现出自己的无能，来降低期望值，万一将来失败，自己的评价也不会下降得太多；相反，如果成功，反而会得到预期之外的肯定。

根据工作的内容，"无能"的内容也应有所不同。例如：

别人要求你处理计算机文书资料时——

"计算机我用不好，光一页我就要打一个小时，说不定还会把重要的资料弄丢！"

别人要求你做账簿时——

"我最怕计算了，看到数字我就头痛！"

不过，所表明的"无能"的理由不具真实性，那可就行不通。例如，刚才计算机处理的例子，如果是在计算机公司，说这种话谁信！后面那个例子，如果发生在银行，也绝对会显得很突兀。平常愈少接触到的工作，说这种话时，所获得的可信度也就愈大。所以要说"我没做过""我做得不好"这些话的时候，这些话一定要具有可信度才行。

"自我贬低"如果使用过度，很容易给人留下"无能""不可靠"的印象。而当自己反过来想求人帮忙时，被拒绝的概率也会大幅提高。因此要注意，绝对不要使用过度。

"自我贬低"使用时的第一重点就在于慎选使用的场合。也就是只在与自己的工作无关的地方使用。

举个极端的例子。如果一个跑业务的说"我在别人面前讲话会很紧张"而拒绝参加公司的会议，那么这对他来说，可说是致命伤。但如果是做研究工作的人说这种话，那就另当别论，效果完全不同。要自我贬低时，切记：只用对自己不重要的部分来贬低自己。第二个重点是，尽量避免招来"无能"或"不可靠"的负面印象。记住善用"如果是某某，某某就没问题，但这件事我实在心有余而力不足"这句话。例如：

"对文字处理机我还有办法，可是资料输入我真的不行！"

"公司旅行的账目我倒是做过，但太复杂的东西我没自信能做好！"

这么说，总比直接拒绝对方好，而且这种说法听起来比较具真实性，也比较容易成功。

用延时法巧妙拒绝

对方提出请求后，不必当场拒绝，可以采取拖延的办法。

在大学的课堂上，有一名学生提出与正课毫无关联的问题，几乎让那位教授失态。起初那位教授很用心地答复他的问题，但不料却与学生的意见发生了冲突。其实这时教授大可拒绝对方的质问，同时不必正面拒绝，可以用"像你这种问题我们不妨等下了课再谈"这句话轻易带过。

如果是在私人场合，就可以说："像你这样的问题我们还是等会儿再谈，怎么样，喝一杯吧！"轻松愉快地将话带过。若在会议中不幸形成了一场火爆的局面，此时主席不妨暂时承认对方所言的重要性，同时也让他感觉此问题事关重大，难以解决，无法立刻作答，于是你便说：

"关于这一问题我们日后再做讨论，今天我们还是讨论会议的本题。"

至于"日后"，此刻也不甚为人关心，这种做法也比直接拒绝回答来得恰当，容易让人接受，虽然表面上你是在对他摆出低姿态，实际上却是拒绝正面作答，以保持他心理的平衡。

发言者若来势汹汹，你不妨说"像这样的难题我们日后再谈"来缓和当时的紧张气氛。

在别人向你提出请求时，如果你能做到，就可以答应别人，但如果你感到这一请求超出了你的能力范围时，你当然可以立即回绝："不行，这个忙我帮不了！"但是你如果用延时法来说："嗯，我来想想办法，是不是能办成我一定尽快给您一个回音，您看怎么样？"如果你过一两天再打电话表示无能为力，那至少你不是"一口回绝"，你是已经尽心尽力了。有时候，被拒绝的人耿耿于怀的往往是别人回绝时的态度，或是官腔十足，或是盛气凌人，或是漫不经心。若是别人已经尽心竭力，那么即使事情最终没有办成，也不至于牢骚满腹。

对方提出请求后，不必当场拒绝，可以采取拖延的办法。你可以说："让我再考虑一下，明天答复你。"这样，既为你赢得了考虑如何答复的时间，又会使对方认为你是很认真对待这个请求。

张艳一心想当一名记者，于是想从学校调到某报社工作，她找到了同事的丈夫——某报社黄总编，黄总编知道报社现在严重超编，但又不好直接拒绝，于是对张艳说："刚刚超编进来一批毕业生，短期内社里不会考虑进人的问题了，过一段时间再说吧。"黄总编没说这事绝对不行，而是以条件不利为理由，虽然没有拒绝，但为后来的拒绝埋下了伏笔。

有时，在直接拒绝时也可使用"延时"法。

小张想观摩一位特级教师上课。那位教师出于谦逊婉言谢绝了，他说："行啊，说开课就开课。不过这课要开得成功，让学生、老师都满意，还得符合教改精神，得让我好好考虑考虑教学方案。看来你得给我一年时间。这365 日我得天天想，多痛苦啊！"

　　这位教师对小张的请求采用延时法予以拒绝，本来，别人慕名来观摩自己的课对自己来说是一种尊重，如果直接拒绝，会使对方认为自己不识抬举。而采用"拖延"的技巧来拒绝对方，先爽快地答应，然后把时间推到一年之后。谁都知道，准备一堂课怎么也用不了一年的时间。因此，请求者也明白这位教师是在间接地谢绝，当然也不会勉为其难了。

第三章

懂心理，职场更成功

第一节　不可不知的职场硬道理

技能与才干不是关键

　　诸多技术纯熟的雇员，似乎对于公司具有很大价值，但是每天又被公司所忽视，与之相反，获得晋升机会的职员其技术未必出类拔萃，他们只是花费了大量成本及时间，令公司认为自己远比其他人更值得信赖而已。

　　当然，技能与才干非常重要。但是有太多的职场人自认为自身职位安全，完全是拜技能熟练且工作努力所赐。不过，一定没有人告诉你人事部门及公司主管们早已就"技能问题"研究多年，他们并未说出有效雇用的真实用意。为什么呢？这是出于安全考虑。探讨技能是一个主观过程，如果他们对员工提出"你的技能或才干不适应公司此时的需求"，他们不会因此而起诉你。这种误导带来的严重后果是员工过于强调技能，但是技能与才干并不能完全保护你，也不是你未来职业生涯中唯一重要的因素。

　　即使你在公司中属于技术尖兵，但是若得不到上层信任，也会面临失业危险，你的需求同样得不到满足，你同样会走投无路。信任基于公司对于你的理解。无论公司怎样评价你，理解才是决定你的职位安全与否以及你是否具有价值的重要因素。

　　你感觉公司此刻会对你抱有怎样的看法呢？你的主管及高层领导会对你

做出怎样的评价？如果你并未感受到自己拥有工作动力，不清楚自己处于什么位置，亦未曾得到应有待遇，那么公司对于你的看法也许远不如你想象的那般好。

若要认清公司对于自己的看法，你就必须懂得去发现其动机。这涉及你对公司的真正保护对象、奖赏及价值持有怎样的认知，在形成正确认知的同时你亦可为自己竖起一面镜子，由此随时审视自己在工作场合中的行为。

站在雇主的角度上审视自身行为：你平时的行为看上去究竟是不是一个支持公司政策、保护公司利益所应有的？你平日的言谈举止给予人的感觉究竟是对公司具有强烈归属感并充满激情，还是只关心自己工资条上的数字？在他人眼中，你的行为与真实意图之间究竟是否存在差距？外界对于你的看法决定了你的职位安全系数。

假如你正在为一家视"保护"为己任的公司效力，在一次职业课程中，你遭遇到上司的骚扰，你声称要公开此事。当然，从法律上讲你完全有权利这么做，与此同时你却触犯了公司的秘密规则，为自己醒目地贴上了"公司的叛徒"的标签。

对于公司而言，它完全可以利用合法手段处理这种情况，甚至可以依据法律规定使你仍然居于原职，但是你将永远得不到信任。在绝大多数公司，出现这种情况将意味着你的这份工作就此结束。而这件事之后，大部分公司必然会尽快将你清除。他们绝不会因为维护一个将自身利益看得比保护公司利益还要重要的雇员，而将公司置于危险境地。

然而，如果你选择私下处理此事，未使公司处于窘迫境地，亦不致令公司为之付出昂贵代价或耗费大量时间，那么你仍然可以继续安心地在这里工作。

公司的这类行为令许多人为之异常恼火，看上去也非常不公平。但换个角度思考一下，如果你是老板，也不会发表公开声明使公司陷入困境之中，除非该问题确实非常严重，没有其他的方法可以解决。同样，如果你身为既得利益者，也会采取这种做法。为什么呢？因为一旦通过烦琐的法律手段解决问题，其产生的负面作用要远远超过私下解决带来的不适感。即便绕过正式法律程序，公开解决依然需要耗费大量金钱，还会耗损高层领导的时间成本。所以你必须使自己持有这样一种认知：要关心自己公司及其收益人的利益，而不是只关注个人利益及感受，这两者之间存在重大区别。

将自身利益置于公司之上，就等于为自己贴上"叛徒"的标签。公司不会再信任你，亦不会继续在你身上进行投资。倘若你已经陷入类似状况中，客观地询问一下自己，如果你是雇主又该怎样处理类似问题，如此一来你便会明白自己应该怎样去做，如何去应对自己所面临的挑战。你将自身决策与公司利益联系愈深，公司对于你的印象就会越好，你在公司的位置便会越有保障。那么，你要如何才能看出自己这样做的效果呢？事实上，那些表面能够站在公司一方的雇员已经得到了认可——赞赏及升迁，即使他们的技能并不是最好的。

任何一个人都可以去学习工作技能。公司需要的绝不仅仅是技术，他们所要寻找的是看上去能够全心全意维护公司利益的人，而其唯一的判断标准就是你的外在举动——日常行为。

聪明过头并非明智之举

职员往往认为，正是出于自己的聪明才智公司才对其加以雇用的，因此他们急于表现自己的知识和阅历，毫不吝啬地大提建议、畅言自身想法，但在公司看来，这些提议除了对现实工作不满外，毫无其他意义。

难道公司不希望得到聪明的员工，借以改进自己的工作方式？是的，准确地说，这样的公司至今为止尚未诞生。

张阳明怀着激动的心情开始他的工作生涯，他急于向老板展示自己对此行业以及所负责项目的了解。他是因为对此行业具有丰富经验才受到公司聘用的，并且这一领域对于公司而言尚很陌生。公司上司看上去对张阳明十分满意，在其入职的第一天便向他咨询问题，随即又告诉他，倘若有任何的建议，不要犹豫，尽可大胆提出。由于急于表现自己的能力，张阳明严重误解了上司的意思。

他发现该部门在组织方式、任务分配，以及项目执行上均存在诸多问题，自认为公司必然希望他能够将此提出。为了引起公司注意，他开始频繁地公开提出自身建议，急于获得老板的好感。不幸的是，他所面对的是一位极力使一切按部就班的上司，他当然不会对张阳明的建议产生兴趣。

张阳明感到非常惊奇，因为上司不再重用他。令他更为诧异的是，上司非但没有采纳自己的建议，反而将他调往另一部门。张阳明并不喜欢新的部门，在那里，他一点技术基础都没有。处于陌生领域，张阳明感到毫无希望可言，而他的工作表现也极为糟糕。一年之中一切完全变了模样，他初来时所期待的荣耀与机遇并未如期而至。

职员往往认为，正是出于自己的聪明才智公司才对其加以雇用，因此他们急于表现自己的知识和阅历，毫不吝啬地大提建议、畅言自身想法；在会议上纠正老板的错误；为使事情发展更好而贡献另类策略，指明如何改进流程，等等。

自身尚未具备这种权力便做出如此举动，在公司看来，除对现实工作表示不满外，毫无其他意义。公司并不希望你真正表现出自己的聪明才智，除非你能够对老板表现出足够的尊重。

员工总是希望与同事分享自己的观点，最大化地表现出自己的能力和经验，为公司面临的问题提供各类解决方法。他们忘记了是谁在掌握自己职业生涯的生杀大权，如果上司感觉到你对他的位置构成威胁，那么无论你多么聪明、多么有才华都于事无补。

在你准备表现自己的聪明才智时，不要将注意力从上司身上移开，不要认为自己会比上司更高一筹。即便你确实能够做得更好，也要通过合适的方式表现。倘若自己做不到这一点，那么就应该放弃表现机会。公司只会鼓励那些利用自身聪明才智支持上司的员工。你的晋升需要得到上司点头方可，他不认同，你便寸步难移。

表现自身聪明才智的合适方法：

只有在被问到时才提出建议。永远不要自告奋勇，不要提任何问题并指明不适之处，只提出积极的解决方法。

如果老板要求你闭嘴，那就忘记刚刚说过的一切。倘若你成为了老板，你也可能会随意而为。只要你依然是员工，你就必须按照他的命令行事。

应记得对于上司此前的努力给予充分尊重与欣赏。就处事方法而言，每个人都会具有不同见解。因此公司必须安排一个人负责最后决策，他就是你的老板。所以他们一旦开始工作，你便必须尊重并支持其一切行动。除非老板向你征求建议，或者要求你帮助他们开展抑或改进其工作。

如果你准备提出某事的整改建议，确定上司能够给予你足够信赖。你所提出的任何建议均应自"有利于团队整体发展"的角度出发，而并非是个人荣耀。你的上司清楚下一阶段该怎样去做，该怎样去补偿你———一个更好的职位在等待你呢。

表现自身聪明才智并不是为了使自己"冒尖"或者引人瞩目，而是为了赢得老板永远的支持。

一旦你成功证明自己值得信赖，并且是团队中不可或缺的一员，他们便会恳请你提出建议。这时你的上司将会为倾听你的良策做好一切准备，并全力对其加以支持。

认清升职加薪的充分条件

努力工作是升职的必要条件，但请记住这不是第一条件。如果你不懂得适当地表现自己，那就是在堵死自己的成功之路。

努力工作是成功的基础，但不是获得成功的充分条件。人们应该学会经营自己，这是成功的推进器。有时候，表现自己更关键，特别是当你顺利完成一件工作后，让老板知道你的贡献更重要。

越是大的公司，竞争越激烈，出人头地越难。现实中我们常会看到一些人在一个公司一干就是几年，为公司做出了很多的贡献，但得不到老板的重用。在现实社会中，光是埋头做事是不够的，想要有一番作为，既要能埋头苦干，又要懂推销自己。

有人将各种影响事业成功的因素作了如下的划分：工作表现只占10%，给人的印象占30%，而在单位里曝光机会的多少则占60%。你工作做得好不一定就可以获得更多的奖励。晋升加薪的关键在于老板知道你的存在和你工作的内容，以及你在单位里的地位和影响力有多大。所以，在适当的时机，找到表现自己的方式，巧妙地让老板看到你的努力，可以让你少走一些弯路，及早得到老板的赏识。

有的人常犯的一个错误就是相信只要自己努力工作，总有一天老板会发现自己的努力的。这些人犯了主观认识的错误。老板每天有很多工作要做，很有可能忽视你的努力。如果你不懂得适当地表现自己，那就是在堵死自己的成功之路。

在外贸公司工作的郭嘉嘉最近一段时间比较郁闷。几个月前，公司进行人事调动，那些和自己能力、业绩不相上下的同事都被提升了，调到更有发展前景的职位上工作，甚至刚进来的一个新员工也被调到了比较好的岗位，但她仍是一没升职二没加薪。

其实，郭嘉嘉是一个非常有才气的人，但她的性格有点内向、敏感，还有一点不自信，在平时的工作中只顾着埋头苦干，很少与上司去沟通、交流。有些同事好心提醒她要多在老板面前表现表现自己，使领导对她有所重视，但她不以为然，反而觉得这样有意地与领导接近不是很好，认为只要自己将领导安排的工作认认真真地做好了，总有一天老板会看到的。

敬业、勤奋的员工是为任何一个老板所欣赏的，努力工作是升职的必要条件，但请记住这不是充分条件。有的时候要想尽方法让老板知道你的努力。谁不想在事业上有更多的收获？所以想得到老板的器重，升职加薪，就不要仅仅闷头做事，还要适当地表现自己。

吃苦耐劳，努力工作是你的优势。我们也不能否认，很多人获得成功是努力打拼出来的，但是努力工作不等于埋头苦干。努力工作是你成功的基础，适当地表现自己可以增加你在老板心中的价值和地位。

如果你真的是一个有能力的员工，得到老板的赏识，不仅可以使自己的事业上一层台阶，也会为公司创造更多的价值。

在职场上你做了很多，当然有权利让别人知道你做了什么。人在职场切不可只做一个沉默的智者，一副让人猜不透、不屑与人交流的样子，更不能做一个只会闷头做事不会为自己"叫好"的傻子。当然，这种表达要尽量委婉，不要因为急于表现自己而得罪同事。

懂得适当地表现自己体现了一个人的综合素质。职场如战场，你要想找到理想的职业前途，要想打造一份理想的职业生涯，享受取得成功的喜悦，必须学会经营、推销自己。成功不是偶然，而是需要精心地准备。

不要渴盼碰到伯乐，职场只能靠自己

现代社会人才济济，竞争激烈，机遇转眼即逝，若是日日苦等"伯乐"来发现，大好时机很快就会灰飞烟灭。每一个人只有大胆地做自己的伯乐，才不会被埋没。

在职场生活中，凡是顺境时教导新人、欣赏其长处，或者逆境时无条件表示支持的人都可以作为"伯乐"。在职场中，伯乐通常指发现、推荐、培养和使用人才的人，比如招聘经理、上司。能够帮你指点迷津的人从某种层面讲也是伯乐，同事，客户，甚至萍水相逢的人也许都能做到这一点，助你一臂之力。

初出茅庐的职场新人，对职场缺乏了解，对工作也不熟悉，在日常工作中遇到棘手的任务，如果有个伯乐在旁边指导，"修行"将远比依赖自身尝试、磕碰的效率来得更高，而且会获得更加长足的进步。

"世有伯乐，然后有千里马。"一千多年前韩愈就精辟地论述了"伯乐"

与"千里马"的关系，人们知道了伯乐对人才的重要性。受这种观点的影响，众多"千里马"都渴望"伯乐"把自己挖掘出来纵横天下，在"人治"的封建社会，伯乐对于"千里马"确实有着举足轻重的作用。可是"千里马常有，伯乐不常有"，残酷现实让众多的千里马只有"骈死于槽枥间"，一生碌碌无为，无所作为，实在是可悲可叹！

今天这个开放、民主的社会，"伯乐"可以让"千里马"少吃苦走捷径不容置疑，但是"伯乐"也已经不是"千里马"能否"出道"的决定性因素了。所以。假如你是"千里马"的话，要相信"是金子就会发光"，要把握好机会，做自己的伯乐。

某人上班上到无聊，便想到人生的虚无，从此痛不欲生。一天，他决定自杀。他来到一片空旷的野地里，给自己挖了一个坟。他看这坟太光秃，便在周围种上树木和花草。种啊种，他渐渐迷上了园艺，醉心于培育各种珍贵树木和奇花异草。他的劳作终于吸引来一批又一批的游人。

有一天，这个人听见一个小女孩问她的妈妈："妈妈，这是什么呀？"妈妈回答："我不知道，你问这位叔叔吧。"

小女孩的小手指着这个人从前挖的坟坑问他那是什么，这个人脸红了，他想了一想，说："小姑娘，这是叔叔特意为你挖的树坑，你喜欢什么，叔叔就种什么。"小女孩和她的妈妈都高兴地笑了。

点石成金的职场，上帝是没有的。如果一定要寻找，它其实就是你自己。我们只有做自己的伯乐，不断发展自身潜能，从灵魂深处"钻探"出生命底蕴中的清泉，唤醒潜意识中的大智慧，使之焕发出超常的生命原动力，职场命运才会服从于你。

在职场中，别人是一面镜，你便是镜中的风景；别人是一堵墙，你便是墙外的世界。没有理由欺骗自己，没有理由否定自己，自己是一棵松，就该具有松的高大；自己是一座山，就该具有山的威严。做自己的伯乐，即使自己是一道残景，也应努力让阳光撒落。

做自己的伯乐，我们才能始终保持一颗闲适的心，从容应对人生的跌宕起伏。做自己的伯乐，不断钻探出自己的潜能，我们终会拥有化蛹成蝶、迎向朝阳的那一天。

意识不到危险是最大的危险

职场中没有永远的红人，也不可能永远以逸待劳。职场中的危机感是职场人进取心的源泉，也是职场人成长发展的重要动力。一个失去了危机感的员工会变得安于现状、裹足不前，等待他的就只有被淘汰的命运。

在谈论职场危机感之前，让我们先来看一个著名的实验。

19 世纪末，有人将一只青蛙放在煮沸的大锅里，青蛙立即窜了出去。后来，人们又把它放在一个装满凉水的大锅里，然后用小火慢慢加热，青蛙虽然可以感觉到外界温度的变化，却因惰性而没有立即往外跳，直到后来热度难忍失去逃生能力而被煮熟。

经过分析，科学家们认为，青蛙第一次之所以能逃离险境，是因为它受到了沸水的剧烈刺激，第二次由于没有明显感觉到刺激，因此，这只青蛙便失去了警惕，没有了危机意识，它觉得这一温度正适合，然而当它感觉到危机时，已经没有能力从水里逃出来了。

后来，这个实验的结论被人们称为青蛙效应。青蛙效应告诉我们：一个人要想不像青蛙那样在安逸中死去，就必须要保持危机意识。在现实生活中，危机是个人成长的信号。如果安于现状，看不到自己所面临的竞争和危机，那么你必定会被未来社会所淘汰。一个人应当让自己跟得上时代前进的步伐，要学会和自己比赛，每天都要淘汰掉那个已经落后的自己。如果你不主动去淘汰自己、超越自己，那么你必将被别人超越和淘汰。职场中没有永远的红人，也不可能永远以逸待劳。职场中的危机感是职场人进取心的源泉，也是职场人成长发展的重要动力。一个失去了危机感的员工会变得安于现状、裹足不前，等待他的就只有被淘汰的命运。

很久以前，恐龙和蜥蜴共同生活在古老的地球上。

一天，蜥蜴对恐龙说，天上有颗星星越来越大，很有可能要撞到我们。恐龙却不以为然，对蜥蜴说："该来的终究会来，难道你认为凭咱们的力量可以把这颗星星推开吗？"

几年后，那颗越来越大的行星终于撞到地球上，引起了强烈的地震和火山喷发，恐龙们四处奔逃，但最终很快在灾难中死去。而那些蜥蜴则钻进了自己早已挖掘好的洞穴里，躲过了灾难。蜥蜴的聪明之处，在于知道虽然自己没有力量阻止灾难的发生，却有力量去挖洞来给自己准备一个避难所。

这虽然只是一个寓言故事，却给每一个职场人士都带来了很好的警示和启迪，故事中的灾难在我们身边也会发生。随着时代的变化和企业的发展，企业对于员工的要求越来越高。职场中，很多人都听说过这样的话，"今天工作不努力，明天努力找工作""脑袋决定钱袋，不换脑袋就换人"。如果不提前为自己的未来做好各种准备，不努力学习新知识，那么，正如故事中的恐龙一样，被淘汰的命运很快就会降临到你的身上——如果你不主动淘汰自己，最后结果就只能是被别人所淘汰，哪怕你已经是公司高管，也不会例外。

新年上班第一天，某公司的销售副总汤姆斯就收到一封公司的辞退信。

尊敬的汤姆斯先生：

非常遗憾地通知您，经过董事会的讨论，本公司已经决定与您解除雇用关系。请速到财务部和人力资源部办理相关手续。

董事会

汤姆斯感到非常困惑，自从他担任销售副总以来，一直兢兢业业地工作，虽然几年来销售业绩不太理想，但基本上都能保持递增状态，为什么突然就被炒鱿鱼呢？于是，疑惑的汤姆斯敲开了总经理办公室的门。

面对汤姆斯的疑问，总经理告诉他，公司辞退他的原因并非因为去年业绩不理想，而是担心今年的业绩会更糟。公司人力资源部对汤姆斯的评估表明，他的工作态度和管理能力都没有问题，但由于缺乏危机意识和进取心，不能及时掌握领域新动态，所以董事会一致认为他无法应付今年激烈的竞争状况。

在竞争日益激烈的当今职场，不是自己淘汰自己，就是被别人淘汰。一个主动超越自我、淘汰自我的人一定是一个充满危机感的人，正是这种危机感成为他们不断超越自我的动力。相反，一个骄傲自满的人一定是很少有危机感的人，这样的人只会故步自封，一生也很难有很大的作为。我们只能主动出击，抓住一切机会提高自己，让自己逐渐强大，否则将会失掉竞争和生存的能力，留给自己的只有满腹的遗憾。

价值是一个变数，也会随着竞争的加剧而"打折"，今天，你可能是一个价值很高的人，但如果你缺乏危机意识，故步自封，满足于现状，明天，你的价值就会贬值，面临生存危机。

东明是某公司的一名员工，他刚到公司的时候非常努力，加上聪明能干，年轻好学，很快就成了老板面前的"红人"。老板非常赏识他，进入公司不到两年，东明就被提拔为销售总监，工资一下子涨了两倍，还有了自己的公司配车。

刚做上总监那阵子，东明还是像以前那样努力勤勉把每件事情都做得尽善尽美，并且经常抽出时间学习，参加培训，弥补自己知识和经验方面的不足。但是时间长了，经常会有朋友对他说："你犯什么傻啊？你现在已经是总监了，还那么拼命干吗？要学会及时行乐才对啊，再说老板并不会检查你做的每一件事情，你做得再好，他也不知道啊。"

这样的话，一次两次听到，东明还含笑不语。但是在多次听到别人"犯傻"的话后，东明也开始盘算起来，慢慢地，他开始变得"聪明"起来了，不但学会了投机取巧，还学会了察言观色和想方设法迎合老板。如果他认为某件事情老板要过问，他就会将它做得很好；如果他认为某件事情老板不会过问，他就不会做好它，甚至根本就不做。东明不再把主要的心思放在工作上，也放弃了很多的学习计划，他已经逐渐不再是以前勤奋努力的那个东明了。

终于，在公司的一次中高层领导会议中，老板发现东明隐瞒了工作中的很多问题。在年底的业务能力考核上，他也有几项考评成绩也大不如前。失望之余，老板忍痛把东明解聘了。东明也为自己的堕落悔恨不已。

生于忧患，死于安乐，一味沉湎于过去的成绩，躺在过去的功劳簿上不思进取，只能让自己停滞不前，很可能像东明那样从云端跌落。一个本来很有前途的年轻人就因为丧失了危机感，而失去了事业发展的大好机会，真是一件让人遗憾的事情。

年龄歧视是活生生的现实

公司信赖那些能够跟随时代发展的员工，他们希望自己的员工思想超前、具备时代意识。如果员工看起来已然"落伍"，他们则会担心公司也会随之落伍。

公司不会直接提出你的年龄问题，但是一旦涉及晋升或退休，年龄确实是一个非常重要的影响因素。当然，对此他们会找出诸多理由解释自己的行为。但事实是，许多公司利用重组、裁员、提前退休期甚至临时解雇，作为年龄歧视的掩体。

职场上有许多老员工被排挤掉，同时也有许多年轻人员被忽略。然而，令人感到吃惊的是，年龄歧视并不是针对你的实际年龄产生的，而是受处理某事时你表现出的心态老迈与否所影响。

事实是，年龄问题不会影响你的事业，除非你出现了什么过错，令公司将你的错误与年龄联系起来。此时你需要了解的是雇主究竟害怕什么，以及对此该如何加以应付。

对于年轻员工来说，公司非常重视年轻雇员的热情、激情、新颖活跃的思维、旺盛的精力以及相对较低的支付成本。但是他们同样惧怕诸多问题，希望你能够避免以下这些状况出现在自己身上。

避免表现出不成熟的一面

公司的主要决策者必然要年长于你，并且对于你们这一代人所追求的时尚不会表现出令人愉悦的宽容。为了博取他们的信任与支持，你的表现必须令他们感到满意、舒适，而不是我行我素。这就意味着你需要避免穿着过于新潮的衣裤，避免俚语以及蓄留彰显年轻的长发（无论男或女），避免文身与佩戴过多饰品，避免在办公桌上摆设孩子气十足的饰品。为了获得他人的尊重，无论为之付出多少时间及精力，你都要与自己所扮演的职业角色保持一致。

对于工作要极度认真负责

公司往往认为年轻雇员轻浮、易于分心、不负责任。因此，作为一名年轻职员，你必须极尽所能地表现出一副专心负责的态度。那么该如何去表现呢？提前 15 分钟来到公司，推迟 15 分钟离开公司，无论付出怎样的代价，都要准时、圆满地完成工作任务。最后一定要记住，完满的人物应该以公司满意的方式完成，而不是依照自己的标准。

应该认识到热心的建议也可能被视为威胁

年轻职员总是带着豪迈的激情及伟大梦想登场，准备征服整个世界，至少也要重组公司。公司非常喜欢这份热情，但是同时也会被其他因素所吓倒。你不能在自己尚未具备改革权力的情况下，便疾风骤雨般地改变自己认为需要更改的东西。你应该通过尊重公司高层决策、学习商业流程，来证明自己的能力，借以赢得必备的权力。倘若没有经过上述准备，你的激情只会被视为威胁。

作为一名年轻员工，潜在的等级制度会令你处于不利位置，但是对此你也只能顺其自然。年轻职员即使已经具备相应能力，并曾做出过一定贡献，亦可能无法成为主管。幼稚的行为及外表往往会成为年轻职员进入高层的障碍。

对于老员工来说，公司十分看重老员工的经验、知识、专业精神、协调性及稳健的性格，但同时也会担心老员工过多，公司会因此失去机动性，思想停滞不前，并会为老员工的健康问题感到顾虑重重。

注意保持一个健康的形象

担心健康问题是公司针对老员工产生年龄歧视的首要原因。你应该怎样做才能避免这一问题影响自己的工作状况呢？非必要情况绝对不要请病假，在工作场合中不要谈论自身健康问题。听起来也许会令人感到有些震惊，如果有可能，年纪大的员工尽量将自己的病假次数控制在公司限定范围的一半以内。当然，这会使老员工感到非常郁闷，但是千万要牢记一点，无论法律怎样规定，保持一个积极的形象对于保住自己的工作，可谓至关重要。

不要被时代抛弃

一定要确保自己走在技术及商业潮流的前端，尽量避免发表过时言论，诸如"在我那个时代""我就是不善使用计算机"或"我已经追赶不上当今潮流了"，等等。公司信赖那些能够跟随时代发展的员工，他们希望自己的员工具备现代意识、思想超前。如果员工看起来已然"落伍"，他们则会担心公司也会随之落伍。

塑造一个良好形象

公司认为员工的外表是其思维的外化方式，穿着过时衣装会被人看作是思想过时。不要佩戴一副20世纪70年代的眼镜或是身穿十年之前的服装，无论你在工作上的表现如何优秀，过时的外在装扮都会令人感觉你非常落伍，因而你便会被当作阻挡公司前进的绊脚石。倘若你不清楚老板对于自己此时的外表持有怎样的看法，那么可以请一位设计师帮助自己评估一下衣着装扮，或是请他帮助你塑造一个全新形象。而在工作技能方面，每间隔五至六年需进行一次创新。

成就只代表昨天

如果人们让昨天的成就如铁一般死死裹住自己，便不可以全身心地投入到现在的工作中。把过去的事情都清空、归零，我们就不会成为职场上那只背着重壳爬行的蜗牛；把过去"归零"，我们才能像天空中的鸟儿那样轻盈地飞翔。

一位媒体工作者，因原单位不景气跳到另一家媒体，却发现没有想象中那么好。由于两家媒体的性质和方向截然不同，她以为根本不可能有啥交集，就随口抱怨新公司福利待遇平平，还炫耀似的说："以前我们单位经常组织大家出去玩，同事关系亲如一家。"

没想到，她以前的媒体做了一个选题，恰巧和他们正在策划的选题思路一模一样。这下好了，从老板到同事都认为是她告密的，觉得她是以前公司派来"卧底"的。现在，她已沦为公司边缘人，不得不准备下一次跳槽了。

在职场中，常有一些人喜欢对别人炫耀以前的往事，拿现在的公司和以前的公司相比。他也许并不知道，这是非常危险的举动，无论是让同事还是公司领导听到，这无疑都是一个愚蠢的行为，是不讨好的。

在工作中，不管做任何事，都应将心态回归到零。把自己的位置摆正，抱着学习的态度，将每一次任务都视为一个新的开始，一段新的体验，一扇通往成功的机会之门。千万不要视工作如鸡肋，食之无味，弃之可惜，结果做到心不甘情不愿，于公于私都没有益处。

现代公司犹如店铺，人来人往，进进出出，与你同事的人有可能在这里做了五年以上，更有可能三年内换过五家公司。对于你身边的同事，你真的很想了解他们吗？

和同事朝夕相处，无论是有心还是无意，你必定会聊起别人的陈年往事，或者自己的光辉历程。和同事聊得开心，你甚至有可能把八辈子老底都抖出来——老实交代大学里谈过几次恋爱，第一份工作的薪水多少，和现任爱人的恋爱经验……也许你认为这和你的工作没有什么关系，只不过是些好玩的八卦谈资，不会令你的职场魅力有丝毫减分的。但是下面的谈话内容，是值得细细推敲琢磨的。

"我以前的公司人才济济，海归啊、MBA啊，遍地都是，我们团队的人都特别牛，为了搞定一个大项目，大家两天两夜没合眼……"这是自夸型人才的聊天术语。

"你在这里工作多久了，你以前在哪家公司做过？他家的待遇如何？你为什么决定转行呢？"这是八卦型人才的聊天术语。

"我以前的东家福利特别好，逢年过节什么都发，哪像现在啊，就算我离开了，以前同事聚会还经常叫上我，大家感情还是很好。唉，真怀念那种温馨的人际氛围。"这是多情型人才的聊天术语。

"我以前的那家公司，简直不是人待的地方！对员工是赤裸裸的剥削，没有半点儿人性。"这是无脑型人才的聊天术语。

自夸也好，八卦也好，讲话是你的权利，但最好考虑后果。自夸多了，会让人感到厌烦——既然你以前公司那么牛，你干吗还要跳到这里来；八卦多了，别人会对你加强戒心，谁愿意跟一个大嘴巴什么都说呢；追忆往事多了，别人会觉得你身在曹营心在汉，不满现状牢骚不断；抨击前东家力度大了，别人会觉得你是一个斤斤计较、小肚鸡肠的人，认为你不易交往和相处。

其实，很多人都在跳槽，但一个行业的交际范围往往就那么大，晃来晃去碰到的可能都是熟脸。就算你换了新公司，也会莫名其妙地和前尘往事攀上关系。所以，说话一定要留口德，给自己留够回旋的余地。

以往的日子包含了多少个昨天，昨天又有多少失败和成功的事情发生，没有人能够说清楚。但是人们应该记住，无论在逝去的昨天，你取得了多么辉煌的成就，你都不必为匆匆而过的昨天牵肠挂肚。

也许有的人会因为昨天的成就而沾沾自喜，但昨天是喜，明天也许是悲；昨天是甜，明天也许是苦，但昨天不代表今天，更不代表明天。人们应该学会把昨天的辉煌放到一旁，把经历过的成功抛到身后，不要陶醉在昨天而失去向前看的冲动。

让昨天的成就如美酒一般灌醉自己而不能精神百倍地迎接新的挑战。一个人只关注昨天的成败是相当愚蠢、相当糊涂的做法，这种被动工作的心态必然挡住了你的去路，遮住了你的天空，扼杀了你的自由与愿望！

每个人都希望自己在职场上有所作为，但不是每一个人都能对自己有一个清楚的认识。人的成长呈现了一种阶段性的特点，在任何一阶段，人们都要有合适的定位，都要从零开始，充分地认识自己，这样才会有更高的价值。

当你通过自身努力，充分认识自己，提升自我，自我价值才会得以实现。但是，你不能因此轻视别人，而是应该寻找自己在这个阶段还存在怎样的不足，把这些经验带到下一个阶段中。

第二节　开口说话前一定要用心思考

祸从口出

古语道：君子慎言，祸从口出。就是说，作为一个有德行的人，不要对人、对事妄加评说，有些事自己心里明白就行，有些话不经大脑考虑就顺口而出，容易失言，甚至在无意中伤害了别人，或者给别人留下攻击自己的口实。说者虽无心，听者却有意的事，是最常见不过的。

古人曾说过这样一番劝世名言："十语九中未必称奇，一语不中则愆尤骈集；十谋九成未必归功，一谋不成则訾议丛兴。君子所以宁默毋躁，宁拙无巧。"这段话的意思是说：做人要谨言慎行，即使十句话你能说对九句也未必有人称赞你，但是假如你说错了一句话就会立刻遭人的指责；即使十次计谋你有九次成功也未必得到奖赏，可是其中只要有一次失败，埋怨和责难之声就会纷纷到来。所以一个有修养的君子，为人宁肯保持沉默寡言的态度，不骄不躁，宁可显得笨拙一些，也绝对不自作聪明，也不会喜形于色。

有时你以好心规劝别人，不料却惹恼别人，轻则伤和气，重则引火烧身。一个人有缺点，有错误，你不妨指出来，让他改正，但前提是你必须了解他，知道他能接受你的批评。不然，你说也是白说，还会结下仇怨。

俗语道：害人之心不可有，防人之心不可无。在言辞上，也应如是。为人过于忠厚，不存戒心，把心里的话都掏出来，逢人便是知己，终会被有些人利用。

阿黄忠厚老实，他刚到一个单位工作时，对公司的很多做法看不惯。他不是过于挑剔的人，只是一些事表现太明显了。于是，阿黄对几个平常关系还不错的同事讲，可别人总是附和，或想方设法把谈话引向深入，结果阿黄的一肚皮牢骚一字不差地传到单位领导的耳朵里。慢慢地，别人都不再与他交往了。阿黄呢，也把自己封闭起来了。祸已从口出，水已泼地上，还能收回来吗？

当人人都存有戒心时，会对别人说的话仔细品味，误解的时候很多。同样一句话，在不同场合，对不同的人，会产生不同的效果。

吕坤在《呻吟语》中说："到当说处，一句便有千钧之力，却不激不疏，此是言之上乘，除此虽十缄也不妨。"这是说，保持沉默比说许多废话有益处。

在办公室里，和同事每天见面的时间最长，谈话可能涉及工作以外的各种事情，"讲错话"常常会给你带来不必要的麻烦。与同事间的谈话，如何拿捏分寸就成了人际沟通中不可忽视的一环。

办公室不是互诉心事的最佳场所

有许多爱说话、性子直的人，喜欢向同事倾吐苦水。虽然这样的交谈富有人情味，能使你们之间感情变得深厚，但是研究调查指出，只有不到1%的人能够严守秘密。所以，当你的个人危机如失恋、财务超支等发生时，你最好不要到处诉苦，不要把同事的"友善"和"友谊"混为一谈，以免成为办公室的注目焦点，也容易给老板造成问题员工的印象。

办公室里最好不要辩论

有些人在说话的态度上有"不自觉性"的坏习惯，比如喜欢争论，一定要胜过别人才肯罢休。假如你实在爱好并擅长辩论，那么建议你最好把此项才华留在办公室外去发挥，否则，你在口头上胜过对方，就是损害了他的尊严，对方可能从此记恨在心，说不定有一天他就会用某种方式还以颜色。

不要成为"耳语"的散播者

耳语，就是在别人背后说的话，是沟通不良的后果。只要人多的地方，就会有闲言碎语。有时，你可能不小心成为"放话"的人；有时，你也可能是别人"攻击"的对象。这些耳语，比如领导喜欢谁，谁最吃得开，谁又有绯闻等，就像噪声一样，影响人的工作情绪。聪明的你，要懂得该说的就勇敢说，不该说的绝对不要乱说。

当众炫耀只会招来妒恨

有些人喜欢与人共享快乐，但涉及你工作上的信息，譬如，即将争取到一位重要的客户，老板暗地里给你发了奖金等，最好不要拿出来向别人炫耀。只怕你在得意忘形中，已忘了有些人眼睛已经发红。

对不同的人说不同的话

见什么人说什么话，其实并不是为了讨好对方，而是尊重对方，为了与之更好地交流。以对方喜欢的方式与他交流，会让对方有一种被人接受，被人承认的感觉，更重要的是能达到自己的目的。

在交际中遇到不同的人要说不同的话，以便适合对方的心理，从而赢得对方的好感。只有赢得对方的好感，才能可能获得所要获得的东西。这也是成大事的一大技巧。

跟人说话，先要明白对方的个性。对方喜欢婉转，应该说含蓄的话；对方喜欢率直，应该说急切的话；对方崇尚学问，就说高深的话；对方喜谈琐事，就说浅显的话。说话方式能与对方个性相符，自然能一拍即合。

要懂得"该文即文，该俗即俗""到什么山上唱什么歌"。根据对象的不同而采取不同的言语方式，不会制造对立，产生麻烦。而有的人不分对象，心里想什么，就直接道出来，常常是说者无意，听者有心，不知不觉就得罪了许多人，给自己无形中制造了很多不必要的麻烦，甚至造成无可挽回的后果。

想要摆脱这种尴尬的场面，就要学会与不同对象谈话的技巧。

唐高宗李治要立武则天为皇后，遭到了长孙无忌、褚遂良等一大批元老大臣的反对。一天，李治又要召见他们商量此事，褚遂良说："今日召见我们，必定是为皇后废立之事，皇帝决心既然已经定下，要是反对，必有死罪，我既然受先帝的顾托，辅佐陛下，不拼死一争，还有什么面目见先帝于地下！"

李勣同长孙无忌、褚遂良一样，也是顾命大臣，但他看出此次入宫，凶多吉少，便借口有病躲开了。而褚遂良由于当面争辩，当场便遭到武则天的斥骂。

过了两天，李勣单独谒见皇帝。李治问："我要立武氏为皇后，褚遂良坚持认为不行，他是顾命大臣，若是这样极力反对，此事也只好作罢了。"

李勣明白，反对皇帝自然是不行的，而公开表示赞成，又怕别的大臣议论，便说了一句滑头的话："这是陛下家中的事，何必再问外人呢！"

这句回答真实巧妙，既顺从了皇帝的意思，又让其他大臣无话可说。李治因此而下定了决心，武则天终于当上皇后。以后长孙无忌、褚遂良等人都遭到了迫害，只有李勣一直官运亨通。

职场中，你所遇到的人是各种各样的。因此，他们的心理特点、脾气秉性、语言习惯也各不相同，这些因素决定了他们对语言信息的要求是不同的。所以，不能用统一的、通用的标准语的说话方式来交流。置身于一个环境，必先弄清人和人的关系，弄清身边每个人的所好所忌，弄清人们喜欢听什么，厌恶听什么。说贴心的话，便可与其产生共鸣，拉近距离。

在与同事交往时，如果不了解对方，甚至连对方的姓名都没弄清，就不能信口开河，乱谈一通，那样很容易弄得对方不高兴，在以后的工作中也就无形多了一个障碍。

刚进公司时，你可能对你的同事和上司不甚了解，这时可以通过语言、工作环境、屋中摆放的物品来了解对方的性格，从而打开突破口，切入话题，可收到意想不到的效果。

一向精明的张胜非常生气，因为他最喜爱的一件新外套被洗衣店的人熨了一个焦痕。他决定找洗衣店的人赔偿，但麻烦的是那家洗衣店在接活时就声明，洗染时衣物受到损害概不负责。与洗衣店的职员做了几次无结果的交涉后，张胜决定见洗衣店的老板。

进了办公室，看到高高在上的老板面无表情地坐在那儿，张胜心里就没了好气。

"先生，我刚买的衣服被您手下不负责任的员工熨坏了，我来是请求赔偿的，它值 1500 元。"张胜大声地说道。

老板看都没看他一眼，冷淡地说："接货单子上已经写着损坏概不负责的协定，所以我们没有赔偿的责任。"

出师不利，冷静下来的张胜开始寻找突破口。他突然看到老板背后的墙上挂着一支网球拍，心中便有了主意，

"先生，您喜欢打网球啊？"张胜轻声地问道。

"是的，这是我唯一的也是最喜欢的运动了。你喜欢吗？"老板一听网球的事，立刻来了兴趣。

"我也很喜欢，只是打得不好。"张胜故作高兴且一副虚心求教的样子。

洗衣店的老板一听更高兴了，如碰到知音一样与他大谈起网球技法与心得来。谈到得意时，老板甚至站起身做了几个动作，而张胜则在这大加称赞老板的动作优美。

激情过后，老板又坐了下来。

"哎呦，差点儿忘了！你那衣服的事……"

"没关系，跟您上了一堂网球课，我已经够了！"

"这怎么行！"老板招来一个年轻人，"小刘，你给这位先生开张支票吧……"

见什么人说什么话，其实并不是为了讨好对方，而是尊重对方，为了与之更好地交流。以对方喜欢的方式与他交流，会让对方有一种被人接受、被

人承认的感觉。而那些不管对方好恶，信口开河，甚至拉扯，会使双方产生不快，甚至厌烦，很难使双方意见达成一致。

就算被人误会，也不要急着立刻反驳

当上司或前辈情绪比较激动时，你最好耐心听完他的批评，之后再把自己应该说的话说出来。如果你急于反驳，他很可能会愈发变本加厉地批评你。

通常即使我们确实有错，受到上司或前辈的斥责时还是会不高兴，甚至一张脸立即垮下来；如果是自己没有错，却无缘无故受到上司或前辈的批评呢？相信没有一个人能咽得下这口气吧！

绝大多数的人遇到这种情况，第一个反应绝对是气得跳脚，急着想为自己澄清，就怕自己被误会要背黑锅。不过，也因为遭受冤枉的心态使然，往往这时候反弹的力道以及辩驳的态度也会更加强烈，到最后即使洗刷了自己的冤情，却也因为情绪问题和上司杠上了，结果比之前还惨。

刘华丽是公司里的前辈，有一次她被主管叫进办公室劈头就是一顿痛骂：

"你怎么做这么久了，还会出现这种小错？"

"这种很基本的处理程序也处理不好，你这样还怎么带新人？"

"这就是为什么你都做了五年，还只是当基层，一点儿上进心也没有……"

斥骂的声音大到外面的人都听得一清二楚。

没想到这时候刘华丽突然重重拍了下桌子，开始回骂。虽然事后主管发现是自己搞错了，出错的并不是刘华丽负责的业务，但是也因为和她吵翻了，脸拉不下来，硬是把她调走了。

像这种情况，不仅是考验你情商的时候，事实上也是考验你会不会做人的时候。

主管犯了错，误会了你，如果你当着大家的面指正他的错误或是误解，那就没救了。你让他没有台阶可下，到最后即使证明你真的是无辜的，他也可能会硬赖到你身上。

因此，这时候你如果能一声不吭地忍受批评、接受批评，就是给自己也给对方预留退场的台阶。当主管最后发现是自己误会了你时，对你的印象会更好，佩服你的大气量。

首先，当上司或前辈情绪比较激动时，自己绝不能意气用事。有必要的话不妨做一下深呼吸，使自己冷静下来。

批评的一方（上司或前辈）应该也预想到了你会反驳，从而有了如何对付你的反驳的心理准备。因此，你最好耐心听完他的批评，之后再把自己应该说的话说出来。如果你急于反驳，他很可能会愈发变本加厉地批评你。耐心地听完批评，结果会好一些。

其次，在主管或前辈训斥完之后，也先不要急着反驳，最好去搜集所有相关资料，让文件和数据说话，这会比你空口驳斥要有力得多。有了这些客观的证据，上司或前辈才能对此事做出客观的分析和评价，进而冷静地回应你。

因为每个人都有强烈的自尊心，所以能虚心地接受批评是很难做到的。

要做个"会听"的人。首先，要深刻认识"听"在与朋友或其他人交谈时的重要作用。如果你深深了解"听"在交谈时的重要作用，在与别人谈话时，要表现出愿意与对方交谈的态度和诚意。与别人交谈时如果能做到"会听"，谈话双方就不易发生摩擦了。

有时候人们并不喜欢"真实"

有些人习惯直来直去，他们不管在什么场合，也不问对象是谁，不考虑会引起什么后果，心里有什么就说什么，结果无意中便得罪了别人。

许多人都以为，有什么话就说什么话便是做人实在，可是物极必反，有时候人们并不喜欢真实。相反，过于实在，往往就成了死心眼儿的代名词。

有些人习惯直来直去，他们不管在什么场合，也不问对象是谁，不考虑会引起什么后果，心里有什么就说什么，结果无意中得罪了别人。

某护士刚从医学院毕业，怀着满腔热情到市里的一家医院去实习。实习的第一天，指导她的医生让她到6床通知病人，把病情好好跟病人说一下，告诉病人只剩下6个月的时间了。

护士听完医生的话，就拿着6床病人的病历到了病房。一进病房她就大声喊道："6床的病人做好心理准备啊，你只剩下六个月的时间了。"病人听完后一下子承受不住，当场就昏了过去。

主治医生知道后狠狠地教训了她一通："病人因为身体的疾病已经很痛苦了，你怎么可以这样直接就告诉他呢？万一出现什么后果，你负责任吗？"

喜欢直言直语的"老实人"时常只看到现象或问题，而不去考虑旁人的感受、观念、性格。他的话有可能是一派胡言，但也有可能是事实，甚至鞭辟入里；一派胡言的"直言直语"，对方明知，却又不好发作，只好闷在心里；符合事实或鞭辟入里的直言直语因为直指核心，让当事人招架不住，有时反而令人会怀恨在心。所以，直言直语不论是对人或对事，都会让人受不了，于是人际关系就出现了障碍，别人宁可离你远远的，眼不见为净。

直来直去的人很多都具有"正义倾向"，言语的爆发力很强。所以，有时候这种人也会变成别人利用的对象，被鼓动去揭发某事的不法，去攻击某人的不公。不管成效如何，这种人总要成为牺牲品，因为成效好，鼓动你的人坐收战果，你分享不到多少；成效不好，你必成为别人的眼中钉。

也确实有很多人不想说谎，但这是客观对我们的要求，或者说是客观对我们的逼迫。人性中一条很重要的弱点，就是大家都乐于被虚假的事实所安慰。福尔摩斯在柯南·道尔笔下早已死亡，可读者纷纷表示不满，扬言如果福尔摩斯不活过来，就要杀死柯南·道尔，逼得柯南·道尔硬是重新编出了故事让福尔摩斯复活。

如果做人总是直来直去，只会给自己制造一大堆麻烦，甚至会与整个社会格格不入。

现实生活中也不乏这样的例子。比如，某甲认为同事乙小姐的衣服难看，便马上对她说：腿短而粗的人不适合穿这种裙子。结果，乙小姐脸一沉，扭头便走，留下某甲站在那儿发愣。同事小李当着处长的面指点小王说："你的稿子里错别字很多，以后要仔细些。"实话固然是实话，但不久后，公司却隐约有人传言：小李惯于在上司面前打击别人，抬高自己……小李恐怕不难意识到自己的实在并不那么受人欢迎，既然这样，又何苦呢？

我们并不反对实在，但是实在并不等于把自己所有的想法都说出来，甚至不作任何修饰地说出来。过于真实只会让你身边的人"吃不消"，对你敬而远之。既然我们生活在人群之中，做人时就需要机灵一点，与人交流时，不要以为内心实在便可以不拘言辞，一句话到底应该怎么说，一定要想好了再开口。

撒点善意的谎，等于送上一束鲜花

善意的谎言是必要的，没有善意的谎言，世界将会失去朦胧的美丽。撒点儿善意的谎等于送上一束鲜花，带给人的是美感，收获的则是良好的关系。

自古以来，人们对谎言都避之不及，对于撒谎者更是深恶痛绝，然而大家也都知道，世间还有一种谎言是动人的，那就是善意的谎言。善意的谎言就是在不伤害对方的前提下，为使事情控制在一定范围和一定程度内，从而说的一些无恶意的谎言。在很多情况下，巧用善意的谎言能够解决一些棘手的问题。

解缙是明代有名的大才子。有一次，他陪明太祖朱元璋在金水河边钓鱼，结果，整整一个上午，朱元璋都没有钓到一条鱼。

朱元璋十分懊丧，便命解缙写诗记下这件事情。解缙心想没钓到鱼已经够扫兴了，还要作诗记下这件扫兴的事情，如果这诗直录其事，皇帝一定不高兴，弄不好自己就要掉脑袋。这诗怎么写呢？

解缙不愧为才子，稍加思索，立刻信口吟道："数尺纶丝入水中，金钩抛去永无踪，凡鱼不敢朝天子，万岁君王只钓龙。"这诗写得好，把一件不好的事情写成了一桩妙事。朱元璋一听，龙颜大悦，便对解缙大加赞赏。

很显然，解缙诗中所叙其实就是谎话，不过，这谎话说得好，说得妥当，很对皇帝的胃口，所以大受皇帝的赞赏。解缙的谎话就是善意的，更为绝妙的是，这个善意的谎言还解决了皇帝不开心的棘手问题。

事实上，说善意的谎言是一种职场常用的手段和一种处世方法，有时还是处理上下级关系的润滑剂。

在职场中，总有些不能讲的事情存在，完全的诚实是不利于职场发展的。不管于公于私，善意的谎言都是必要的。如果你是一个管理者，你多半希望下属对你诚实，但下属太诚实的时候，只怕你也会受不了。一个人闯荡于职场，少不了有辞职、跳槽的时候，这时也需要说些善意的谎言。在跳槽的过程中，有的人磨不开面子，而有的人则不顾上司的颜面，直愣愣地提出辞职，这样结果往往不太好。如果考虑到上司的面子，再提出自己的要求，则能收到皆大欢喜的结果。

善意的谎言是必要的，没有善意的谎言，世界将会失去朦胧的美丽，独留苍白而残酷的现实，这会让人失去美好的感觉，也会破坏人们之间的感情与良好的关系。职场中的交往是人际关系的重要方面，而且其复杂程度远远超过其他人际关系，因此要特别注意言语的修饰，千万不能马虎了事。撒点儿善意的谎等于送上一束鲜花，带给人的是美感，收获的则是良好的关系。

巧妙地让对方答"是"

在说服他人赞同自己的过程中，巧妙提问也是实现目的一种重要手段。我们通过使用"只能回答是"的问题，可以轻而易举地让对方首肯。

心理学有个原理叫作"刻板印象原理"，说的是一个人在一定的时间内所形成的某种心理倾向会影响他随后的思维方式和言行举止，从而使其认识问题、解决问题带有一定的倾向性与专注性。为了更形象地说明，我们来列举苏联心理学家曾做过的一个关于"刻板印象"的实验：

主持实验的科学家把同一张照片出示给参加实验的两组大学生看。不过，心理学家事先告诉第一组的学生：照片上的人是一个无恶不作的罪犯；而告诉第二组的学生：照片上的人是一位伟大的慈善家。然后，心理学家让这两组学生分别用文字来对照片上这个人的相貌特征进行描述。

结果，第一组学生描述道：此人深陷的双眼表明其内心充满了仇恨，突出的下巴昭示着他充满恶念的内心……第二组学生描述道：此人深陷的双眸表明其对人类有深刻的怜悯与同情，突出的下巴表明他在做慈善的道路上不畏艰难险阻的意志……

明明是同一个人的相貌，之所以会得到如此截然不同的描述，其实完全是因为描述者之前得到的关于此人身份的提示有区别。究其本质，这种刻板效应说的就是人们心理定式。

在职场中说服他人的过程中，如果我们能够巧妙利用这种刻板效应的心理定式，就可以轻而易举地让他人对你点头称"是"了。试看下面一段对话：

"今天的天气真不错啊！"

"是啊！"

"夫人和孩子也都好吧？"

"是的，很好。"

"今年是你的本命年吧？"

"是的，我属鼠。"

其实就是这么简单，开始的时候提出彼此认同的问题，让他只能答"是"，时间一长对方就会形成一定的心理定势，接下去的话题也往往能得到对方肯定的答复了。

社交大师卡耐基曾经讲述了这样一个很有趣的故事：

假设你们两人在一间屋子里。你站在或坐在房间的里端，而他在房间的外端。你希望他从房间的外端走到房间的里端。

不妨来做这个游戏。在游戏中，你问他问题。每次你问他一个问题，如果他答"是"，他就向房间的里端迈进一步。如果每次你问问题，而他回答"不是"，他就向外退一步。

如果你想让他从房间的外端走到房间的里端，你最好的策略是不断地问他一系列他只能回答"是"的问题。你必须避免提出可能导致他回答"不是"的问题。

可见，在说服他人赞同自己的过程中，巧妙提问也是实现目的一种重要手段。我们通过使用"只能回答是"的问题，可以轻而易举地让对方首肯。

"只能回答是"的问题也叫封闭性问题，人们对它们的回答 99.9% 是肯定的。你让某人越多地对你说"是"，这个人就越可能习惯性地顺从你的要求。而人们如果有一位通常都会同意其意见的朋友，往往对他已经习惯于作出肯定的表示，因此当这个朋友想劝说人们做某事时，即使他还没有开口说出他的请求，人们往往已经决定赞同他了。提出只能回答"是"的问题有个好办法，就是问你知道那个人会作肯定回答的事情。如果你愿意的话，你可以在问话里加上以下词语，如：

"是这样吧？"

"你会同意吧？"

"对吧？"

举例来说，一位推销员问一位可能的买主："你是否会买这件产品的关键考虑是价格，没错吧？"价格无疑是交易关键的因素，对这样一个问题，几乎人人都会回答"是"。因此，这样的问题肯定会带来客户"是"的回答。或许就这样开始了让可能的买主对销售人员养成作肯定回答的习惯。

再如，当一位职员想提醒同伴开始进行一个项目时，这位职员可能提出这样只能回答"是"的问题："我们需要尽快完成这个项目，是吧？"这里，一个明确的声明"我们需要尽快完成这个项目"跟着一个只能回答"是"的问题。"是吧？"它必然会得到一个"是"的肯定回答。

在职场生活中，这种只能回答"是"的问题已被反复证明是非常有用的。所以，下次你需要说服人的时候，不妨试一试。

与人交流多留一些余地

交谈是为了人与人之间更好地沟通与协调，因此，谁都希望交谈的氛围能够融洽，而不会希望将彼此的关系搞僵。这就使得我们在交谈过程中，去照顾对方的自尊、虚荣心等，考虑对方的心理承受能力和面子，甚至还要为对方准备好台阶。

对于大多数人来说，直接的批评都会使之感到不适和难堪，进而产生巨大的抵触情绪。这时候我们就需要发挥一下迂回语言的魅力，给对方留一些余地。因为，如果交谈中对方下不来台，甚至在众人面前丢脸难堪，恐怕以后你的社交也不会太顺畅。

在交谈中，有些话并不是随口说出来的，特别是那些尖锐、可能会伤害人的语言，我们必须思考应该以什么样的方式把它说出来而不会让对方难堪。对于那些有自知之明的人，最好采用暗示的方式，因为这样做就可以达到劝说的目的了。

美国大出版家赫斯脱在旧金山办报时，曾经请著名漫画大师纳斯特为该报创作了一幅漫画，内容是唤起公众意识，促进电车公司尽快在电车前面装上保险栏杆，防止意外伤人。然而，纳斯特的这幅漫画完全是失败之作。发表这幅漫画，有损报纸质量。但不刊登这幅画，怎么向纳斯特开口呢？

当天晚上，赫斯脱邀请纳斯特共进晚餐，他先对这幅漫画大加赞赏，然后一边喝酒，一边自言自语："唉，这里的电车已经伤了好多孩子，多可怜的孩子，这些电车，这些司机简直不像话……这些司机真像魔鬼，瞪着大眼睛，专门搜索着在街上玩的孩子，一见到孩子们就不顾一切地冲上去……"听到这里，纳斯特从坐椅上弹跳起来，大声喊道："我的上帝，赫斯脱先生，这才是一幅出色的漫画！我原来寄给你的那幅漫画，请扔入纸篓。"

在这里，聪明的赫斯脱通过自言自语的方式暗示纳斯特，并让纳斯特欣然地接受了意见。

交谈中的暗示可以用语言，也可以用身体动作。当一个人想拒绝对方继续交谈时，可以转动脖子、用手帕拭眼睛、按太阳穴以及按眉毛下部等漫不经心的小动作。这些动作意味着一种信号：我较为疲劳、身体不适，希望早一点停止谈话。显然，这是一种暗示拒绝的方法。还有，微笑的中断、较长时间的沉默、目光旁视等也可表示对谈话不感兴趣、内心为难等心理。

在现实生活中，造成尴尬的原因很多，有些是无法预见、难以避免的，但有些是可以通过自己的努力加以避免的。从办事的角度来看，避免尴尬也是办事能力的组成部分。懂得并力争避免不必要的尴尬场面的出现，是每一个办事高手都应该掌握的。

某天，记者宋路外出采访，他计划着甲公司的访问在中午以前结束，然后下午到乙公司去拜访。但是，甲公司的负责人提出了邀请："你看到都中午了，我们一起吃中饭吧？"

宋路与甲公司这位负责人平常交情不错，又是非常重要的客户，不好轻易地拒绝。但是，和这位爱聊天的负责人一起吃中饭，最快也要磨蹭到下午一点才能走，那样就耽误乙公司的采访时间了，宋路就这样陷入了两难境地。

其实，消除这种尴尬处境的答案很简单，就是在对方表示"要不要一起吃饭"之前，宋路就不经意地用身体语言表示出匆忙的样子，如说话语速加快或自然地看看表等。

在求别人办事时，你还可能会遇到这种情况：当你满怀希望地向他人提出要求时，却当场遭到对方的拒绝，碰了钉子，那场面是很令人难堪的。这种被拒绝而产生的尴尬，往往使你感到心灰意冷、失落、心理失衡，甚至出现不正常心理，比如记恨或报复的心理，因而影响彼此之间的关系。求人办事若想避免碰钉子，便得委婉地去讲一些话；有些人不易接近，就少不了逢山开道、遇水搭桥；搞不清对方葫芦里卖的什么药，就要投石问路、摸清底细；有时候为了使对方减轻敌意，放松警惕，我们便绕弯子、兜圈子，甚至用"顾左右而言他"的迂回战术。

举个简单的例子：某些以鱼类为生的鸟类，其嘴的形状，直直的，上下两部分又长又宽阔。吞吃食物时，有的常常把捕到的鱼儿往空中一抛，让那条鱼头朝下尾朝上落下来，然后一口接住咽了下去，这样的吃法可以使鱼在通过咽喉时，鱼翅的骨头由前向后倒，不会卡在喉咙里。

求人办事也一样会碰到各种"刺儿"，这个时候便不能"直肠子"，而应该想办法绕个弯子，避开钉子，这是求人办事应该具备的策略和手段。连鸟都会"把鱼倒过来吃"，聪明人怎么能让"刺"卡在喉咙中呢？

有位编辑向一位名作家约稿。那位作家一向以难于对付著称，已经有好多人在他面前碰了钉子，所以这位编辑在去他家之前，感到既紧张又胆怯。

刚开始时，这位编辑失败了，因为不论作家说什么话，这位编辑都说"是，是"，或者"可能是这样的"。无法开口说明要求他写稿的事，于是他只好准备改天再来向他说明这件事。

就在他起身准备告辞时，脑中突然闪过一本杂志，这本杂志上刊载了有关这位作家近况的文章，于是就对作家说："先生，听说你有篇作品被译成英文在美国出版了，是吗？"作家猛然转身说道："是的。""先生，你那种独特的文体，用英语不知道能不能完全表达出来？""我也正担心这点。"他们滔滔不绝地说着，气氛也逐渐变得轻松，最后作家竟破天荒地答应为这位编辑写稿子了。

这位不轻易应允的作家，为什么会为了编辑的一席话，而改变了初衷呢？因为他认为这位编辑并不只是来要求他写稿，还读过他的文章，对他的近况十分了解，这使得作家不得不对他刮目相看了。

为了避免办事碰钉子，你可以运用必要的试探方法。比较常见的方法有：

自我否定法。自己对所提问题拿不准时，如果直截了当提出来恐怕失言，造成尴尬，这时，就可以使用既提出问题，同时又自我否定的方式进行试探。这样在自我否定的意见中就隐含了两种可能供对方选择，而对方的任何选择都不会使你感到不安和尴尬。

投石问路法。并不直接提出自己的问题和方法，而是先提一个与自己本意相关的问题，请对方回答，如果从其答案自己已经得出否定性的判断，那就不要再提出自己原定的想法，这样可以避免尴尬。

触类旁通法。当你想提一个要求时，还可以先提出一个与此同属一类的问题，试探对方的态度。如果得到肯定的信息时，便可以进一步提出自己的要求；如果对方的态度是明确的否定，那就免开尊口以免碰钉子。

顺便提出法。有时提出问题，并不用郑重其事的方式，因为这种方式显得过分重视，至关重要，一旦被否定，自己会感到下不来台。而如果在执行某一交际任务过程中，利用适当时机，顺便提出自己的问题，给人的印象是并未把此事看得很重，即使不满足也没有什么感觉。

开玩笑法。有时还可以把本来应郑重其事提出的问题用开玩笑的口气说出来，如果对方给予否定，便可把这个问题归结为开玩笑，这样既可达到试探的目的，又可在一笑之中化解尴尬，维护自己的尊严。

打电话法。打电话提出自己的要求与面对面提出有所不同，由于彼此只能听到声音而不见面，即使被对方所否定，其刺激性也较小，比当面被否定更易接受些。

第三节　如鱼得水，拉近同事关系

别让同事以为你总在"装"

一个人初入职场，他可以不懂很多事情，甚至不会用传真机都不会引起别人的反感，但是一定不要给人留下"装"的感觉。

阿伦森是一位著名的心理学家，他总结了人们这样的一种心理，对于初入职场的人来说，具有非常重要的借鉴意义。这就是阿伦森效应，讲的是人们的接受心理，就是说人们非常尊敬那些把事情越做越好，赢得赞赏越来越多的人，而反感那些好事做得越来越少的人。

这样的心理很容易理解，有这样一个故事，讲的是：

有一群孩子周六、周日的时候常常在楼下大吵大闹，这对于一楼的老大爷来说是非常难受的，他劝了孩子们好几次，但是这些孩子转身就忘了。有一天，老大爷想了一个方法，他对孩子们说："以后你们还这样热热闹闹的，我就给你们每人两块钱。"果然，这一周孩子们更加高兴，吵闹声更大。第二周，老大爷说："不给钱了，给两块糖吧。"孩子们显然就不大高兴了。第三周的时候，老大爷说："今天，我决定给你们发两颗瓜子。"这让所有的孩子都非常气愤，大家说："我们不玩了，我们要回家。"就这样，老大爷终于巧妙地利用孩子们的心理恢复了安宁的生活。

人与人之间，想要拿到自己要的，就要知道别人要什么。谁不想让自己成为一个受欢迎的人，但是一味地取悦别人并不是最好的方法，关键还是要了解别人的心理。

有一个非常漂亮的女孩，她的名字叫一辰。大学毕业后，她很幸运地被一家大型企业录用，对于刚毕业，没有任何工作经验的她来说，她对工资待遇没有任何要求。所以，对于第一份工作，她表现出了强烈的热情。上班第一天，漂亮的一辰就给大家留下了深刻而良好的第一印象。为了珍惜这份工作，她每天第一个来公司打水、扫地，帮大家把办公室的计算机桌擦得干干净净，同事们有什么要求她做的事情，一辰总是放下自己手头的活，帮大家处理得稳妥得当。不久，所有人提起一辰，都竖起大拇指。

但是，逐渐地，烦琐的工作细节让一辰有点吃不消了，有时候自己正忙着还要给同事处理事情，自己的工作有时候就出现了错误，又因为她给同事们留下的印象非常好，她更加紧张自己的失误，更加进入不了放松的工作状态，以至于形成了恶性循环，工作越来越不出成果。

领导对一辰也开始有了意见，觉得她虽然长得非常漂亮，但是缺少内涵，于是，她的美丽也成为一种轻浮，而且加上一辰给同事们做的服务太多了，领导又觉得她做事情不但不稳重，还总是想走捷径，不好好工作，反而把时间和精力放在"搞关系"上，不能正确地对待自己的本职工作。领导对她的意见越来越大，后来有一次就直接批评了她。

这给一辰的打击就更大了，后来，她索性采取了相反的行动，有同事再找她帮忙的时候，她就冷冰冰地拒绝了，地也不扫了，水也不打了。终于有一天，有个同事小张让一辰帮忙打印一份文件遭到拒绝的时候，小张开玩笑地说了一句："一辰，你可真变了，漂亮女孩本来就骄傲，你刚来的时候对我们那么好，当时就有人说你是装的，我还不信呢。"听了这话，一辰痛哭失声，她觉得职场充满了困惑和痛苦，竞争是那么残酷无情，就连以往建立的良好人际关系都经不起一丁点儿波折，一切令她无所适从。巨大的落差让一辰顿时失去了信心，甚至对职业生涯产生了放弃的念头。

如果你是刚入职场的年轻人，那么你一定要注意，无论最初，这份工作令你多地开心，你都要放稳自己的心态，一定要有平常心，告诉自己一切只是刚刚开始。要知道，作为一个年轻人，领导很容易认为，你的热情和激情都不缺，但是领导最担心的就是年轻的弊端，那就是没有长性。所以，你可以恰好表现出另一面，以稳重和谨慎的做事风格，以长期的始终如一的表现，赢得领导的肯定。

除此，在和同事交往的过程中，也要懂得别人的心理，不必苛求自己呈现给别人的形象多么完美，那样别人对你的"期望越大，要求越高"。可以把真实的自己呈现出来，将自己的缺点暴露出来，这样也会得到别人的信任。因为一般人都是想方设法掩饰自己的缺点，所以有人如果有意暴露自己的缺点，大家会觉得这个人很诚实，从而产生信任感。

和比你强的同事一起吃午饭

谁都承认同事之间存在竞争关系，但是好的竞争氛围会带给你更加积极的思考习惯，和比你强的同事多接触，反应再迟钝，时间一久，也会总结出自己的道理。没有谁天生就比别人聪明，与其关注那些闪亮的明星，还不如约上比你强的同事一起吃午饭，从身边的人那里汲取长处再尽力弥补自己的不足。

我们可以做这样的一个尝试，将同一种蔬菜，放在不同的水中浸泡一段时间，然后将这两种泡过的蔬菜分开煮，就会发现因为在不同的水里浸泡过，蔬菜煮出来的味道是不一样的，这就是人们常说的"泡菜效应"。

这一点是非常值得思考的。在生活中，人与人之间更是如此，人的心情、气质，甚至看待同一件事情的心理都是会相互影响的。而且，这种影响是潜移默化，完全让人在没有觉察的情况下发生。

工作中也是如此，长期在一起共事的两个人，看法会惊人地一致，对待工作的态度也可能出奇地相似。职场中，你选择谁作为你的朋友，就默认你愿意接受来自于他的影响。人，有的时候会过高地估计自己的定力，殊不知，多少习惯都是在被别人感染的情况下，不知不觉中潜入进来，成为自己的习惯。让我们作个简单的分析，如果一个人在工作中非常认真，可是旁边的人偏偏又用短一倍的时间完成了工作，虽然工作马虎点，但是老板误认为他效率高，给予了高度的评价，但是对认真的人颇有微词，他能波澜不惊吗？再例如，有很多人，在工作中总是选择和比自己弱势的人交朋友，觉得这样不会有在强势的人面前的自卑，而且，两个弱势的人走到一起，更加能够得过且过，互相安慰。当然，也有可能互相抱怨和指责老板和公司的不对，这种交往唯一的走向就是"一损俱损"，两个人当中有一个犯错误，老板心里就会留下阴影，总觉得另一个人也有类似问题，导致两个人同时出局！

要谨慎选择在工作中和你一起吃饭的人，谨慎选择平常你最亲近的人，如果不想离职，想在自己的岗位上有好的发展，就不要总和濒临开除的同事凑在一起，也不要和那些随时准备离职的人凑在一起。和比你强的同事一起吃午饭吧，这不是"势利眼"，坚持一个月，你就会明白这样做的好处。

孙清丽在单位里一直很快乐，可是，有一天，随着一名新员工的到来，她的快乐就不那么强了。这名新员工的名字叫李君心，李君心来到公司的第一天就大出风头，主管亲自带她来认识各位同事，向大家介绍时，毫无避讳地说李君心是公司为了拓展北方市场从其他公司挖来的市场推广精英。

李君心也自信满满，非常大方地和众人打招呼，这让孙清丽感觉到巨大的压力，这个很强的同事就和她在一个部门，而且，每天中午的时候总会约孙清丽一起去吃饭。每当李君心抛出"橄榄枝"的时候，孙清丽总是找借口回避了。

她对这类自信满满的人说不出有一种什么样的抵触感，可是，第一次的策划会，让孙清丽重新认识了李君心。领导说完方案后，让李君心发言。谁都知道第一个发言的人，是最为难的人，而且也不知道该从哪里说起对这个策划案的意见。可是李君心平静的表情震慑了当时所有的人，她不慌不忙地讲自己的看法，条理清晰，思路新颖，关键之处还作了详尽周到的说明，令在场的所有人都如沐春风。待她发言结束，领导抑制不住兴奋的心情总结道："感谢李君心给我们带来了新的思路和更广阔的信息来源，大家给她鼓个掌吧！"这给孙清丽留下了深刻的印象，而且重要的是李君心的确比自己强多了。有一个让孙清丽苦恼了三个月的方案，李君心用一天的时间就摸清了来龙去脉，联系了各个媒体帮助孙清丽推动方案。

中午的时候，孙清丽主动约上李君心一起吃饭了，吃饭的时候，两个年轻女人在一起，难免闲聊，孙清丽真诚地说："那一天，你提的意见太精彩了，在短短的时间把问题回答得那么好。"李君心也坦诚地说："其实有时候并不是那么简单的，今天我用十几分钟陈述的问题，是我以往对类似问题的思考和总结。"李君心没有讲她平常怎么努力工作和思考，但是短短的一句话让孙清丽受益匪浅，她开始关注李君心的优点。

得出的结论是，李君心得到的一切都因为她是个自强不息、奋发向上的人。孙清丽在工作上把李君心当神话，用李君心激励自己做事，慢慢地也走上了一条薪水飙升的职业道路。开年会时，领导端起酒杯向李君心致谢，也没有忘记对孙清丽举杯！

不必感觉自己遭受了巨大的压力，因为压力大并不一定是坏事，处理好了，压力可以转变为动力。不要为别人的能干而担忧，关键是重整旗鼓，学习别人的优点，用事实证明自己的能力，创造更好的业绩。

这里还要注意的是，对于直接存在激烈竞争的强劲对手，要注意冷静观察，建议你从正面的角度看，并至少持续三个月，这不但能让你充分了解他们的优势，更能了解他们是抱着怎样的心态工作的，这样可以弥补自己的不足，发展好自己的强项。

小明和小王两个人是好朋友，他们同时从一所大学的中文系毕业了，而且都找到了秘书的工作。不同的是，小明的老板比较和蔼，他的工作也比较清闲，而且工资很高；小王的老板比较严格，他的工作任务十分繁重，经常需要加班，但工资反而没有小明高。

小明劝小王不要继续做这份工作，再另找一份，但是小王坚决不同意，他有自己的想法。他对小明说："虽然公司现在的情况不太好，但是我觉得我的老板是一个很有发展前途的人物。他以前在一家大的出版集团担任过重要的领导职位，看问题的眼光和做事的方式都与众不同，我相信他必定会有一番作为，而且最重要的是，我在这样一个老板的身边工作，能学到许多在别处学不到的东西。"

小明听了之后不以为然，为小王没有接受他的劝告而感到遗憾。接下来的两年时间里，小王确实生活得很累，很辛苦，小明则既轻松又宽松。但是在他们毕业六年后，情况发生了变化——小明仍然是那位和蔼老板的秘书，而小王则自己开了一家公司，当上了老板。

与比你强的同事一起共事，就要向他们学习，下面的一些做法可以供你参考：

多与优秀的人一起行动

人对环境有一种本能的适应，如果你总是与杰出的人、有发展潜力的人在一起，那么久而久之，耳濡目染之下，你的素质也会得到一定程度的提高。

留意优秀之人的做事习惯

这一点也很重要，优秀的人可能行动力强，可能从来不拖延，可能有长远的眼光，这些都是你要学习的地方。不要以为他们只是凭借高学历或者人际关系才崭露头角的，一些他人不留意的细节可能就是他们成功的原因。

别抢不属于你的功劳

身在职场，为人首先要正派。不是自己的功劳，就不要挖空心思去占有。要想真金不怕火炼，在职场中获得真正的认可，就要凭自己的真本事去创造，投机取巧的做法终究会害人害己。

彼得原理是美国学者劳伦斯·彼得总结出的结论，他在对组织中人员晋升的相关现象研究后得出这样的结论：在各种组织中，大家都习惯了对在某个等级上称职的人员进行晋升提拔，因而员工们能够在自己本职工作上称职和胜任了之后，就开始趋向于晋升到其不称职的职位。

这个原理有时候也被人们称为"向上爬"原理。"向上爬"的说法更加生动，这种现象在现实生活中也无处不在。例如，一名称职的教授在本职工作上非常出色，于是他就认为自己可以晋升到大学校长的位子，可事实是，当他到了理想的职位后才发现自己无法胜任。或者，一个优秀的员工被提升为管理他人的领导者后，就表现出了能力上的欠缺。世界上每一种工作，都会碰到无法胜任的人。总会有能力不足的人被调到一个不胜任的职务上，他会在这个位子上原地踏步，把工作搞得一塌糊涂。对于组织而言，一旦组织中的相当部分人员被推到了其不称职的级别，就会造成组织中人浮于事，效率低下，导致组织发展停滞的恶劣后果。

张杰和赵宇的同事关系非常好，在公司里也是被领导格外器重的两个人。

年终，公司搞推广策划评比，每个人都可以做出 PPT 展示自己的成果，胜出的人不但会有优厚的年终奖，而且领导会给一个意外的惊喜。

张杰非常积极，为了一个创意，他常常想好久，他对细节的把握已经做到了唯美和极致，他满心欢喜地准备好了要展示的 PPT。

赵宇长时间里并没有重视这次的推广策划方案，而且，他也不擅长去做市场调研，他知道对于公司那些严谨的领导来说，没有精确的数据，再好的设计也缺少说服力，而且最让他郁闷的是，居然在最后一天，他才知道，由于部门领导的欠缺，大领导的神秘惊喜是，评比第一名的人，可以代理该部门的领导者。怎么办？怎样拿到那笔做策划的数据呢？方案征集截止日的最后一天，赵宇突然叹了一口气说："张杰，这个推广怎么做呀，让我一时半会儿去想，还真的没有什么好的创意，我做了一个 PPT，你帮提提意见，我好修改一下。"

张杰连想都没想就答应了。赵宇做得太一般了，没有什么创意，张杰就只能和赵宇说说字体颜色等小细节的问题，说的时候，赵宇很谦虚地听着，听完了，就很随意地对张杰说："让我也看看你的方案吧。"这让张杰踌躇了，但是因为赵宇的态度非常诚恳，而且一想明天就要开大会了，赵宇想改也来不及了。

第二天开会，赵宇因为资历老，按次序先发言，赵宇的 PPT 所用的推广创意居然和张杰的一样，在讲解时，赵宇对老板说："数据的那部分 PPT 拷在另一台计算机上，计算机发生了故障，我不能够提供精确的数据，就提供一个简单的情况吧。"

接着，赵宇就将张杰研究的数据结果当众分析了出来，张杰听得目瞪口呆，他没想到赵宇会抢自己的功劳，他不敢把自己的方案交上去，也不敢申诉，只好弃权。后来，赵宇的方案获得老板的认可，终于可以代理处理部门的事务了。

赵宇偷了张杰的创意，而且抢了不属于自己的功劳，终于有一天出事了。由于推广不是他自己的，虽说他知道数据的增长趋势，但是具体数据他还是没有查清楚，在执行方案时出现了漏洞，又无法及时修正，结果方案还是失败了。后来领导得知这个方案不是他自己做的，而且他出了重大的工作事故，就无情地将赵宇边缘化了。

对于个人而言，不是你的功劳，你不要去抢，不管别人知道也好，不知道也好，抢别人的功劳总不是成功的捷径。世上没有不透风的墙，一旦你抢别人功劳的事情被人发现，你将会无脸见人，不仅被抢者会成为你的敌人，而且更会影响所有人对你的看法。

对个人而言，虽然我们每个人都期待着不停地升职，但不要将往上爬作为自己工作的唯一动力。与其在一个无法完全胜任的岗位勉力支撑、无所适从，还不如找一个游刃有余的岗位好好发挥自己的专长。

身在职场，不是自己的功劳，就不要挖空心思去占有。不抢功，不夺功，这样的人不仅人际关系好，而且会长久立于不败之地。

用微笑化解同事间矛盾

同事之间不值得来个刀光剑影或你死我活。良好的人际关系、适当的情绪管理，是为工作加温的良方！一个人在工作中要学会发现别人的优点，欣赏别人的优点，如果真的讨厌某个人，那就用微笑去化解矛盾。

"凹地效应"是一种非常形象的形容，指的是某个事物因为具有某些特征或优点，从而对一些事物产生一种吸引力，导致这些事物向这个地方聚集。例如在工作中，如果你想拥有好人缘，提高自己的人气指数，聚集一批好朋友，那么就要让自己成为一片"凹地"。

同事之间的关系，是很多职场中人的心结。曾有一份调查显示，约六成的职场白领每星期都会生一次气，甚至还有一成半的人每天都在生气。原因是许多上班族每天都有烦心事，例如和同事抢车位，看不惯同事居功诿过等，造成职场上的怒火一点就燃。这项调查也发现，每天生气的人除了有健康上的困扰，还伴随着忧郁、焦虑、恐惧，并且对别人较有敌意。

这样的职场心理绝对是病态的，应该找到解决问题的方法。怎样处理同事关系呢？那就是宽容。打个比方说，和同事一起搬运文件，一个同事突然半路溜了，理由是身体不舒服，那么，哪怕即使他前一秒钟还是活蹦乱跳，也不必质疑他，给他一个微笑，一切尽在不言中才是最好的回答。对于这样没有伤及原则的事情，不必较真和说穿，因为看透不说透，才是好朋友，也不必把同事想得太坏，你的宽容，相信他不傻，他能懂。

陈光和江源是同一部门的两个职员，由于两个人的能力非常强，有时候领导征求意见的时候，两个人就互相不以为然，都感觉自己很有道理。

后来，两个人互相成为竞争对手，谁会先升任科长是部门内十分关心的话题。这让两个人的关系更加白热化，总是互相提反对意见。

快到人事变动时，他们的矛盾已激化到了不可收拾的地步，好几次互相指责，揭对方的短，科长及同事们怎么劝也无济于事。有一次，两个人大吵，陈光对江源说："别以为你常常利用职位之便，单独约见一些在工作中认识的人，让他们为你办事别人不知道，这属于假公济私，你为了给自己办事，还让领导以为你有多么积极地配合工作。"

江源听到陈光的指责之后，恼羞成怒，他说："你做得就好吗？平时，你在同事面前是怎么骂领导的，每当出台新政策，你都在同事面前表现得义愤填膺，事后，你又单独到领导办公室大赞政策的英明。"这一次的吵架让两个人风度尽失，各自把最狠的话都说了出来，他们彼此都认为即使传到领导耳朵里，对方的失误也比自己大很多。

令人意外的是，两人都没有被提升，科长的职位被其他部门资质平平的一个职员获得了。因为他们在争执中互相揭短，在众人面前暴露了各自的缺点，领导非常恼火，认为两人都不够提升资格。

该怎样去补救呢？陈光感到后悔不已，因为毕竟是他先在大庭广众之下抖搂江源隐私的，他希望扭转这一状况，并愿意向对方道歉。这时，江源似乎也处于极度失望中，他也觉得自己做得有些过分，但是碍于脸面也没有先去找陈光。

后来，思前想后的江源想了一个方法，他简单地向陈光道歉："对不起，我实在有点儿过分，我保证不会有下一次。"江源本来以为陈光还会为自己狡辩，可是，看到陈光并不缺乏诚意，也没有重提旧事，于是也和陈光缓和了关系。当然，工作中还是有意见不合的时候，但是在领导看来，他们已经能够放弃个人恩怨，齐心协力为公司做事，而同事们因为陈光和江源的强强合作，也不再为难该站在谁的一边了。

终于，两个针尖对麦芒的对手被消灭掉，部门出现了共同进步的新气象！

对于个人来讲，如果跟某个同事大吵大闹起来，对个人的专业形象和信心会有无形的坏影响，因为这显示了此人对控制人事问题有欠成熟，不但会让领导在心理上对此人的印象大打折扣，就连同事都会觉得这个人难以相处并敬而远之。

没有一个领导对员工不和导致的内耗不头疼，没有哪个领导不希望自己的手下能够放下成见，共同为自己好好做事。这就要求一个人在工作中要学会发现别人的优点，欣赏别人的优点。不改变自己就难以改善同对方的关系，按照自己的标准来改造对方是一件难于上青天的事。尤其是不要戴有色眼镜看对方，把别人当作敌人，丢掉了自己的"人气"。

第二篇

可怕的男女心理学

第一章

恋爱需要技巧

第一节　恋爱要有策略，需要成熟地经营

邂逅来的真爱

"前世的一千次回眸，才换来今生的一次擦肩而过；前世的一千次擦肩而过，才换来今生的一次相识；前生的一千次相识，才换来今生的一次相知。"有人曾计算过爱情的概率，世界上大约有 60 亿人口，其中有两万个异性适合做你的伴侣。所以，单身又渴望爱情的女人们，为什么还要一味地守株待兔，何不出去寻找我们自己那 30 万分之一的机会，寻找到属于我们的真爱。

电影《向左走，向右走》中，金城武饰演的刘智康和梁咏琪饰演的蔡嘉仪两人居于同一幢公寓，却因彼此习惯不同：一个向左走，一个向右走，因而从未相遇。两人不曾相遇却不断擦身而过：在旋转门一进一出、在电梯一上一落、在月台上分站两旁……这么近，那么远，总是稍欠那一点点就会碰到。

终于，他们各因欠租逃避房东的追缠，同时来到公园。在水池的一端，他们遇上了。两人一见投缘，有如一对失散多年的恋人，一起玩旋转木马，在草地上倾谈，度过了一个快乐又甜蜜的下午。一段浪漫的爱情也悄悄在两人的心底开始发芽。

没有这次邂逅，他们永远只能擦肩而过，永远走不进对方的内心，永远不会知道爱情的缘分其实就在咫尺之遥。

电影里的情节总是令人神往，但是生活中却难有这么唯美浪漫的事情发生，浪漫的邂逅固然美妙，却终究是可遇而不可求，所以我们不要一味地祈祷上帝赐予自己缘分，我们需要适时地制造美丽的邂逅。当我们的周围出现了一个陌生的优质男或者优质女，扭扭捏捏可不是追爱所为，大大方方地介绍自己，和他聊些有意思的话题，获取有价值的爱情资讯，才是现代人的追爱之道。

如果没有缘分天注定的"巧遇"，那么，我们自己可以制造这种邂逅，人为地安排彼此的相遇，为更好地相知相识相恋打下完美的基础。

制造一些美丽的邂逅，走进心仪对象的生活，也就有了渐渐走进恋爱对象心扉的机会。这样，我们可以化被动为主动，大胆制造浪漫的邂逅，为自己的感情生活带来意想不到的甜蜜。

小清住在一家医院附近，她看中了医院里的一个年轻男医生，却苦于找不到合适的机会接近他，后来她终于想到了一个接近他的办法。

某一天，一个女孩双手抱满了东西，和迎面匆匆而来的一个男人撞了一个满怀，东西撒落一地。这个女孩是小清，男人是那个医生。男人在帮她捡拾起地上散落的物品之后，连声为自己的不小心向小清道歉。小清则是一脸害羞又通情达理的样子："没关系，你也是有急事才赶成这样的。"

初次的计划成功之后，小清又每天在医院下班的时间牵着小狗在附近徘徊，几乎每天都能遇见那个年轻的医生，两个人熟识起来，发现彼此的性格很合拍，不久就成了恋人。

制造邂逅，从某个角度上来说，就是在人为地制造情分或缘分。自己制造的邂逅比真实的邂逅更能成就我们的爱情。在这场邂逅中，小清把主动权牢牢抓在手里，事先打探了对方的喜好，在衣着打扮上都迎合对方的喜好，仪态、风度会落落大方，自信优美，令人欣赏，能在对方心里留下一个美好的印象，甚至可能让对方惊喜不已。

制造爱情的邂逅更是要本着"不打无把握之仗"的原则，精心准备，做好每一个细节，才不至于弄巧成拙。

浪漫的邂逅需要精心准备，但又要让对方看不出一丝"人工操作"的痕迹，让他感觉像是上天的安排。想要学习高超的邂逅制造技巧，不妨向白娘子学习一番，当白娘子看上许仙的时候，为了制造浪漫的邂逅，她先施了一次法术，来了一场"人工降雨"，然后再去羞答答地跟许仙"借伞"。这样一来，她的美丽就从容并且自然地映入了许仙的眼帘，进而攻破了他的爱情心防。

如果我们已经明白了制造恋爱邂逅的技巧，那么就动点爱情的小心思，导演一场和优质男女的美丽邂逅，上演属于自己的爱情剧。

感情交往要学会"1+2"

都说谈恋爱要像穿鞋，舒不舒服自己知道，其实在未确定关系前的感情交往期，我们应该做好这样的心理准备和计划。那就是"1+2"策略。什么是"1+2"呢？

这也就是说，我们的生命里最起码要有这样三个男人。"1"就是十分有可能成为以后人生伴侣的真命天子，"2"是指大胜算者和蓝颜知己。

真命天子是令我们一见倾心、热烈和疯狂地爱恋的男人。有时候，我们觉得对自己而言，他是如此完美，我们迫不及待地期望与他见面，每天给他拨多个电话只为听听他的声音。这是一种炽热的甚至带些疯狂的爱情，他可能是我们的完美爱人，很容易让我们一头栽进去不能自拔，甚至有可能迷失了自我。

大胜算者具备我们所要求的十大必备素质，他是一个不定因素。对他我们可以做双向选择。两人大概每周见上一次面，他也许每周给我们打一两次电话聊聊天。也许他和我们一样，也在与别人约会，但很明显他对我们更有憧憬和好感。他或许是一个有抱负、有理想的人，并且一定能达到我们所期望的目标。这是大多数女人愿意嫁给他的原因所在。两人的关系不应该明目张胆地捅破，而是应该顺其自然地慢慢进展。他或许是我们约会恒等式里的一个关键因素，因为他能让我们保持清醒，让我们不至于在遇到真命天子时昏了头。

这里的蓝颜知己可不是指我们那个相识多年的铁哥们。他可能是那个与我们约会过几次，却无法擦出爱情火花，却实在让我们顺心的男人。这样的人能是极好的朋友：他会陪我们逛街，并告诉我们什么真正让男人着迷，他会与我们一起现身公共场合，以防我们生命中的另一个男人认为我们太容易上钩；他会听我们诉苦，并站在男性的角度为我们支招；我们可以在喝醉的时候放心地拨打他的电话，而不是那个我们感兴趣的男人的电话，他是我们无人陪伴外出时的最佳护卫，是可以带去参加亲属婚礼的男伴。这样的男人就像是一个很难得的朋友，我们不必为"利用"他而心怀不安。因为很有可能我们在他的生命中也扮演着同样的角色。我们大可放心地与他交往而不必担心他对我们另有企图，在他拭去我们约会失败后脸颊上的泪水时，我们会发现他以一种全新的、可爱的姿态出现在我们的面前——这个人完全可以成为我们托付终身的人。嫁给我们最好的朋友并不是世上最糟糕的事情，因此不要将他完全逐出局外。

相对于真命天子来说，后两者更会倾向于保护我们，支持着我们，让我们保持理性。如果我们一直和那些有趣的、有思想的人在一起——他们带给我们欢笑和信心，我们将会得到比联谊所得更多的快乐。在遇到那个让我们神魂颠倒的人之后，我们才会比较冷静，不至于被那种如坐针毡地感觉弄得垂头丧气。这两类男性朋友快乐地占据着我们的生活，我们不必守在电话旁度日如年，也不至于吊死在一棵树上。

不过，想要持续地"1+2"并非一件容易的事。有时候我们的生命中只拥有三人中的两个，有时只有一个，有时甚至一个也没有。别因此而泄气，最重要的是得走出去，不断地尝试。每个人都需要依靠锻炼来获取经验，无论我们是 18 岁还是 80 岁。我们需要通过这些锻炼来寻找自信、安全及放松。一般情况下，适当地感情经历和交往会让我们对恋爱有一种更为成熟的见解和观念。

不要误会这个"1+2"策略的初衷，这并不是为了提倡脚踏多只船，而只是为了鼓励我们作出更成熟、更理智的感情选择。不要疯狂迷恋失去自我，也不要随意忽略身旁默默无语的温柔。

怎样让对方觉得自己不可或缺

当恋爱关系发展到一定程度时，我们已经如愿以偿地占领他的心，进入他的爱情领土，但我们依旧揣测自己在他心中的地位，依然对我们关系的稳定性惴惴不安。那么，该怎么办呢？

绐对方一些惊喜，玩转一些小手段，让生活更加的多姿多彩，让他 / 她自然而然地沉浸在爱情旋涡里！一点一滴地融入他的生活，让他把我们当成一种习惯，每天的坚持，每天的爱恋，让我们成为他空气一般的存在，慢慢地让我们成为他生命的一部分。

心理学上有一个临界点效应，指的是冰在超过 0℃之后就化成了水，水在超过 100℃之后又变成了水蒸气。物理变化中往往存在这样的临界点，在其前后物质的状态和性质会发生很大的变化；在化学变化的过程中，刚开始往往难以看出变化的痕迹，但当温度等外部环境超过一定标准，达到临界点之后，往往就会产生新的物质。

恋爱也一样，从相知、相识、相恋，是一个过程，也是一个质的不断飞跃。同样，在恋爱中，慢慢让自己成为对方的不可或缺的意识，懂得巧妙地摆正自己在他 / 她心中的位置。如"临界点效应"一般，哪怕是冰，也让他化成水；哪怕是水，也让他蒸发成水蒸气，让他慢慢地改变，对我们产生新的依恋和感觉。

如何让他 / 她离不开我们，我们需要使出这些计谋，不动声色地占据他 / 她的生活重心。

让对方感觉轻松

世界上没有十全十美的人，爱情里也没有十全十美的恋人。甜蜜的爱情不在于找到一个完美的恋人，而是与一个相当的人去努力建立一种完美的恋爱关系。太关爱他、太讨好他，会把他宠坏；但太自我、太高傲，又会令他心里惧我们三分。爱情需要适度的空气和氧分，我们永远是他身边不远不近、不离不弃的那个人。如果他打来电话，我们会如约前往；如果他送我们鲜花，我们要夸他潇洒；如果他想独自待着，我们掉头走开——但晚上会打来关切的电话。

做他／她时刻都需要的空气

对于爱情，我们有时候会胆怯、犹豫，有时又会显得孩子气，很少有勇气去承担爱的。大多数时候，恋人都希望做一只在水里游来游去的鱼，尽情享受恋爱的自由。所以我们只有慢慢渗透在他的生活里，令他身在其中，舒适而不自觉，既无压抑也无束缚，犹如水里的空气。早晚有一天，他会发现，如果没有了我们，就像空气抽离，他活不下去。

最大化发掘彼此的共性

情投意合是建立在许多共同的兴趣上面的，比如我们喜欢看书，他也喜欢；我们喜欢跑步，他也喜欢；我们喜欢吃水煮鱼，他也喜欢……这么多共同的爱好，我们想不心灵相通都难。进入爱情之后，我们要继续发掘两人之间的共性，将这份心灵相通的感动长长久久地持续下去。

时不时给他来点儿小惊喜

恋爱才开始3个月，彼此却都有一种相处了3年的感觉，这并非是走进了老夫老妻的相濡以沫，反而有可能是走入了爱情的枯萎区。日子就此开始平庸下去，我们在对方的心中也渐渐由美丽的王子公主般的童话沦落为黄脸婆窝囊男的平凡故事。如果我们的爱情正走向这样的噩梦，我们要赶紧刹车，挖空心思地给爱情增添一点儿小惊喜，化腐朽为神奇，重返爱情的美丽。比如，我们可以准备一顿精心的烛光晚餐，偶尔送对方一个小礼物，让浪漫、激情随处发生，在他眼中，我们永远是第一次见面时的心跳。

小可爱让他更爱我们

人们常说："人因可爱而美丽。"可爱的人总是能吸引恋人更多的目光。一如石康小说《一塌糊涂》中的那个女主人公，正是她的可爱让男主人公动了心。男主人公原本无心结婚，但她可爱得令人心动。她会在他写作时，像小猫一样在后面偷袭他，还固执地把自己的东西搬进他的家，赖在床边不走……小可爱的点滴，融化了男人的心，在她离去后，他发现没有她的生活，其实是"一塌糊涂"。

讨得未来婆婆或丈母娘的欢心

再成熟的人在妈妈的面前也会做一个乖小孩。如果我们能讨得未来婆婆或者丈母娘的欢心，我们的爱情之路就有可能一路绿灯通行。只要未来婆婆或丈母娘对我们一脸肯定，在他／她面前再三夸奖我们，我们的恋爱离婚姻其实已经近在咫尺。

打造温馨的二人天地

如果我们和他／她已经走到了一起生活的那一阶段，我们要学着将我们的痕迹一点点地融进他的空间里。他的书架上不知不觉间多了不少我们的书，他的 CD 架上摆上了我们喜欢的艾薇儿，他的毛巾架上有我们的粉红小毛巾，他的米奇刷牙杯和我们的米妮刷牙杯正好是一对……重叠如此紧密的二人世界，他又如何分得清彼此呢？

做他的生活管家

或许我们的恋人是个迷糊的小可爱，或许是个粗枝大叶的三不管男，这时，我们就有可能经常听到他对自己的叫唤："亲爱的，我的袜子去哪里了？""我的那件蓝色衬衣呢？""我的游泳裤呢？""我的冲浪板呢？"只要我们一不在他身边，他就远离了称心如意的生活，生活得狼狈不堪。这时，他明明白白的知道：他的小窝缺不了我们这个生活管家。

成为他的衣着顾问

人都是爱面子的动物，尽管很多时候他们都对自己的外表打扮随意得很，但是他们也希望自己能穿戴得意气风发。形象问题是一个大众普遍都会关心的问题，这时，如果我们就着装这个具有共性的问题有了交流或者共鸣，在审美观和生活中，对彼此从头到脚进行一番细心的装扮，打造出一个潇洒气派的美男子或者气质优雅的美人儿，对方的心里就有可能为我们空出更大一块空间。

让他的生活断电

"吃着碗里的，想着锅里的。"这是许多男女的一种劣性，尽管他的身边有了一个她，他却还在眼巴巴守望着一个完美女神来对他一往情深。她的身边也有一个柔情似水的他，但是她总是对对方生活中的小缺点斤斤计较。这个时候，我们对他所有的付出，他熟视无睹，视此为理所当然。这时，最好选择暂时离开对方，让他幸福的爱情生活断电，也给自己一个思索的机会：他真的是能呵护我一生的人吗？那时，有可能对方会发现，他原来习惯的一切对他而言是多么的不可或缺。

在爱情中施一点小计策，让对方意识到我们已经成为他不可或缺的"空气"，这样，他／她才会懂得珍惜爱情，珍惜我们。

女人一撒娇，男人就心软

撒娇是女人的天性。从几岁可爱的小女孩到年过半百的老太太都在运用着这个软性武器，通过撒娇表现了女性的妩媚和柔情。

小时候，女孩、男孩都喜欢向大人撒娇。想吃什么东西，爬到爸妈的腿上一撒娇爸妈就会有求必应。长大以后，撒娇慢慢演化成绝大多数女孩子的"专利"，男孩也自然而然地成为女生撒娇的对象。学生时代，男、女生之间有了小摩擦，女生就会跺着脚，轻轻地晃着身子，捏着小嗓子喊"我告老师去……"保准把男生吓得不轻，连连道歉，这是女孩无意识地撒娇，也是对付小男生的"法宝"，且屡试不爽。然而，当女孩渐渐长大，由女孩变成了女人。这"娇"就不可随便撒了，目标逐步锁定在自己喜欢的、爱的人身上。

为什么女人都爱撒娇呢？

这可能跟心理学中提到的儿童自我状态有关系，儿童自我状态是人格结构中的"想要做"的成分，它以服从和任人摆布为特征。通常表现为像婴儿一样的冲动，一会儿逗人可爱，使人喜欢；一会儿大哭大闹，令人无语。所以，女人，尤其是恋爱中的女人跟孩子在某些方面有着共同的性情。一个有着幸福生活的孩子往往喜欢在宠爱他的父母面前撒娇，而一个有着浪漫感的女人，偶尔也会在自己深爱的男人面前撒娇献媚，以获得更多的爱抚。

撒娇是一门生活的艺术。因为天下没有比水更柔弱的东西了，但是任何坚强的东西也抵挡不住它，因为没有什么可以改变它柔弱的力量。

撒娇是女人的一种风情。一声娇柔的呼唤，会融化男人心中所有的原则，一句嗲嗲的话会让男人顿然觉出自己的伟大，看着身边的女人如花般美丽、如水般温柔可人，心里那份自豪、那份释然并非语言所能表达。

撒娇是一种本性，也是一种手段。对于女人的撒娇，男人大概没有多少抵抗能力，所以，聪明的女人知道以柔克刚的杀伤力，懂得在平淡的生活中如何运用撒娇演绎出一份浪漫，去化解生活中剑拔弩张的气氛，去成全男人保护女人的那种欲望。

然而，撒娇如果使用不当，也可能适得其反。所以女人要注意撒娇禁忌：

第一，公司场合不能撒娇。公司毕竟属于较为正式的场合，一般情况下，不要过多地介入私人性质的东西，尤其是女性在面对男性上司和男同事时，更是不能随意撒娇，以免被视为轻浮。

第二，心情欠佳惹烦厌。女人偶尔的撒娇是一种生活情趣，但是这也是需要看时间和地点来决定的，如果男友心情正处于低谷，却还有一个叽叽喳喳没完没了的声音在耳边娇嗔连连，恐怕脾气再好的人也会受不了的。

第三，见好即收最醒目。女人撒娇时也要注意一个度的问题，不要一天二十四小时都在撒娇状态中，撒娇只能作为情调的甜品，而不能作为生活的主菜，更多的时候，我们是应该表现自己独立有担当的一面。

女人眼泪有何绝妙作用

酸甜苦辣、喜怒哀乐，女人总是能用或明或暗的眼泪来描述，即使那些被人仰望的女英雄，也有一段不为外人所知的苦痛是由眼泪浸泡着的。没有被时间磨砺的女人是苍白的，有着真实眼泪的女人是美丽的。

对于怕看到女人掉眼泪的男人来说，那是致命的温柔武器。男人一看到女人梨花带雨，就有可能因此心生愧疚。不过，也正是因为这份我见犹怜和梨花带雨，恰恰能够激起男人的保护欲，他会在心里告诉自己，眼前这女人是我穷其一生要保护的女人，将尽我一切所能在往后的日子里不让她掉一滴泪。

根据流泪的动机，心理学上把流泪分为反射性流泪（如受到洋葱刺激）和情感性流泪。情感性流泪就是平常说的真哭，例如我们常常看到婚礼现场新人会哭、与人争执时会落泪、葬礼上会泣不成声等。从心理学上分析，真哭是基于人的四大基本情绪——喜、怒、哀、惧。这都是因为人的情绪受到了外界的刺激，作用于内心，当这些情绪积累到一定程度，必然呈现出情感的自然表达。而对于恋爱中的女人来说，流泪还是一种工具，在与人对峙或想要获得某种利益时，很多人都会借助眼泪表现自己已经放弃了防备，从而获取主动。

为什么女人的眼泪有这样绝妙的作用呢？

其实，从心理学的角度来说，当女人在泪眼婆娑的时候，她就已经是在向外界传达一个信息——我已经降低了我的防备。人类的舆论道德都是倾向于弱者一方的，这样的示弱恰好就将自己摆在了一个被动的位置，塑造了一个弱者的形象。

至于对女人的眼泪无动于衷的男人，同样可以归为两种，一是他不爱这个女人了，二是他早已习惯女人动不动就掉眼泪的习惯。

前者表现为郎心如铁，多数是在男人提出分手时。"我去意已决，你掉再多的眼泪也无济于事，我是不会因为脚下泪水泛滥而改变心意的。"而后者则表现为麻木。通常这种情况下，爱情不久后也将呜呼。一开始是视若无睹，跟着是有点儿烦，接下来是你哭你的我看我的世界杯，最后是干脆眼不见为净。女人在流泪时男人的反应固然重要，可女人要清楚地明白，在男人面前掉眼泪，那是昂贵而不是低贱的，再怎么爱你的男人也会厌烦你三天两头哭哭啼啼的。

有些女人常常在事业上强撑着与男人们竞争。如今，谁因为你是个女人而让你个车、马、炮？只有在晚上，独自面对自己，那强忍着的泪潸然而下，才能露出你柔弱的本来面目。生活中，日月轮回，与女人相伴的却是艰辛。她们常常是职员，是母亲，是妻子，还是女儿，身兼数职，哪一样都不敢怠慢，弄得身心疲惫，有泪只能往肚里流。正因为如此，女人只能把更多的脆弱抛洒在感情上。在爱人面前，看悲惨故事片或电视剧，哭得像个泪人儿，让他知道你有一颗脆弱善感的心。闹意见不可开交，与其硬碰硬两败俱伤，倒不如适时运用"泪弹攻势"化解僵局，生活中才少了许多惨烈。

恋爱是一场斗智斗勇的经历，眼泪是其中的语言，是情感游戏，有时还是对付男人的不二法宝。但是，眼泪更是女人内心情感的真实，穿过泪水的小河，我们看到的是完整的女人！

和恋人交流要因人而异

我们常说要把话说到对方心窝里，对方听着对了口，我们提出的意见他也能够及时吸纳，那么，我们最初的目的就达到了。恋爱中，也是如此，如果我们只是一味地对恋人唠唠叨叨、喋喋不休，哪怕我们的话本意是好的，对方也很难接受。一个好的意见，恋人却无法接受，不得不说也有传达不到位的因素。

而想要把话说到恋人心窝里，是需要一些小技巧的。我们可以通过爱人在无意中表现出来的态度，进而了解其心理，从而进行有针对性的谈话。例如，对方抱着胳膊，表示在思考问题；抱着头，表明一筹莫展；低头走路、步履沉重，说明他灰心气馁；昂首挺胸、高声交谈，是自信的流露；抖动双腿常常是内心不安、苦思对策的举动；若是轻微颤动，就可能是心情悠闲的表现等。了解了男人在当下的这些心理，我们就能很容易抓住他们的"要害"，让彼此的交流更容易、更顺畅。

当然，对恋人的了解还不能停留在静观默察上，还应主动侦察，采用一定的侦察对策，调动对方的情绪，迅速准确地把握对方的思想脉络和动态，从而顺其思路进行引导，使会谈更成功。

面对恋人，谈话时需要考虑以下几个方面：

年龄差异

不同的年龄层有不同的说话方式。年轻情侣交流应采用煽动的语言，可以结合当下流行词汇，话语里也可以带着几分幽默；中年恋人交流应真诚谨慎，情理结合。

地域差异

生活在不同地域的恋人，所采用的交流方式也应有所差别。如对我国北方人，可采用粗犷的态度；对南方人，则应细腻一些。

职业差异

要运用与对方所掌握的专业知识关联较紧密的语言与之交谈，对方对我们的共鸣感就会大大增强。比如，和编辑女友交流时，谈话中如出现一些时下热点图书，两人间就多了一些话题。

性格差异

和不同性格的恋人谈话，也需要不同的方式。若对方性格豪爽，便可单刀直入地说话，显得大方自然；若对方性格迟缓，则要"慢工出细活"，磨合好彼此的说话节奏；若对方生性多疑，切忌处处表白，应不动声色，使其疑惑自消等。

文化程度差异

一般来说，如果我们的恋人文化程度并不高，那么，我们在与之交流时就要尽量用一些言简意赅、简单明了的说法；而和文化程度高的人，我们可以雅俗共用，针对恋人的性格进行不同的对白。

兴趣爱好差异

与恋人交谈时，若谈起有关对方爱好这方面的事情，对方便会兴致盎然，同时无形中也会加深对我们的好感。多谈论彼此共同的兴趣，可以培养两人的共同话题，加强交流的深度和强度；同时，在谈论彼此相异的兴趣时，也可以尽量找到彼此爱好的共通点或者值得欣赏的某个闪光点。

恋爱中的"恶手段"

恋爱时，要想恋得有情趣，就不能总是走一些光明正大的正道，必要时刻，应该多走一些林荫小路——使一些恶趣味的手段，以"恶"为名，施展魅力、释放风情。这样一些看似恶劣实则能够带动感情发展的手段，则是两人长久相守的小秘诀。

偶尔刻意展示自己的"才华"

"书到用时方恨少"，这句话也可以适用到爱情范畴。许多调情高手便是深知个中三昧，才能在情场所向披靡。如果在人前展露自己的专业知识显得过于矫情，那么，最起码也可以展示一下每周时事与幽默笑话。特别是关键时刻，也可以让别人领教一下我们的特殊才华和知识领域。否则在这个自由开放的爱情市场，没有本钱，还谈什么与人竞争。

欲擒故纵博得正面评价

情人交往之初，保持一点距离，或者刻意给对方造成一种难以攻克的形象，反而有助于增添几分神秘感和对方的征服欲，酝酿对方的渴望及迷恋之情。如果我们想要掌握主导权。那么，偶尔让对方以为我们并不在乎他，就算放手也无所谓，同时，在关键时刻，即刻展现自己对对方的关爱程度和恋情强度，以此造成对方的心理反差，这种情绪反弹加强恋人对我们的正面评价。

偶尔说"真心的实话"伤人心

在两性交往的过程中，轻易承诺往往是爱情最大的杀伤力。因此，偶尔用"真心的实话"适度地让对方伤心一下，乍一听可能并不会让人产生好感，但是，因为其中"真诚、可以信赖"的成分，则可以让彼此的关系更具有弹性。但切记并非让情人陷入绝望，其中的尺寸拿捏要视对方能够承受多少压力而定。例如，当恋爱的其中一方问起"你会爱我很久吗"这类问题时，我们若明知未来有许多未知变数，却反而对他唱起"爱你一万年"，只怕日后感情生变，徒然落入薄幸之名。然而，如果我们的回答是"我会尽量，但不保证"，或许这种坦白的态度，将会助长情感转往更理性的路途发展，及避免不必要的争吵。

把脾气发出来

在过去的教育中，我们总是被告知"不可以随意地发脾气""发脾气是没有教养的表现"，但是，在男女交往的互动关系上，有时候却是遵循"会闹的孩子有糖吃"这句话。如果有一方暗自生闷气或过度包容，只会更加招致心中怨气日渐郁积，终会爆发。其实，只要时间、地点、方式恰当，适时地发顿脾气可以发挥很大的效用，因为小小的怒，有助于管理及调整两性的关系。比起酸溜溜的冷嘲热讽，突如其来却适可而止的一顿气，对于爱情的主导权，反能收到立即见效的结果。

对待"感情劲敌"，适当地顺水推舟

恋爱时，我们需要以一种成熟、睿智的眼光去看待恋爱中出现的问题，不要一遇到感情上的挫折就开始主动放弃或者怨天尤人，我们应该密切而冷静地注视着周围的动向，沉着、理智地应对突如其来的变化。

当我们的恋情受到阻碍，而一般的方法已经无用时，我们需要用一些技巧把问题"艺术化"。何为艺术化，就是化被动为主动，化不利为有利，用与众不同的戏剧性手段来有效处理感情中出现的危机。这些计谋中比较有效的一招就是顺水推舟。它是指如果感情中出现了让自己觉得很棘手的感情劲敌，我们不妨适当地推动一下不利局面的发展，在人前塑造自己苦情的受害者形象，在恋人前表现自己大度得体的一面，将竞争对手置于进退维艰的局势，最好还能化劲敌为好友。

李江与妻子马莉新婚燕尔，两相依偎，小日子过得幸福美满，小两口活得轻松自在。夫妻俩很少干涉对方的兴趣爱好、人际交往，给彼此都留有适度的空间。

李江酷爱跳舞，经常与朋友相约去舞厅。有一次他们三男一女四个人去了舞厅。到了舞厅，那个女孩子在舞厅里转了一圈，便带来两个女孩。李江和其口一个漂亮可人的女孩跳了几曲。舞会中间，他们谈了各自的工作，彼此有了初步的了解，都对另一方有了一定的好感，于是他们互通了各自的姓名、电话。舞会散后，彼此高兴地道别。

一个陌生的姑娘就这样走进了李江的业余生活。李江频繁地给她打电话，约她一起跳舞。有时候李江带去舞厅的朋友多了，她也会义不容辞地把自己的女友张罗来。

起初，马莉不以为意，还经常与丈夫开玩笑打趣："唉！这么漂亮的姑娘被你'看'上了，她可真是太可怜了！"听了妻子的话，李江便马上露出一脸无奈。

可是，日子久了，马莉渐渐感觉到了一种无形的压力，丈夫与那位姑娘密切频繁的约会逐渐刺痛了她的心。她想强装大度，却无法掩饰那种从骨头里面渗透出来的酸意。马莉苦恼了一段时间，最后觉得与其自己在这里自怨自艾，不如想办法给丈夫制造舆论压力，让他心有顾忌，同时，还得找个机会认识一下自己的"情敌"，探其人品，如有可能就将她变成己方的战友，共同"抵抗"丈夫。于是，马莉提议请丈夫的舞友和那位女孩吃一顿饭。

之后，在饭局上，马莉不仅"篡位"成了主持人，让大家顺利入座开餐。还亲热又轻松地和女孩聊了起来，一场饭局下来，马莉和那位姑娘竟混得像老朋友一样。妻子的做法令李江很惊喜，觉得妻子不仅不限制自己和异性朋友交往，还能有这样的胸襟，着实让人敬佩。

此后，马莉经常把那个女孩带回家里来，并且为她创造了一个极不见外的环境和气氛。她们在一起动手做饭，一边吃一边说笑。渐渐地，她喜欢去找马莉，她下班后回家的路上总是绕到马莉的单位去，而马莉下班后，又会再绕一段把她送回家，两人亲密无比，成了很好的朋友。李江依然喜欢去跳舞，依然喜欢和她去跳。马莉对此极为大方，有时还通过她在宾馆工作的同学弄一些舞券来，让丈夫和她去跳舞，她却从来不去。李江的朋友们对此羡慕不已。李江也渐渐明白了妻子的"良苦用心"，以后对妻子也更加关爱，夫妻关系又如当初。

马莉这种顺水推舟的做法其实有种未雨绸缪的功效。既可以将有可能出现感情危机萌芽的"劲敌"拉到自己朋友的行列中，又可以在爱人面前展示自己温柔体贴的一面，让男人觉得自己拥有着绝对的自由。这种不被约束的感激，就会化成对妻子人品的肯定，以及对两人之间坚贞爱情的认可。

两人交往时，其中的一方总希望另一方能够坚守"男女授受不亲"的礼教，有一些独占欲较强甚至会因一时误会便盯梢、跟踪恋人；或听信流言飞语无端怀疑恋人的交际；或不准恋人与异性接近，限制其社交；或捕风捉影、胡乱猜疑恋人的不轨。

与其做出这样的人身控制，给对方造成不必要的压力，还不如顺水推舟，要知道，人类的本性是越被禁止越想拥有的。这时，我们有技巧地顺着对方一些，暗下使出一些心思和手段。让平淡的日子变得丰富多彩，让恋人之间的关系变得越发融洽，让感情基础更加牢固。

第二节　爱不能一厢情愿，盲目付出

与恋人交往，要观察其对家人的态度

恋爱交往时，双方势必会接触到彼此的家人，在这个过程中，我们可以看到彼此的家庭状态，同时，我们也要学会观察恋人对自己家人的态度。男友或者女友对待自己家人的态度，可以十分间接地表现出恋人的某些观念或者想法，这对我们明确、理性地看待自己的恋人有较好的帮助。

从一个人对家人的态度，就能够看出对方对生活、对工作的态度。有些人关心家庭、爱护家人，即使工作再忙，也会抽时间和家人一起吃饭。家庭是他们心灵的港湾，家人带给他们快乐，他们会以家人为骄傲，在和同事出游、和朋友谈心、和领导聊天的时候，他们言语间总会不自觉地说起自己的家人。这样的人，对待生活很认真、很乐观，对待工作自然也不会差，因为有家人在背后支持着他们。

另外，还有一种人，他们很少提及家人，你几乎不知道他还有姐姐或者弟弟、妹妹。这样的人，一方面可能是由于其他的事情太多以至于忽略了家人，另一方面可能是因为受过伤害，比如，孤儿或者父母离异，或者家庭不幸福。就前者而言，在当今社会，现代人承受着巨大的工作压力，他们也许会因为工作而缺少对家人和家庭生活质量的关注，但如果因为工作而忽略了家人的感受，即使工作上再成功，也还是最大的失败者。

几乎每个成功的人，都会反复强调家人的重要性，他们对家人充满着爱与感激，可见家人在一个人的成功过程中起了多么重要的作用。但也有一些人，虽然也在不住地提及家人，但他们强调的不是对家人的爱及感激，而是向人炫耀自己家的显赫地位及巨额财富。这种人信奉"背靠大树好乘凉"，不想靠自己的努力，只希望借着家人的东风平步青云，事实上，他们永远不会有真正的成功，一旦家里的支柱垮了，他们就有可能变得一无所有。

一个人，在什么情况下提及家人，这与他对家人的态度、他对生活的态度是紧密相关的。有些人在外人面前表现得和蔼可亲、温文尔雅，而在家人面前却很容易发脾气，在外工作不顺或受气后，把这些坏情绪转嫁给家人，使家人的身心受到损害。他们认为，在外面不论喜欢不喜欢，都得戴上面具忍气吞声，好不容易回到家里，终于可以舒一口气了。他们会认为家人就应该接纳自己的所有负面情绪，让自己发泄，如果家人稍有微词，他们就会觉得家人不理解自己，就会对家人产生怨气，就不再以家人为骄傲，也会很少对别人提及家人。

须知，家庭和工作同样重要，只有那些重视家庭的人，才能拥有快乐的家庭生活，也才会有良好的工作绩效。作为一个聪明人，要想走进对方的内心世界，判断他／她是否是自己心中的那个人，分析自己的眼光和选择是否正确，我们可以从观察恋人对家人的态度开始。

爱对人，才不会爱得绝望

随着人们观念的更新加快，婚恋观也随之发生着变化。在传统的观念里，我们在与一个人交往之前，总会在心理衡量：这个人应不应该爱，和他／她一起有没有未来，是交往的前提。

如今，越来越多的年轻人高喊着"爱情至上"的口号，爱着不该相爱的人，不问结果，美其名曰为爱情付出一切也在所不惜。殊不知，最不过是以悲剧收场，受伤的是自己那颗脆弱的心，耽误的是自己的大好年华。

总有女孩子爱上了多情的已婚男人。也许一开始，她也拒绝也犹疑也冷若冰霜，但成熟体贴的他知道如何得到女人的心，于是他把礼物频频送来，他的问候日日传达，他的关切汇在点点滴滴……扛不住了，没有恋爱经验的年轻女孩子怎么会拒绝一个看起来还不错的男人的爱。

不合适的恋爱实在不应该开始，否则便是负累，是一辈子的债！虽然每个女人在涉足一个已婚男人家庭的时候总是会说：我不要结果，只要拥有过足矣。说这话的女人多半是还没有爱到深处。情，最怕不知足，但有情人却最是不知足，得一想二，得二想三……只是，命运，没有那么宽容大度的。

张华在幼年时，父母就因感情不和离婚了。跟着母亲生活的她，尽管学习成绩一直很优秀，加上她天生一张漂亮的脸蛋，苗条的身材，一直是学校众多男生追求的对象。可是她对同龄男生却没感觉，也许是因为张华人生中缺少父亲的角色，在她的潜意识中，总幻想着自己的另一半成熟稳重，懂得包容与呵护自己。

大学毕业后，张华凭着优秀的成绩考进了一所事业单位。报到第一天，她被分到办公室工作，在这里，她见到了第一个让自己心动的男人，他就是办公室主任姜伟。她清楚记得那天的情景，姜伟穿着一件方格衬衣，看样子不过三十出头。

　　姜伟把她介绍给各位同事说："我们办公室里来了一位漂亮的才女，以后大家工作起来更有信心了。来，让我们用掌声迎接新成员的到来。"短短的几句话，活跃了办公室的氛围。随着后来的接触，张华感到主任还是一个能力超强的人。工作起来很严厉，可对她的态度格外温和。一次，姜伟安排张华写篇会议材料，结果她连续忙了三天也没弄出像样的稿件。姜伟知道后，不但没责怪，反而手把手地教她，直至帮她把材料写好。张华心里很是感动，心里涌出一种莫名的情愫。

　　从这以后，张华开始关注主任的行为举止，有时竟不由得傻笑不止。后来，她从同事处了解姜伟的家庭情况。原来他已42岁，妻子是一个中学老师，一个女儿已经上中学。张华虽然时时提醒自己打消不应有的念头，却仍忍不住要接近他。

　　不久，单位来了两个外出培训名额，姜伟以张华新进人员需要学习为由，安排她和自己一起前往。到了外地，两人有了进一步的接触，姜伟主动向她讲起自己的家庭。他说妻子性格泼辣，不懂得温柔和体贴，他对这段婚姻深感疲倦，却无人诉说……

　　一次，姜伟的两个朋友听说姜伟来到自己所在的城市，提出晚上聚一下。张华以姜伟同事的身份随其前往，期间有人借着酒劲开玩笑说："姜伟，你小子是不是有私心，培训还带着这么漂亮的同事。"姜伟一脸尴尬的表情，忙着否认，可张华听到这话心中暗喜。

　　在回酒店的路上，姜伟把张华抱在怀里，说："其实他们说的都是真的，我从第一次见你，就喜欢上了你。可在单位人多嘴杂的。这次我带着你出来，只是想单独跟你待几天。"张华感动地说："其实，我也喜欢你。"

　　从那晚以后，两个人在单位装作什么都没发生，下班以后不是一起到偏远的地方吃饭，就是买些快餐到较远的海边野餐。正当她们一次次沉浸在这不光明的欢愉中时，姜伟的妻子突然撞破了这段私情。

　　一天，姜伟的妻子突然找到单位，当着单位众多同事的面，拿出他们在一起的照片。还趁机抢过姜伟的手机，读了几条他们的传情短信。姜伟只得当众向妻子保证以后不再发生这类的事情，张华一时羞愧难当。

后来，姜伟为了平息妻子的怒气，竟然给张华的实习评价为不合格。单位领导为了不让事态更严重，只好辞退了张华。姜伟本人对张华也是避而不见，甚至把手机都换了号码。

从这个故事我们可以看出，多情的男人未必重情，多情男人说到分手亦显得绝情。"小三"的爱情，唯一的维系就是"爱"，当爱消失了，我们将输得一无所有！别信热恋中男人嘴里的"责任"，有爱的时候有责任，无爱的时候他比谁都能做到绝情。

越多情的男人越无情。想想看，这厢里跟你说着"爱"，那厢里另一个女人必然守着空房一盏孤灯难耐。仅凭这一点，这个多情的男人，所有优点都该打折扣。因为，他对一个女人的好，是建立在对另外一个女人的"坏"的基础上的。

人生有些经历很美很美，但并非所有经历都有结果。处在情感路上的人哪，如果爱错了，请及时回头，不要被男人们的花言巧语所迷惑，清醒一点，看清他虚伪的真实面目。

爱情可以付出，但不是盲目牺牲

很多人认为，爱情就是不问后果为对方做任何事情，好像只有我们为对方牺牲得越多，表明对爱人的爱就越深。于是，我们常常在电视剧看到这样桥段：一对正在热恋中的情侣，当女人遭遇了重大磨难，男人就不惜以自己的生命为代价去为对方做任何事情，结果是被帮助的女人顺利渡过难关，而男人却因此永远失去了生命，留下的女人沉浸在痛苦中无法自拔。如此一来，男人的牺牲虽然为女人换得了活在尘世的机会，女人却再也无法幸福、开心的生活。我们不禁怀疑：爱情是牺牲吗？如果是，付出这样代价值得吗？那么爱情到底是什么？

从科学的角度来说，爱情的产生缘于我们人体遭遇到某些刺激，而分泌出一种叫作多巴胺的物质，这种物质能够带给人非常"愉悦"的感觉，能够让人的幸福感和快乐指数飙升。

世间万物皆有度，多巴胺也不例外。它能够保持旺盛分泌的年限最多不会超过30个月，也就是说3年的时间。在两个人爱得昏天黑地的时候，一切的所谓的"自我牺牲"带来的弊端都隐藏在多巴胺的下面，我们只是看不到它的危害。

智慧的恋人，或者被多巴胺迷惑受到伤害的人们，在人生中学会防微杜渐，会让自己在满脑子都是多巴胺的时候也保存一丝理智，我们要清醒地意识到，爱情不拒绝付出，但不能盲目牺牲。

古人宰杀了牛羊猪，用"牺牲"来表示对祖先神灵的虔诚和敬畏，这种牺牲的本意是为了某种信仰，舍弃、捐弃重要财物的一种崇高的行为，后来人们把"牺牲"这个词引申成为了正义的事业和伟大的目标而舍弃生命的一种不计报酬的自我毁灭。

恋人之间既不属于不计回报，也都好生生地不断制造着痛并快乐的感觉。牺牲从何而来？千万不要拿牺牲说事儿，否则会把钉在十字架上的他老人家气得下来溜达的。

恋爱是属于人际关系当中最为高级的形式。既然是人际关系，就属于人与人在相互交往过程中所形成的心理关系，人际交往中再亲密的两个人，也会有各自的私人空间。

适当的人际距离就好像传世的中国水墨画当中的留白，是画龙点睛必不可少的一抹精彩。不管男人女人，给自己的爱情留白，就像是给自己留点私房钱一样合情、合理、合法。

这个私人空间在我们的爱情世界中是必须存在的。这不是为了让你给对方留下一个出去鬼混的空间，不要混淆概念，这是让你给对方留下一个压力释放的空间。这个压力或许来源于审美疲惫，或许来源于人际压力。

一对中年夫妻前去参加一个宴会，当妻子在得知丈夫要带自己出席这样的一个正式活动的消息之后，就在为自己策划着，穿什么衣服，做什么发型等。

整整一个星期，妻子不是逛商场就是去美容店，直到出发前，再次将自己从头发到指甲武装一新，她问在一旁百无聊赖地翻书等候的丈夫："亲爱的，我在你眼中还是那么美吗？"

丈夫用眼角瞟了一下妻子，对她说："还可以，但我感觉不明显。我们夫妻十年，别说你了，就算嫦娥让我看十年我也觉得她就是一个女人而已。"

也许我们觉得丈夫真不会说话，但不可否认他所说的是自己的真实感受。他的意思不是嫌弃妻子不如嫦娥那么漂亮，即使是再美丽的东西，时间长了，也会产生视觉疲劳。我们常说熟悉的地方没有风景。我们的视觉器官或者味觉器官在经受了一种物体的反复刺激之后，对这个物体不论以什么形式或者包装出现都不会显得惊讶。

爱情是双方的，并不一定牺牲一切，爱人之前先要学会爱自己，试问一个连自己都不爱的人，又拿什么去爱别人呢？爱人之间应该保持一定的距离，彼此间留有一方私人空间，这样能给对方新鲜感、神秘感。

过了恋爱观察期再交心

恋爱时，正确了解自己的恋人，是判断对方是否能给我们带来幸福的那个人，以及两人是否能长久交往下去的先决条件。恋人从确立关系到关系升温再到可定终生，其实是需要一个过程的，这个过程可长可短，主要是要看我们是否在这一个过程中用心观察，然后作出明确的关系裁定。

许多人在确立关系的开始对自己的恋人十分的欣赏，但是，随着两人相处时间的增加和对彼此了解的加强，我们会发现许多问题。两人可能逐渐有了矛盾，或许是生活习惯，或许是价值观。在这个磨合的过程中，有人走向长久，有人分道扬镳。坚持到最后的是因为自己对对方的观察和判断，而没有结果的则是在观察中发现了一些势必分离的因素。

那么，我们应该怎样观察对方及其生活，才能真正做到综合考虑、整体思量呢？

第一，从生活上观察他／她，看对方是邋遢还是整洁的人。比如，从他／她房间来看，有些什么摆设，干净还是脏乱。如果有些东西摆得整齐，床却凌乱，有可能只是这一段时间比较忙，没有收拾床铺。如果全都很脏乱，有些甚至堆满了灰尘，那我们就要小心了，这说明他／她可能是个有着邋遢恶习，并且生性极度懒惰的人，那么，我们就要想好了，恋爱时可以不用在乎，但是以后就难说了，自己有信心和这样的人生活在一起吗？自己能长期容忍或改变他这种脏乱的习惯吗？这是要付出很多精力的。

第二，从他／她的言谈举止观察他的个性。说话做事可以透露出一个人的性格。如果他喜欢在我们面前充满温情地谈起自己的家庭、朋友、同事，这种人往往有耐心。如果他喜欢对别人品头论足，看不起任何人，听信传言，甚至对别人的遭遇幸灾乐祸，这种人往往很自大、自私，不如趁早离他远点。说话爱讽刺别人的人，其实是借贬低别人抬高自己，这类的人心理可能会有不健康的地方，而且也从潜意识里表现着其对自己没有基本的自信。

第三，有些人爱无缘无故发火，有时冲着电视节目喊叫，还可能对餐厅服务员微小的失误大叫大嚷，咄咄逼人。这样的人对自我情绪的控制能力较差，也可能潜藏着精神方面的隐患，有发展成抑郁症的危险。

第四，如果他／她不是我们的初恋，那就要注意他／她对前任恋人的言谈了。一般来讲，总是会说自己前任情人坏话的人，人品是很值得质疑的。既然曾经相爱，为什么要诋毁其名誉？尊重自己以前的恋人，才是大度的人。但如果对方总是在我们面前说前任的好话，赞美之余似乎还有一些思念之情，这有可能说明他／她对前任仍旧情难忘。

第五，在行事上也可以观察对方。从某种意义上讲，人们对工作的态度就是对生活的态度。凡是在工作上稍不顺心就跳槽的人，几乎可以预料在感情关系中他不会是首先让步的一方，总要我们先做出妥协。所以，这样的人，我们就要从长考虑了。

第六，从他/她对孩子的态度观察他是否有爱心。有人说，喜欢孩子的人，是比较有爱心的。这个说法有一定的道理。通常嫌小孩麻烦，拒绝与小孩亲近的人，我们就有理由去质疑对方的责任心、仁爱心。

第七，从对方是否守时，观察他/她对我们的用心。如果两人每次约会，对方都总让我们等待，并且自觉这是理所应当的事情，发生这种情况，如果不是对方太没有时间观念，那就有可能是我们在对方心里的分量并不够，或许他/她觉得自己的时间比我们的时间更重要，无论是哪种解释，这都足以见得对方对我们缺乏最基本的尊重。说白了，就是对方可能并不是那么在乎我们。

韩剧《浪漫满屋》中，民赫对智恩说："可能你不知道，我是个很忙很忙的人，但每次见你，我都会空出时间来。"他的话说明了一个道理：一个人若真爱另一个人，绝不会以忙碌为借口阻挡两人的联系！

第八，从他/她的消费及对金钱的态度，观察他的处世态度。大方不一定是好事，但是小气到抠门、吝啬到绝情、抠门到不择手段，那么，对大多数人来说，这样的人就一定是不受欢迎的。小气的人一定会让我们难以忍受，他们会在感情方面斤斤计较，甚至有时会表现出钱比恋人更重要的行为。这样的人，我们怎么还能够求得与之安稳长久？至于挥霍无度，经常透支，甚至负债累累的人，更不可与之交往，这类人通常不会有什么家庭责任心，最后受伤害的只会是我们自己。

所以，在恋爱交往中，我们要学会理智地观察、分析、判断自己的恋人，看看对方是否是自己能够长久发展的恋爱对象。

挑老公，多点现实少点浪漫

世界上有成千上万的男人，都可能成为某个女人的好丈夫。但这并不是说每个男人都是好男人，而是说只有那个与你相宜的男人才是你生命中的好男人，才能给你一生的幸福时光。作为女人，在挑老公时，务必要抛却浪漫不切实际的幻想，多点现实，只有植根于现实土壤的婚姻才能开出美丽的花朵。

女人知道只有嫁给一个好男人才能有幸福，那么什么样的男人才算好男人？根据无数女性的切身体会，总结出以下 4 种值得女人爱的男人：

不太在乎你容貌的男人

岁月是女人的敌人，男人四五十岁的时候魅力有增无减，而你，再美丽的脸也会起皱。相反，如果他首先在乎的是你的内在气质，他也会发现，你的魅力将随岁月渐增。

不太会谈恋爱的男人

人不是天生就会谈恋爱，太会谈恋爱的男人，说明其情场经验丰富，这样的男人更适合做朋友。如果一个男人为给你送花在楼下傻等半小时，而玫瑰又错买成月季，没关系，他心里送的是玫瑰。

诚实但不太本分的男人

本分的男人是为一种信念而活，他们只做自己应该做的事，而不是自己想做的事，大凡本分男人都有太多的清规戒律，你若爱得深了，他会使你哀怨；你若爱得浅了，两人倒可以浅在一处，只是，这样的爱情不是生涩就是了无生趣。另外，本分男人一走进办公室开始工作，就像一台已投入硬币的游戏机，短时间超能量地发挥着，如果这台游戏机突然停止了，那么一定是一枚叫懦弱的硬币错投了进去。

胆小、怕事、躲在墙角的男人只会招来领导和同事们的轻视，就算会给予一些同情，但也绝不会有人再为他投入硬币了。女人对过于本分的男人，虽放一百二十个心，但会觉得他小家子气，女人大多喜欢男人为生活增添更多激情。虽然女人确实希望每件事都按程序走，生活安定而且舒适，但女人也愿意偶尔"浪漫"一下。

觉得你长不大不懂事的男人

他对你的呵护像盐入水一样化在生活细节里，他会把你看成是一个永远长不大、不懂事的孩子，凡事为你瞎操心，不是因为对你没信心，而是因为爱。如果哪次你因为不小心淋了雨，感冒发烧，他会发火，这更表明他是最疼你的。

婚姻是一般人的普通问题，适合做女人丈夫的男人，绝非前无古人后无来者的异类。就像我们是早已存在的普通女人，而那些普通的男人也已安稳地在地球上生活很多年了一样。我们不单单是一个人，更是一种类型，就像喜欢吃饺子的人，多半也热爱包子和馅饼。玫瑰花和百合种在一处，彼此都花朵繁茂，枝叶青翠。但甘蓝和芹菜相克，彼此势不两立；丁香和水仙花，更是水火不相容；郁金香干脆会置毋忘草于死地……如果你是玫瑰，只要清醒地坚定地寻找到百合种属中的一朵，你就基本上获得了幸福。

当然了，某一类人的绝对数目虽然不少，但地球很大，人又都在走来走去，我们能否在特定的时辰，遇到特定的适宜伴侣，也并不是太乐观的事。

女人不要把一生的幸福，寄托在婚前对男性千锤百炼的挑拣中，以为选择就是一切。对了就万事大吉，错了就一败涂地。选择只是一次决定的机会，当然对了比错了好。但正确的选择只是良好的开端，即使航向对头，我们依然还会遭遇风暴。海水没了，船橹漂走，风帆折了……种种危难如同暗礁，潜伏航道，随时可能颠覆小船。选择错了，不过是输了第一局。开局不利，当然令人懊恼，然而赛季还长，你可整装待发，蓄芳来年。只要赢得最终胜利，终是好棋手，这就需要你用更多的"心计"去经营爱情。

婚姻不是终生的平安保险单，爱情更是需要养护、需要滋润、需要施肥、需要精心呵护的鲜活生物。就像没有永远的敌人一样，也没有永远的爱人。爱人每一天都随新的太阳一同升起。越是情调丰富的爱情，越是易馊，好比鲜美的肉汤如果不天天烧开，便很快滋生杂菌以至腐败。

只要勤劳敬业，就有千千万万的职业适宜我们经营；只要善待他人，就有温暖的手在危难时接应；只要做好准备，希望就会顽强地闪光；只要有自知之明，就会找到适合自己的男人；只要真诚相爱，就会体验到相伴的幸福。

认识"好男人"的坏心思，不被表象迷惑

美国社会学家格雷尔指出："人们通常可以通过两个途径了解一个人，

一是所谓的路遥知马力，在长期交往中了解对方为人；另一个途径是，仅从一些简单的非语言性的迹象中看穿他。通过解读他的行为方式，就可以十拿九稳地确知他的本性。"显然，"路遥知马力"在女人识别男人这里是不管用的，因为男人会竭尽全力掩盖坏的一面，而第二个途径却不失为一个很好的选择。

每个人的性格中都会有好的一面和坏的一面，当男人和女人相遇、相恋时，许多男人会掩藏自己坏的一面，以好的一面去博得女友的欢心。一旦结了婚，男人的另一面就会自然流露出来，使许多女人大呼上当。那么，如何在恋爱时期就识别男人的好和坏呢？

第一，越爱炫耀自己如何能干的男人，越可能爱慕虚荣，比较偏激。美人配英雄，事业的成功是男人的勋章，也是许多女人给自己预订的彩礼。正因如此，男人喜欢夸夸其谈地讲述他的才能、成绩、聪明，这耀眼光环可以放大他在我们面前的形象，的确使自己为这光环倍感自豪，从而忽略了"一流"背后的脆弱。而事实是，许多时候，一个男人在一个女人面前炫耀自己的出众，只是为了强调自己比别的男人强，而这本身就反映了男人的自卑心理。

娟的男友不让她说他的任何不尽如人意的地方，否则他就感慨自己怎么找了个如此不懂欣赏的女人。久了，男友的这份"虚弱"让娟徒生厌倦，最终两人还是分手了。

第二，很讲究穿着打扮的男人，往往只会考虑自己的感受。许多女性认为：讲究衣着服饰的男人，常常给人一种热爱生活的印象，与这样的男性结合，家庭生活会有一份轻松。然而事实是，许多时候这样一个很关注自己的人，往往是很难把注意点投向别人的。也正因如此，他很少关照、理会别人的心理状态和感情世界。

梅与丈夫伟是高中同学，伟是某大型企业的经理，他们俩都已经接近50岁了，但伟依旧风度翩翩。每次朋友聚会，总有人说他吃了人参茶。但反观同为同学的梅，却是一脸的沧桑。对朋友"你也太不顾及夫人"的调侃，伟的回答总是"我自己都顾不过来呢"。这样的话正验证了梅的感慨："他总是游离于生活之外，仿佛我和子女都与他不相干。他的任务只是照顾他自己。"

女人不要只看到男人的外在形象，在决定是否要和他进行深入交往时，要冷静地进行分析，他是在欣赏自己对我们的吸引力，还是被我们所打动，这关乎他以后在婚姻生活中会对我们采取何种态度。否则，婚姻中"引进"的可能只是一个中看不中"用"的模特儿，一个只要权利不尽义务的特权分子。

第三，越细腻、中肯的男人越可能是事事计较的人。言谈中肯、心思细腻的男人，女人常常觉得他细微和体贴，是一个可以托付终身的男人，而忘记了他细腻的"广泛"性，当他为我们准备出门的行装时，他也可能会因我们买了他不喜欢的服装而喋喋不休。他能领会我们最细微的情感，也就会为我们无意中说的厉害话而烦恼纠缠不已。他可能是主动下厨并以此为乐的男人，但也最可能为菜价的贵贱而唠叨不已。他的细腻"惠及"生活的每一个角落。

辩证法讲凡事都要看事物的两面，然而生活中最常犯的错误就是，我们只看到事物的一面，而忽略了另一面。如果我们是一个骨子里信奉传统男性角色的女人，那我们定不可能容忍一个对生活每一个细节都要插手的男人。如果我们是一个主外型女性，那他也许能弥补我们的某些粗心大意。

第四，喜欢强词夺理的男人，责任感往往不强。面对发生的错误事件，他能找出许多合理的解释，此时我们也许会为他的理性所打动。但要注意的是，这样的人常常是没有责任感的。一般来说，出现问题，人们通常的反应是就自己的错误道歉，请求原谅。而在这类人那里，他多半会寻找诸多的解释，为自己开脱。二者的区别就在于一个能体谅别人，一个以自我为中心。不要小看了这种归罪于人的习惯，在恋爱甚至是婚姻中，它会让我们陷于"红颜祸水"的旧套。不要只欣赏他的能言善辩，更要了解对方在其个性中表现出的人情味，毕竟我们不是和律师生活在一起。

所以，女人在情场上一定要擦亮双眼，识别那些"好男人"的坏心思，透过现象看本质，不要被外表所迷惑。

第三节　谎言，要看破不说破

眼睛是台测谎仪

在识破谎言的试验中，大多数人都会注意说谎者的眼睛，看说谎者是否直视自己。持续长久和躲躲闪闪的目光接触都是对方在说谎的重要标志。

一般来讲，谎言研究学者认为：回避目光交流，或是低头不看对方，或是明显地把头偏向一侧，说明这个人不坦诚。

这种说法有一定道理，说谎者也许不会与你对视，他担心这样会增加不安感，于是眼睛就会四处张望，目光游离不定。

确实，如果一个人撒了谎，他在与别人对视的时候，心里必然紧张，就会反映在眼睛里。所以，说谎者本能地转移视线，以消除紧张感。

眼神的判断，有时候也不那么准确。

有一些善于说谎的人，在说谎时眼睛仍然紧紧地盯着对方，显得是那么从容不迫，游刃有余。经常说谎的人也能做得很漂亮。因此，眼睛与对方保持"胶着"状态的人，并不总是诚实的。

关于如何从眼睛中辨别谎言，这里有一个绝招。无论说谎者的演技多么高超，他也无法掩盖这一点。人的瞳孔会随着情绪的变化而相应的放大或缩小。瞳孔的这种变化是人无法控制的，因此只要我们留意观察对方的瞳孔，就能断定他是否在说谎。

除此之外，眼神的方向也能帮助识别谎言。

眼神的方向显示了大脑的不同部位在活动，几乎不可能作假。大多数惯用右手的人在回忆时，使用左脑，眼睛望向右侧；编谎话的时候，用右脑，眼睛望向左侧。简单来说，惯用右手的人说谎时向左看、左撇子说谎时向右看。这个动作是识别谎言的重要信号。

观察他的面部表情

通常，人的面颊的颜色会随着情绪的变化而产生相应的变化。其中，最明显的是变红和变白。

人们最常见的面颊变红经常出现在害羞、羞愧或尴尬等情形中，脸红也是愤怒的表示，愤怒时，面颊瞬时转为通红而不是由面颊中心慢慢扩散开来。当愤怒中的人们想极力抑制自己的怒气和克制自己的攻击性冲动时，其面颊肤色会变得苍白；当人们惊骇时，面颊肤色也会变得苍白。

面颊肤色的变化是由自主神经系统造成的，是难以人为控制或掩饰的，但他所要隐瞒的也可能正是羞愧或惊恐本身。

另外，表情的时间长短也可反映出说谎的印迹。它具体包括以下三个方面：表情的停顿时间、起始时间（表情开始时所花的时间）和消逝时间（表情消失时所花的时间）。

停顿时间长的表情很可能都是假的，比如 10 秒钟或 10 秒钟以上的时间，甚至是停顿 5 秒钟的表情也可能是不真实的。

除了那种极其强烈的情绪感受，比如欣喜若狂、勃然大怒、悲恸欲绝等之外，自然的表情都不会超过 4 ~ 5 秒钟。而且，即使是非常激动的情绪，其表情也不可能持续太久。只有象征性表情和嘲弄式表情是长时间地存在着的。

表情的起始时间和消逝时间的长短是没有固定标准可言的，如果惊讶的表情是真的，则可能起始时间、停顿时间与消逝时间都很短，加起来还不到 1 秒钟。

有研究表明，一个人在说谎时很少会笑，即使笑了，也是假装的，强装笑脸。怎样区别真心的笑容和伪装的假笑呢？

真正发自内心的笑，眼睛周围会堆起皱，而强装的笑脸则不会有面部肌肉的配合，看起来十分生硬。

虽然发出了笑声，但眼睛丝毫没有笑意，这是典型的假笑。因为眼睛里的笑意是发自内心的，没有人能装得出来。

那么为什么很多人在说谎时都装出笑嘻嘻的样子呢？唯一合理的解释就是笑脸是装出来的，目的就是为了迷惑对方，隐瞒谎言。

诚实人的笑是无所顾忌的，同时具有感染别人的力量，而说谎者在认为自己需要装出笑脸时，他的笑就不是发自内心的，从中我们就可得出结论：他在说谎。

首先，发自内心的笑会使眼角起皱，而装出来的笑不能牵动眼角的肌肉，即使牵动了也是僵硬的，而且转瞬即逝。

其次，假笑能保持特别长的时间，因为假笑缺乏真实情感的内在激励，所以很难知道其何时结束，而且，常常有眼睛和口、面部表情和肢体动作不一致的情况发生。

再次，对于大多数表情来说，突然的开始和结束就表明人们在有意识地运用这种表情。最后，假笑时，两颊的表情常常会有些不对称，习惯于用右手的人，假笑时左嘴角挑得更高，习惯于用左手的人，右嘴角挑得更高。

伪装的笑容常常与说话的内容、说话的节奏以及说话时的手势不吻合，装出的笑脸往往显得僵硬、不生动。比如当男朋友谎称出差回来，在描述旅途艰辛时向我们一笑，我们应当马上捕捉到其中的破绽。当他笑的次数大大多于平日时，很可能是在掩饰。我们问他，他的新产品展示会进展如何，他笑着对我们说："好极了！"看来展示会进行得并不尽如人意，因为真心的笑容眉毛是随着咧开的嘴角而不扬的。

除了专业的演员，一般的说谎者都很难在笑容上抹去撒谎的痕迹，只要留心观察，我们一定能找到破绽。

从手势看他是否在说谎

心理学家指出，手势在很多时候是一种无意识的动作，能较为真实地反映说话人的心理状态。

如果我们的恋人在我们面前做如下几种动作时，我们要留心了，他可能正在撒谎。

捂嘴巴

一个人说话时以手或拳掩口，很可能表示他正在说谎。

摸鼻子

这是一种由掩嘴巴转化而来的，做这个动作来掩饰一般表明说谎者比较老于世故的掩饰动作，有的是轻轻在鼻子下方擦几下，也有的是用几乎看不见的细微动作，很快地触摸。

揉眼睛

说话时揉眼睛或者向某人说谎时避免注视对方的脸，这是一种防止眼睛泄密的方式。如男人常常会用力揉眼睛，假如是撒个弥天大谎，他还会把视线转往别处，通常是望着地下；女人则多半在眼睑下方轻轻摸一下，也许是怕把眼睛的妆弄花了。

搔颈

右手的食指搔搔耳垂下边的颈部，也代表说话者正在说谎。心理学家对这种姿势进行了观察，发现了一个很有趣的事实：说谎的人搔颈次数很少低于五次。这种姿势也许是怀疑或不能肯定的信号，表示那人正在想着：对方能否相信我所说的话。

摸耳朵

这是一种比较世故的动作。好像是不经意的动作，实际上是在掩饰自己内心的不安。

除了摸耳朵之外，也有人会揉耳背、拉耳垂或把整只耳朵拉向前面掩住耳孔。

拉衣领或拉链

在和恋人交谈的过程中，如果我们看到对方好像不经意地拉了一下衣领，我们就需要长点儿心眼，以没有听清为由，让他再重复一遍对自己说过的话。如果对方以前说的是谎言，在接下来的重复回答中会出现支支吾吾、前言不搭后语的现象。这时，再观察一下对方的神态，对方是不是在撒谎，我们就能判断个八九不离十。

美国的研究家们曾用角色表演的形式考察那些对病人的病情故意撒谎的护士。考察结果表明，说谎的护士使用这些手势的频率远远超过对病人讲实话的护士。由此可见，当人们撒谎时，他们的手势便会随之显示出一种下意识的无声信号。留意这些信号，我们会更懂得区分真话和谎言。

从话语里知道对方在撒谎

说谎的人绝不会直接告诉你他说的是谎言，而会想尽办法让你相信他说的是大实话。

例如，他们会说"坦白地说""说真的""老实说"这些词来提高自己的信誉度，让别人相信自己，但事实上他们并没有那么诚实、真诚和坦率。

"老实说，这是我能给出的最优惠条件"，但事实上他想表达的意思是"虽然条件并不最优惠，但也许我会让你相信这是"。

"毋庸置疑"，就是有理由怀疑，"毫无疑问"更是个值得提高警觉的词。

"相信我"通常意味着"如果我让你相信，你就会按我的想法去做"。一个人试图说服别人时，使用"相信我"的频率和他说谎的程度成正比。如果讲话人觉得你不相信他，或者他所说的缺乏可信度，他会总把"相信我"挂在嘴上。"真的""不骗你"这些话也是一样。例如，男人移情别恋了，当他面对女友的质问时，通常会这样说："相信我，我是真的爱你，我和她是普通朋友。"

听到"只"这样的字眼时要推敲一下，有些人会用"只"来降低后续语句的重要性，以便事与愿违时减轻自己的内疚，或推卸责任。一个男人对一个女人说"我只爱你一个人",我们都知道一个人一辈子只爱一个人,是完全没有可能的。就算我们可以保证自己现在只爱她一个人,怎么可以保证未知的今后会不会出现意外或者是变故?不管是谁如果出现了或是劈腿问题,也可以冠冕堂皇的说自己这辈子只爱以前曾经爱过的那一个人吗?如果男人跟我们说这样的话,只证明他抱有极强的目的性,希望通过这句话来获得我们的青睐,继而占有我们。所以听到男人说这样的话的时候女性朋友千万要注意了。

识别谎言的技巧

研究谎言的科学家说,大多数人每天都撒一两个谎。而且,我们极少被抓住,因为这些假话通常都微不足道。在日常交往中我们怎样才能识别对方说出的是谎言呢?

利用情绪与生理变化的关系来识别谎言

利用情绪与生理变化的关系来识别谎言的方法主要有两种。第一种,是让嫌疑人吃稻米做的蛋糕,观察他在强大罪恶感压力下咽下蛋糕的表现。如果嫌疑人被蛋糕噎住,那么他就被认为说谎了。第二种,是"嚼米审判",即让嫌疑人抓一把炒米放入自己口中,嚼碎后马上吐出来。如果这个人能马上吐出来,则证明是诚实的,反之则是说谎。其原理就是:那些撒了谎且担心被识破的人,心里比较紧张,消化功能受到抑制,唾液分泌会减少,从而吞咽蛋糕和吐出炒米时比较困难;那些诚实的人不会觉得紧张,因而他们的消化系统不会受到抑制,唾液分泌正常,吞咽和吐出食物都较顺利。

英国人通过观察嫌疑人吃面包和干奶酪的顺利程度来判断其是否说谎;阿拉伯游牧民族则根据证人作证之前用舌头舔烧烫了的铁棒的表现,来判断证词的真伪。可见利用对方的心虚来点破他的谎言是一种行之有效的方法。

用压迫性交谈方式,逼他说出真心话

如果你惧怕别人欺骗你,在与他交谈时,为了在有限的时间内尽可能地得到正确的信息,你不妨使用压迫性交谈方式,这是逼迫别人说出真心话最

有效的办法。

压迫性交谈，即是向谈话对象提出令他不快的问题，或是将对方置于孤立状态，使他做出决断的方法。换言之，就是"虐待"对方，将他赶入不利的处境中而观察其反应的方法。在危急的情况下，一般人都会露出赤裸裸的自我，也就是说，平常用来掩饰、表现理智的面具都会脱落，最后暴露出真实的想法。

想了解初次见面的人言辞是否真实，或是他对交谈的话题是否关心，可以用压迫性交谈的方法。其中，故意与对方唱反调，是最常用的一种方法。但是，不论如何探索对方的真意，如果引起对方愤怒的话，就有可能造成负面效果。如果你认为就此与对方断绝关系也无妨，或是自信能平息对方的怒气并恢复良好的关系，那又另当别论。若是情形并非如此，就有必要慎重处理了。

因此，最好的方式是借用第三者来提出反论，以避免自己提出反论时引起对方的反感。无论如何，唱反调是使对方感到不快的交谈方式，最好只在有必要认清对方的真意或人性时才加以运用。

利用对方的心虚辨认出谎言

说谎者在说谎时往往有心虚的感觉。有时候，说谎的人只有一点点罪恶感；有时候，罪恶感会很强烈，以致露出漏洞，使对方很容易揭穿谎言。十分强烈的罪恶感会使说谎的人痛苦难当，会令说谎者觉得说谎很划不来，简直像是受罪。虽然承认撒谎会受到处罚，但是为了要解除这种强烈的罪恶感，说谎的人很可能会决定还是坦白招认比较好。

说谎者因为这种难以消除的害怕感和心虚感，将会让我们成功地辨认出谎言。

男女常用的谎言词典

有一些谎言男人张口就出，几乎不经过大脑，下面把它们列出来，以便你更直观地听出男人的谎言。

男人常用的谎言词典：

1. 其实我刚刚一直在想你。（想着你身体的温柔。）

2. 我绝对不会告诉别人。（哥们儿除外。）

3. 你的过去我不在乎。（如果你没做什么坏事的话。）

4. 你是我的唯一……（唯一不知情的。）

5. 我加班还不都是因为你？（跟别的女人应酬真是辛苦啊！）

6. 我还是想跟你在一起。（即使现在已经有了其他女朋友。）

7. 从来没有人给我这种感觉。（他有健忘症吧！）

8. 没有你，我会疯掉！（等到不想要你的时候，就会痊愈。）

9. 我一定会离开她的！（等你死了以后吧！）

10. 我跟她只是玩玩，我跟她之间没有爱。（他敢说，你敢听吗？）

11. 我不会做出对不起你的事。（他大概不清楚"对不起"三个字的意义吧！）

12. 相信我，我跟她已经分了。（他和另一个女人也是这么说的。）

13. 我绝对不会说谎！（但是也不会说实话。）

14. 你是唯一了解我的人。（不！你一点都不了解他！）

15. 我真的配不上你，你对我真的太好了！（男人乞求原谅的绝招。）

16. 我未婚。（在你没有看到他妻小的时候，他未婚。）

17. 这一次我是认真的！（又是他的口头禅。）

18. 如果没有你，日子怎么过？（过几天看看，他还不是活得好好的？）

19. 我下次不敢了。（下次可能还是这句话）

俗话说："女人的心思最难猜。"女人在说话的时候，大多是口是心非，让人捉摸不透。

让我们来看看下面女人常说的谎言：

1. 我们还是当朋友好了。（我不想做你的女朋友，但是你还有可以利用的价值。）

2. 我想我真的不适合你。（我喜欢的人不是你！）

3. 其实你人真的很好。（可是我不想和你在一起。）

4. 我暂时不想交男朋友。（你不符合我的标准。）

5. 我心有所属了。（那个人是我专门为你这种人虚构的。）

6. 我从来没想过这个问题。（我们根本不可能的，想都不用想。）

7. 你给我一段时间考虑。（不给我时间，我怎么溜啊！）

8. 你的条件真的很好。（可是还没好到我想要的地步。）

9. 你的温柔我会铭记在心的。（拜托，光温柔是没用的，还要有钱！）

10. 其实我一直没勇气接受你。（看到你差点吓死……哪还有勇气？）

11. 你真的很可爱。（你真的很幼稚。）

12. 遇到你，总会让我重温童年的快乐。（就像阿姨遇到小弟弟那样。）

13. 我们应该给彼此一点缓冲时间。（给你时间快滚！再不走我要翻脸啦！）

14. 别人都说你条件不错啊。（可我从来没这样认为！）

15. 别急嘛，我们可以先做朋友。（趁这个时候我再物色物色。）

16. 我觉得男女之间是真的有纯友谊的。（对，没错，我和你之间就真的只可能有纯友谊。）

17. 上次迟到真的不好意思。（先迟到给你看，下次我绝对不迟到。）

18. 亲爱的，你累吗？亲爱的，你忙吗？（我们说说话吧。）

19. 今天上班过得太痛苦了。（问问我这一天是怎么过的。）

男人只有熟悉了以上这些"译文"，破解女人语言的密码，才不会被女人拐弯抹角的说话方式弄得糊里糊涂。

从行为上识破男人的谎言

谎言在日常生活里常常出现，我们都希望和恋人能够真诚相待，坦白直言，但是人的心理总是相对复杂的。我们虽然不能要求对方先真诚，然后再来和自己交往，但是，我们却能够通过心理学的办法来识破谎言，从而回避情感中的种种陷阱。

男人撒谎的信号：突然对你很好

他突然对你特别好，你就要小心了。平时总是大大咧咧，连自己的生日都会忘记的他今天却突然打电话给你表示关心；一直视浪漫为虚伪的他，却突然买了贴心小礼物送你；突然陪你做他以前最不喜欢的事，或是突然陪你看他不喜欢的电影；要不然就是突然帮你烧饭洗衣，等等。这种变化一定不是空穴来风，极有可能是在消磨自己内心的不安与罪恶感。

男人撒谎的信号：频繁地找借口

他最近经常不接听电话，三天两头就消失一回，出现后又说单位有急事又走掉了，约会迟到的现象越来越严重，总以塞车当借口，诸如此类的情况，偶尔一两次也就算了，如果太频繁，你可要当心了，他极有可能在刻意隐瞒一些事情。

男人撒谎的信号：联络不畅

当爱情互动越来越少时，爱情之路必定隐藏危机。社会学家说，通信科技拉近了彼此的距离，却也拉远了彼此的距离，如果他的通信设备常常出状况，就得小心彼此心的距离是否越拉越远了。手机总是关机，家里电话总是留言状态，E-mail 又常常不回，这些"通信障碍"代表对方已经想结束你们之间的感情。

当觉察男人可能撒谎时，女人应该怎么办呢？

攻其不备，点破男人的谎言

一个人开心的时候，必然会忘形。如果一段时间以来，你都对他有所怀疑，先不要点破，按捺着不做任何反应，等他放松警惕，然后搜集证据，突然攻其不备地发难，保证他会马失前蹄，一下子无力应对，露出谎言的真相。

叫他发誓，点破男人的谎言

这个方法很简单却也很有效，大部分中国人相信发假誓后，会得到报应。当你怀疑对方说谎时，就撒娇说："我不信，那你发誓！"对方若回一句"干吗那么无聊""我又没做，你干吗叫我发誓"，一语带过，甚至还乱发脾气，那八成是确有其事，不然反应何必那么激烈呢？面对这种情况，你要冷静应对，你是因为爱才怀疑他，而他如果已经不爱了，甚至还用欺骗来对付你，那么你们的爱情也已经失去了存在的价值。

"抽查"他说过的话，点破男人的谎言

说谎会成为一种习惯，有些人就已经养成这种以谎圆谎的习惯，只不过，一个谎容易掩饰，不说，一辈子都无人知道，然而说了十个谎、百个谎、千个谎，连撒谎的人自己都会搞不清楚自己说过些什么。你只要随便"抽查"一件他说过的事，保证他会露出马脚，只不过在"抽查"时，要用点技巧，别让他产生戒心！

问他的朋友，点破男人的谎言

男人最典型的说谎方式，就是用许多根本不存在的借口来忽悠你，而且十之八九都跟他的朋友有关！说谎，一定会含有"虚构"的五大要件：人、事、时、地、物，而只有"人"这个要件存有线索可以追查。当他让你怀疑时，谎话一出，你立即询问构成这个谎言的当事人，十之八九都还来不及串供。另外，平时与对方的朋友"培养感情"，才会有"内线"告知你对方所言是否属实，所以，聪明的女人现在就开始拉拢"战友"吧！

第二章

婚姻也讲博弈论

第一节　婚前冷静思考，是避免悲剧的良药

处理好恋爱到结婚这一过程

　　从恋爱的开始，一直到走向婚姻，这样一个过程才能暂时给爱情画上一个句号，才能说我们的情路走得有了结果。那么，在这样一个过程中，就需要我们思考这样一些问题了：恋爱是从什么时候开始的呢？恋爱的时候都需要经历哪些阶段呢？恋爱多长时间后才比较适合走向婚姻呢？对这些问题，现在来一一回答。

　　对某人心动了、产生好感了，并不代表我们已经开始恋爱了。因为，这个时候只是单方面的个人感觉罢了，而不是两个人的关系确立。那么，一般情况下，我们会在什么时候恋爱呢？

　　其实，恋爱发生的时间与年龄并无直接关系，什么时候心智成熟了，人就会开始有谈恋爱的欲望。由于每个人对爱情的定义不同，恋爱的性质也就不同，持有的心态也不同，恋爱的时机也就自然不同了。在什么时候恋爱，主要取决于个人把恋爱看成是什么样的一种过程。

　　我们都说学生时代的恋情，或者说少年时候的恋情是单纯的、浪漫的、

美好的，纯洁得犹如一张白纸，没有过多的杂质在里面。等我们再长大一点，恋爱会因心理和生理的变化而发生改变。在进入社会后，各种压力使我们想恋爱或者正在恋爱时，不得不考虑诸多的因素，就业、家庭、人际关系。尤其是随着工作年限的增加和经历的丰富，爱情里要掺入的杂质就会越来越多。许多人评价早恋时常会说："这么小，懂什么叫恋爱？"因为我们习惯性地把恋爱定义为"长大之后的事情"，那么什么时候才是长大呢？其实，真正地长大不能全部用年龄来定义，而是应该用心智是否成熟来衡量。而心智的发育情况不同，每个人对恋爱的定义也就不同。

了解了恋爱时间后，如果现在我们开始恋爱了，我们的感情会经历一个怎样的过程呢？有位心理学家曾写道：一段成熟的、称得上真爱的恋情必须经历四个时期，那就是共存、反依赖、独立、共生。阶段之间的转换所需的时间不同，而且也因人而异。

在共存这一时期，恋情刚刚开始，处在升温期，两人对提高亲密度的欲求最大；到了反依赖时期后，恋人开始寻求各自的空间，并相互磨合。从表面来看，亲密度似乎下降了，但是只要共存的阶段基础打得好，就能顺利度过；此后就可能迎来独立时期，两人希望对方对自己的干涉更少，能够有更大的私人空间。最后是共生时期，这就是能够一起走到最后的情侣最终达到的状态，恋人间能够相互扶持、相互理解，已经将对方看作是自己生命中的一部分，拥有和对方一起面对未来的勇气和决心，能够理智地处理彼此间的问题，并且一起成长。

但是，由于怀疑、任性、不善沟通等问题，大部分的情感都通不过第二或第三阶段，最后两人分道扬镳。其实很多矛盾只要经过好好沟通都能得到解决，互相信任，勤于沟通，这样经历第二、第三阶段的时间就会缩短，从而顺利地进入幸福的第四阶段。

走进了第四个阶段我们会渐渐发现，两个人之间可能逐渐出现了许多以前不曾有的共同点。或许是相貌上的越长越像，也就是平时我们所说的夫妻相。或许是性格上的磨合、相通，我们本来喜欢脚踏实地的人，而对方一向比较张扬，但两人相爱后，对方竟会不知不觉变成一个踏实人；他本来喜欢活泼的女孩子，却爱上了拘谨的我们，相爱后我们竟越来越活泼。或许是生活习惯上的逐渐统一，走路的步伐有点相似，说话的语气也越来越像。走到了第四阶段的真爱是难得的，并且多数是靠经营得来的。

所以，当两个人的关系已经确定后，就需要走向更成熟的道路——婚姻。很多人因为无法掌控恋爱时间与婚姻之间的关系，而走向了关系破裂，这不得不说是一件可惜的事情。

那么，恋爱多久后适宜结婚？恋爱的时间越长就一定意味着婚姻成功吗？其实，恋爱就是恋爱，不管时间多长，由于角色不变，我们终究不会获得更多的信息。也就是说，只要不改变恋爱的现状，我们是不会了解对方在婚姻中的表现的。

有一项调查显示，从恋爱到结婚所用时间的统计中，90%左右是1～3年，其中调查的恋爱类型包括一见钟情、经人介绍、自由恋爱和青梅竹马等各种情况。在这四种主要类型中，双方越了解彼此，成功率越低。另一现象是，女性比男性更喜欢恋爱的感觉，希望恋爱的时间更长，但时间长了，反而会觉得越来越不满意了。

所以，一般情况下，恋爱两年后结婚最适宜。因为结婚是一件既需要有激情又要有稳定性的事情，交往2~18个月开始谈婚论嫁比较合适，因为任何一段情感超过36个月，激情就将大大减退，这其中也有激素的作用。两年过后激素所产生的激情已然不多，更多的是责任和亲情以及爱的习惯。如果能在恋爱一年半左右开始筹划婚期，无疑可以在最甜蜜的时刻进入婚姻状态，从而增加婚姻的稳固性。

了解自己对于婚姻的偏好

人们因其价值观的不同，对事物的看法也不尽相同，婚姻也是如此。一个好的婚姻是什么？在每个人的眼里有着不同的概念。

有的人认为嫁个有钱的男人婚姻就幸福，有的人认为嫁个体贴的男人幸福，有的认为嫁个帅哥就是幸福。也就是说，每个人都有自己的"婚姻偏好"，所以女人在考虑婚姻大事时，一定要考虑嫁一个什么样的男人。

古语说："金无足赤、人无完人。"诚然，我们不可能嫁到十全十美的男人，但一定要嫁个适合自己的男人，根据自己的偏好选择一个最适合我们的男人。比如：想要一个有钱的人，就不要怕寂寞。如果我们害怕寂寞，就不要羡慕别人富裕的物质生活。所以走进婚姻之前我们首先必须考虑的问题就是，要嫁个什么样的人？什么样的人才适合自己？

假如婚姻一步走错，就可能步步皆错，而且将会给我们一生带来痛苦，所以一定要找个自己熟悉了解的男人才可托付终身。和自己熟悉了解的男人结婚，婚后的生活才能和谐相处。

草率的婚姻，对对方一知半解的婚姻，可能给婚姻带来很多的不便，甚至不幸。比如，婚后当我们发现对方有着自己所不能忍受的缺点时，只会使自己后悔，很有可能导致婚姻的失败，最终苦的还是自己。因此，当我们还不是很了解一个男人时，千万不要决定嫁给他，选一个自己了解、信任的男人来嫁，我们才幸福。

对于婚前男人所说的话不要太过于信赖，男人有一种天性，他为了要和一个女人在一起时，会答应女人提出的任何条件，即使女人说要天上的月亮，他也会说马上摘下来。女人不要相信信誓旦旦的男人，这样的男人往往不可靠。

有个女子嫁了个丈夫，结婚前她丈夫为了得到她，写情书，托朋友，答应她婚后俩人共同做家务，绝不让她独揽家务。并在众朋友面前说他这女友和他是天造地设的一对，是他的最佳拍档。

结果登记没几天男人便成了"将军"，老婆成了他的"奴隶"，早就把他婚前说的体贴话抛到九霄云外了，并且他还以如下理由说和妻子性格不合：

一是妻子要他帮忙做些家务，他说他成长在优越的家庭里，过惯了"衣来伸手、饭来张口"的生活，埋怨妻子不理解他。

二是妻子让他有空时和她聊聊天，他说他是那种喜欢"此时无声胜有声"的境界，抱怨妻子烦着他。

三是他工作特殊，平时已没什么时间陪妻子，妻子很想他有时间时在家陪陪她，谁料他说：两情若是长久时，又岂在朝朝暮暮，他甚至还抱怨妻子尽浪费时间，尤其难以容忍的是他喝醉了睡在大街上，妻子心疼他把他扶起来，他却说性格不合，本来他很想躺在地上，而妻子偏要扶他，直把妻子气得说不出话来。

其实这位女子的丈夫是那种只有自己需要时才需要女人的男人，她嫁了个这样不近人情的丈夫，周围的人也替她难过。

一个优秀的男人一定是说到做到，用行动践行诺言，而不是言而无信、不负责任的人。婚姻所维持的时间本来是日复一日地延长的，而且婚姻要影响我们大半辈子的生活，所以女人在婚前一定要弄清楚自己的"婚姻偏好"，睁大眼睛，慎重挑选好自己的如意郎君。

不同的选择，同样的幸福

早婚与晚婚，哪种更好呢？这是许多未婚男女都喜欢问的问题。但换句话说，这就等同于你问是米饭好吃，还是面条好吃一样。没有哪一个绝对好过另一个，这要看哪一个更适合其本人。选择任何一方都会有其长处和短处。

琳琳和乐乐是从小一起长大的好姐妹，从小俩人一起上学放学，甚至读大学都选择了同一所学校，毕业后又在同一所城市找到了工作。不同的是琳琳一毕业就同大学时的男友走进了婚姻的殿堂，如今孩子都已经上幼儿园了。而乐乐还是一个潇洒的单身贵族。

先说琳琳，因为结婚早，生孩子也早，琳琳现在已经从抚养孩子的劳役中解脱了出来。在之后的生活中，她能充分享受工作和个人生活的乐趣。每想到自己还要面临生孩子、坐月子，以及照顾婴儿的"重任"，乐乐现在就很羡慕琳琳。

但琳琳虽然享受目前的生活，但觉得自己的人生也有些遗憾，比如，在花样年华里，她没有谈够恋爱，也没有与单身的朋友们成群结队到处疯玩的经历。很多已婚朋友们挂在嘴边的"自己曾经辉煌的时代"，在琳琳这里是不存在的。的确，她因为早早解决了家庭问题和经济问题，获得了比较稳定的婚姻生活。"但是，既然早晚都要过婚姻生活，何不趁着年轻多享受享受自由的青春岁月呢？"有时候琳琳也会这么想。

再说说乐乐，乐乐现在在外企的工作稳定，而且还有晋升的机会，工作日乐乐高效率的工作，到了周末，她或是享受一个人的咖啡书香，或是约上好姐妹一起疯玩，日子过得既充实又潇洒。乐乐自己认为，对于她这种追求自由的享乐主义者，她对自己现在的生活基本上满意，可是毕竟乐乐年岁也不小了，但是每当被家人或是朋友问到自己的婚事问题，乐乐就有些郁闷了。

从琳琳和乐乐的心理上我们可以分析出，早婚，女人在心理上会产生归宿感。而早婚往往生孩子也比较早，不仅健康状况比较好，产后恢复起来也比较快。等孩子到了进幼儿园的年龄，妈妈可以没有后顾之忧地全力投入工作，而且因为年轻稍加努力就可以跟上社会的发展步伐，更容易找到适合自己的工作。

女人等到年纪稍大一些再结婚，也有很多好处。比如，女人对这个社会了解得多一点，在婆家就不会吃闷亏；另外，女人能把自己在社会生活中学到的经验，用于家庭关系的调整和维系，更好地适应和经营婚姻；最重要的是，年纪稍大一些的女人更能够看清楚男人的真实面目，而不会看走眼嫁给一个非常差劲的男人。

事实上，早婚与晚婚其实是两种生活方式的选择。如今这个时代，推出所谓的"适婚年龄段"似乎没什么意义了，因为大家都根据自身的状况和取向来决定结婚时间。

不能为了结婚而结婚

为了结婚而结婚？这听起来似乎是所有结婚理由中最让人琢磨不透的，那么，什么样的人会为了结婚而结婚？又是什么原因促使他们作出结婚的选择呢？

俗话说得好："男大当婚女大当嫁。"适婚男女们如果到了一定的年龄还不找对象，家长就会变得很焦虑，尤其是观念比较传统的家长甚至可能对儿女们进行逼婚；有些人在经历了种种困难之后，渴望稳定的生活，所以跟对方短短相处了一段时日，就草率结婚了；也有些人经历了感情挫折，对感情失望。他们错误地认为婚姻里爱和不爱应该是一样的，从而盲目走入婚姻。

这些人迫于现实的想法和压力，草率地走进了婚姻的礼堂，开始了婚姻生活。他们婚姻多半不是建立在爱情的基础之上，而是为了结婚而结婚才进入了婚姻。幸福的婚姻建立在爱与被爱的基础之上的，为结婚而结婚成就不了美满、幸福的婚姻。

杨丽跟丈夫结婚三年了。结婚前，他们对彼此的了解都不多。两人认识的时候，杨丽已经33岁了，她老公也快40岁了，都是受够了家人催婚的人，彼此都对婚姻有很急切的愿望，所以他们很快就结婚了。

在结婚以前，杨丽听别人说她老公很孝顺，没什么脾气，很知道心疼人，而且工作稳定。她觉得有这些就已经够了，自己在婚姻里应该不会太委屈。可是，结婚以后两个人在一起过日子，才发现事情并没有想象中那么简单。

她老公是一个很敏感的人，也特别爱吃醋，对她过去的男朋友的信息都很在意，甚至连她手机里一些男性朋友的电话都要统统清除。

在与老公结识以前，杨丽交往过三个男朋友。尽管后来都分手了，但是彼此之间也没有闹得太僵，见了面还是会打个招呼，平时也会在一些公共的场合碰面。如果不巧她见到前几任男友的场面被老公遇上了，他就好像捉奸在床了一样的气愤，甚至还威胁前任男友，让他从自己老婆的生活里消失。

她老公总是疑神疑鬼，一旦杨丽接到了男性朋友的电话，不管对方是谁，他都会抢过电话，对着电话破口大骂。有一次，杨丽的老板打来电话，希望她能走往公司处理一些紧急事务，可是她老公依然没有放过发泄的机会，把她的老板骂了一通，害得她差点儿失去工作。

他总害怕她出去跟别的男人勾三搭四。杨丽总是跟他争吵，甚至提出了离婚。可是每到这个时候，老公又像是知道错了一样求她，说是因为自己太在乎她了，所以才会那样的。双方的父母知道了以后，也从中做了协调。可是杨丽总觉得自己跟老公之间隔得东西太多了，他们的婚姻注定不会太长。

因为婚前没有过多的了解，感情上也没有相互磨合，所以杨丽的婚姻生活过得很不开心，甚至可能出现离婚的悲剧。在生活中，类似的例子不在少数。女人在承受过多压力的时候，希望找到一个依靠，这本身并没有错，错的是对这个依靠表现得太急切，行动也过于迅速。

婚姻跟爱情不同，爱情强调的是一种感觉，相对来说不够稳定，而婚姻强调的是一种理性，一种稳定性。婚姻需要爱情的支撑，同时也需要一种责任的束缚。但是，为了结婚而结婚的人，在婚姻中没有爱情作为基础，甚至两个人可能都不能做到充分的了解。有些人在别人面前表现得很好，但是回到家里就会变成另一番模样。所以，有些人适合做朋友，有些人适合做爱人。

两个人在一起生活，并不仅仅是柴米油盐酱醋茶的琐事，还需要精神上的交流。如果婚后连对方想什么都不知道，那么注定了不能很好地沟通和交流，也就不可能做到充分的理解和包容。如果精神上的交流都不能做到圆满，那么婚姻生活也就没有什么幸福可言了。

3F 男人让女人更幸福

现代婚姻观认为，爱情的国度里流行 3F 男人，何谓 3F 男人？当你的身边的男人身上闪耀着这样的性格亮点：Funny（风趣，能够在不同场合表现出自己的性格魅力）、Fearless（大胆，敢于尝试，敢于对爱和工作都勇往直前）、Foreign（洋派，工作之外，他可能是老外的标准做派），那么他就已经被打上了"3F 男人"的优质男烙印，成为爱情市场里的抢手货了。

3F，跟金钱和地位没有关系，有的是个性特质和额外奖赏，聪明又坚持，大部分女人都不介意爱上这么一个男人的，他们能带来开心和浪漫。

风趣

风趣是最缺少不了的，日复一日的生活还有工作带来的压力让女人更想拥有一个有趣的情人。女人都希望找到这么一个能带给自己开心和浪漫的男人做自己的爱情伴侣。

张峰就是凭借自己的风趣抓住了爱情。某天，他在街上偶遇一美女，目测身高 168 厘米，腿足足就有 110 厘米，在紧身的弹力牛仔裤的包裹下，那腿部的线条直接就把他击晕了。眼看美女就要走掉了，就是找不到搭讪机会，没有钱包掉在地上，甚至连一张纸片都没有，不能再拖延了，结果他冲上前去脱口而出："小姐，这块砖头是你掉的吗？"美女愕然之后大笑不已，张峰也就凭借这样风趣的搭讪敲开了爱情的大门。

大胆

3F 男人的大胆，不同于那些热血盲目青年，就想着到哪里喝个大醉，或者在健身室里练就肌肉块块起，而是不轻易放弃，对于光怪陆离的社会，总有自己的一些坚持。3F男人的大胆，还是一颗舒适生活里不安的心，促使他们去探索生活中更深层次的快乐。

小S就公开地说："大S谈过太多让她变成'宅女'的感情，无论是蓝正龙还是仔仔，没有男人可以陪她去做她想做的事情。只要一恋爱，他们就成天待在家里。"如果你找的爱情伴侣缺乏大胆的创新意识，那你也只能陪他这个宅男一起宅下去。

洋派

3F男人的洋派，是工作之外，懂得花钱去享受一些舒展的生活方式，比如参加派对、品尝美酒、参与网球或高尔夫球活动、偶尔到私人会所、郊外晒太阳、邀约朋友外出度假，等等。他们喜欢的女人也同样会享受生活，而不是独处时就顾影自怜，或是宅在家里大门不出。许多女人都喜欢男人潇洒的洋派生活作风，认为它是浪漫、潇洒的最佳体现。找一个这样的男朋友，爱情生活中充满了惊喜，幸福在不经意间弥漫。

金龟婿已经过时了，在这个生活压力逐渐增大的时代里，能给女人带来内心的幸福才是女人真正需要的，而3F男人正是具备了这样的幸福潜质。但是女人，要想征服一个3F男人，你也必须具备3F气质，才能和他找到共同语言，才能长久留住他的心。

婚前检查很重要

现实生活中，经常会有女人抱怨：结婚之前什么都好，结婚以后男人就好像变了一个人一样。有的女人自以为在婚前对男人进行了严格的考验，可是婚后还是会出现"看走眼"的现象。这种情况难道就不能避免吗？如果我们在婚前用心检查以下几个方面，就可以将"次品男"从我们的爱情里淘汰出局。

是否有严重家族遗传疾病

家族病经常是间歇性的，有的很多年都不会发作，有的是经常性的，可是因为没办法预料，就只能整天的担心着。

有一篇名为《假如还有明天》的文章中曾写道：父亲患有遗传性心脏病。在他们家，每一代人中都有人在吃饭、睡觉或者走路时毫无先兆地猝然死去。父亲没有把这件事情告诉母亲，因为怕她担心。

几年后，灾难还是发生了。父亲在加班的时候，传达室的人突然喊他接电话，并说是家人打来的。父亲心头一紧，脸色惨白，只朝前走了几步就倒在了地上。母亲赶来的时候，父亲的身体已经冷了，他的脸因恐惧和绝望而扭曲着，双眼不甘心地睁着。医生告诉母亲：亡者死于心力衰竭。

就如同故事中的母亲一样，女人若找了这样的男人做丈夫，恐怕只能整日承受折磨。而且，家族病会遗传，悲剧很可能会在孩子的身上重演。

是否有暴力倾向

电视剧《不要和陌生人说话》中，在厦门担任胸外科专家医生的安嘉和因为有暴力倾向、曾将自己的前妻打到腿骨骨折，前妻不堪毒打，被迫自杀。后来，他又跟梅湘南结婚。同样的悲剧再次上演，他不停地毒打梅湘南，一次又一次地伤害她却又不肯放她走。软弱的梅湘南不想破坏婚姻，总是忍耐，可是她的忍耐只会让她更加痛苦……

安嘉和代表的这类男性，他们有着斯文的外表，在外人面前表现得很儒雅，可是回到家里就会对老婆拳打脚踢，上演家庭暴力的情景剧。

在婚姻问题上，有的女性往往迫于社会与家庭压力，在没有与男友经过长时间的相处就草率结婚。这样快速地走进婚姻虽然解决了终身大事，却也可能为后半生的生活埋下隐患。男人是一件很复杂的"商品"，如果没有经过仔细的斟酌和考验，我们很可能会被表面的"好商品"所蒙蔽。

选择一个男人，就是选择一种生活方式

婚姻是一场华丽的冒险，如果你选对了陪同你的那个人，那么一路上将会风景无限好，否则与一个不幸的男人共度人生，人生旅途将会失色不少。所以，一定要慎重地选择将陪你度过终生的那个人，别再犹豫了，嫁给那个爱自己的人吧！

尘世中，我们常因"爱我的人"和"我爱的人"而困惑，如果有一天，要我们在他们二者之间选择其一时，我们会选择嫁给谁？我们可以从下面这个故事中得出答案。

金悦嫁给了一个她爱得死去活来的男子，生活得很辛苦。每天金悦会为丈夫打理好一切，不让丈夫操心家务和孩子。她总是挖空心思地讨丈夫喜欢，买高档化妆品打扮自己，参加各类才艺培训，进行各种健身运动，变化着花样让丈夫欣喜。可是，她丈夫心安理得地享受她给予他的一切，却并不在乎金悦的感觉，每天都很晚才回来，对金悦和孩子不闻不问，对于金悦的卖力付出也从没有一句赞扬，仿佛金悦是个没有感觉、没有思想的家政服务器。

去年金悦的丈夫升职了，成了公司的部门经理，这下可好，三天两头不回家。金悦这回一下子完全崩溃了，每天以泪洗面，生活根本没办法打理，想离婚又放不下他，真是苦不堪言。相反，金悦大学同学阿敏当年选择了她不爱但爱她的人，当时金悦笑她懦弱，可8年过去了，阿敏的老公一如既往地体贴她、呵护她，现在谁见了阿敏都说她是个幸福的小女人，而阿敏自己也这样觉得，每天轻轻松松、春风满面的，工作也越来越称心如意。

作为一个女人，我们爱上的男人，他却不是那么爱自己，即使结婚了，他只会享受我们的爱和付出，并不会在乎我们为他所做的一切。他会认为你为他做再多的事都是应该的，他甚至会认为他跟我们在一起，就是对我们最

大的恩赐。这样的婚姻怎么会让女人幸福呢？

爱应是双向的，虽然说爱一个人是欣赏对方的优点，也包容他的缺点，完整地接受，而不是要求对方完美的表现。但是，对于一个任凭我们用多少热情、多少柔情也感化不了的人，我们还能指望他会心疼、爱惜自己吗？当我们所付出的一切都没有回报，所有的欢乐与痛苦都要一个人默默地承受，试想，这样的单恋是我们想要的吗？

婚姻和爱情的最大不同点就是，爱情仅靠感情就能维持住，而婚姻不仅需要感情，还需要很多实际的东西，比如说经济基础，比如社会认同，等等。爱情是婚姻的前奏，婚姻是爱情的归宿，爱情可以慢慢培养，但嫁人就是要嫁对你好的。

女人嫁给一个爱自己的人是幸福的。在他的面前，我们可以肆无忌惮地撒娇、扮痴；我们可以任性地做任何自己想做的事；在他面前我们可以尽情地放任自己，我们可以不修边幅。因为无论如何，他都会迁就和包容我们。

当我们爱一个人时，会因为他的开心而开心，因为他的悲伤而悲伤；会挂念着他的衣食住行；我们会爱他的全部，包括他的缺点；我们常常会不自信，会担心自己配不上他，而不断地改变自己，努力使自己变成他所喜欢的样子。这样的生活太累了，女人的身子本来就娇嫩，怎能经得起这样的折腾？

当爱与被爱实在难以调和时，请记住：

嫁个他不爱你，而你爱他的，谓之下策；嫁个他爱你，而你不爱他的，谓之中策；嫁个他爱你，而你又爱他的，谓之上策。愿你有足够的幸运，获得至死不渝的爱情。

第二节　婚姻定好位，爱才有地位

婚姻不是包治百病的灵药

很多人认为，结婚后男人就会变得有责任心，会改掉婚前的一些坏毛病。

实际情况是这样的吗？

和巧云交往一年多的男朋友突然向她求婚，而和心爱的人喜结连理是巧云的心愿，所以她爽快地答应了男友的求婚。但结婚前几天，巧云才发现男朋友有乱花钱的习惯。刚开始约会时，巧云认为男朋友是为了自己才舍得花钱，而且赠送名牌服装和首饰也是讨好爱人的常见手段，不值得奇怪，但到男朋友家后，巧云才发现男朋友家里有很多东西都是凭一时冲动购买下来的。

当她发现连厕所里使用的拖鞋也是名牌时，巧云感到有些讶异。男朋友的父母不是富翁，他本人也只是个平凡的上班族，有着挥金如土的消费习惯的确让人难以理解。

经过巧云的了解，才发现男朋友没有一点积蓄。在巧云面前，男朋友信誓旦旦表示今后一定会改掉浪费的坏毛病，而且周围的人也帮他说好话，最后巧云相信了男朋友的承诺。

但结婚不到两年，巧云就背上了沉重的精神负担，甚至每天都有想离婚的冲动。结婚后，丈夫浪费的毛病不但没有改掉，反而变本加厉，债台高筑，两人也不得不从原来的年租房搬进了月租房。在结婚之前，很多亲戚朋友都说："结婚以后，男人就会改变。"因此巧云开始埋怨曾经为丈夫辩解的亲戚朋友。

一个女孩打算和男朋友结婚时，她的妈妈在答应这门婚事之前，问了她女儿一个问题："我只想问你一句。你认为结婚以后，他有没有需要改变的缺点？如果他的习惯、能力和人品没有任何改变，你还会一如既往地爱他吗？如果你敢保证不后悔，我就同意你们的婚事。"

当时，她不知道该怎么回答，但考虑了一周后，她确信自己不会后悔，所以明确地告诉妈妈自己决定结婚。如果上面提到的巧云，也有这样明智的妈妈，或许她就不必承受那么多痛苦折磨了。

很多人把婚姻当成了包治百病的良药，总认为只要结了婚，不喜欢儿媳妇的婆婆也会变得和颜悦色，花花公子也会疼爱糟糠之妻，天性冷漠的人也会产生家庭责任感，但这些期待如同海市蜃楼，不可能变为现实。不喜欢儿媳妇的婆婆，一定会想方设法地折磨她；花花公子永远都会放荡不羁；没有责任心的男人注定会毁掉你的幸福。

对一个女人来说，婚姻的确是人生的分水岭，但婚姻并不能消除潜在的危机或让人改过自新。如果在结婚前发现了某些问题，就应做好包容这些问题的心理准备。我们不提倡因为一点问题就要放弃婚姻，但看清了问题的婚姻和糊里糊涂的婚姻有着天壤之别。

很多女人一旦确定了结婚的对象，就会变得非常敏感，但很少把发现的问题摆到台面上来处理。她们认为，结婚是人生大事，不能为"小小"的问题而选择放弃，但有些小问题会逐渐变成大问题。当结婚的对象有浪费的毛病、性疾病或者家人不太友善时，如果幼稚地认为结婚后一切都会好转起来的话，那么这些看上去不大的问题，会让你在婚后付出惨痛的代价。

如果结婚的对象有很多让人无法忍受的问题，那么最好不要固执己见地跟这样的男人结婚。如果非结婚不可，那么就必须做好心理准备，事先制定好相关的对策。如果遇到讨厌儿媳妇的婆婆，就应该有决心放下自尊和她相处三年，要不然就放弃结婚的计划吧！

虽然我们应该知道婚姻不是包治百病的灵药，婚姻不仅不能解决所有的问题，反而会在琐碎的生活中引发更多新的问题。但是不要担心，只要我们为自己的幸福着想，协调好这些问题，还是能在婚姻中得到幸福的。

理想和婚姻并不冲突

很多人都认为婚姻会消磨掉一个人的意志，使人变得没有理想，没有追求。虽然婚后人们会被婚姻中的琐事所牵绊，但不会因此而失掉自己的理想。

如果婚后有一个经济实力强又能体谅人的丈夫，对于妻子来讲是最有力的靠山。父母本来就比较希望得到子女的回报，有了靠山再好不过了。不管方法和过程如何，总之婚后实现梦想的女人很多。就算不是丈夫全力支持，至少婚姻可以带给你经济上和精神上的安定感，对女人来说这是一项莫大的帮助。因此，热情而多梦的年轻人，没必要以影响工作为理由，执意要选择单身。如果你不放弃自己的梦想，能够坚持为梦想而努力奋斗，那么婚姻的力量反而更能让你成为快乐的职业女性。当然，结婚生了孩子的女人再去工作，这是一件十分困难的事情。但是，事业和家庭是两个不同的领域，因此，家庭生活也不会像人想象的那样难以忍受。学习的时候，如果能够交替地使用右脑和左脑，就会减轻你的疲劳，更有利于长时间集中注意力。因为，左脑和右脑在学习中所使用的能量有区别，因此，虽然是一直处于学习状态，但实际上相当于让另一半大脑休息。家庭和事业也是一样。好的婚姻不是人生的坟墓，而是和有实力的同行者一起共同实现梦想的契机。

文慈一直想考取一个自己感兴趣的资格证书。但是，这本来就是一个很难通过的考试，因此，她屡次失败。一直到毕业的时候，她都没能通过考试，最后在一家公司找了份工作。一找到工作，她就觉得梦想离自己愈来愈遥远了。这样过了几年后，她结婚了。丈夫人很好，而且年薪也很高。文慈终于结束了公司生活，重新投入到学习当中。周围的人都说："你丈夫薪水那么高，你可以工作到生孩子之前，之后就当全职家庭主妇，何必结了婚又开始学习呢？"没过多久，她就通过了梦寐以求的考试，也找到了自己喜欢的工作，现在生活得更加愉快。她虽然已经结婚，但还是经过努力的学习考取了资格证书，人们都说她是因为结了婚，才会通过考试的。"不管是做什么事情，投资都是很重要的。其实，我结婚前也想好好地学习，但是，不论从时间上，还是从物质上，我的条件都不允许。父母认为我已经大学毕业了，应该赚钱养家。我只能拿剩下的一点钱，想去听课，又不能去上昂贵的课程，又没钱买好书。不过，结婚后情况就完全改变了，丈夫成了我的后援军。我可以没有负担地投资学费和书费，同时，我把这种投资当成是为了家庭而做的投资，也觉得心安理得。如果没有结婚的话，我可能还在做那件不喜欢的工作呢！"

对于文慈来说，婚后丈夫为她实现自己的理想提供了后援。后援的意思不就是财力吗？从物质和精神两个方面帮助了你，也就是相当于从物质上帮助你，所以让你的心中没有任何顾虑，对于女人来说这是第一位的。另外还要考虑以下几方面：

首先，一定要找一个能与父母有良性互动的男人。如果是过分顺从父母，从来不敢违背父母之意的男人，不论他条件多好，都不能选择他。就算和实现梦想没有什么关系，仅仅是想找个好老公的女人，都应该远离这种男人。就算丈夫再能够体谅妻子，当公公婆婆不能理解你而给你压力时，如果丈夫一点影响力都没有的话，那生活还是会很痛苦。在你真正开始做事之前，你就会先被这个家庭关系给打败。

其次，男人要有兴趣和志向。男人和女人不一样，如果是一个没有进取心的男人，很难默默地支持妻子走向成功，困难的时候，他会先放弃梦想。当然，如果有进取心，又很大男人主义的男人，那应该只会盼望你好好待在家里做个贤内助吧！

再次，勤快的男人才有可能成为真正的后援者。不论其他方面性格有多好，如果他不愿意分担一点家庭琐事的话，很难成为有发展的同伴。一个人全职来做都不容易做好的，就是家庭琐事。能一边做好自己的工作，一边打理好家务的女人更少，同时也不应该这样。当然，如果是丈夫能力特别出众，可以请个佣人来做家务，那就另当别论了。

最后，最重要也是理所应当的是，他必须有支持妻子的意愿。现在还是有很多男人，希望下班回家后，能看到妻子准备好晚餐等他回来。如果两个人都要工作，那丈夫想要的必定不是"工作的妻子"，而是一个"能赚钱的妻子"，如果条件允许，他们都希望妻子能留在家里当个全职的家庭主妇。在这样的现实情况下，如果找到一个真正会因为你努力工作而为你开心的丈夫，那么，你就是个幸福的女人了。

所以说只要我们找到那个支持我们的人，并处理好理想和婚姻的关系，婚姻并不是埋没理想的坟墓，反而是我们实现理想的坚强后盾。

道不同的男女，更和谐

单身男女在找恋人时，总是倾向于与自己志同道合的人，他们认为有共同兴趣爱好的恋人之间更容易交流。其实，他们不知道，那些兴趣与我们全然不同的人，同样也有可能成为我们的灵魂伴侣。

婚姻专家认为，不同兴趣爱好的人们之间更能产生触电的感觉。因此，我们要想找到自己的灵魂伴侣，最好到那些兴趣爱好与自己完全不同的人聚集的地方去。也许我们不能立即找到自己的灵魂伴侣，至少我们会开始体验到对异性产生更多的感觉。将因此变得更加令人赏心悦目，让人渴望得到，而我们自身魅力的增加又将使你更有动力继续找寻灵魂伴侣。

尽管古语说"道不同，不相为谋"，对兴趣爱好相同的恋人们来说，尽管拥有共同的话题，他们之间的话题只限制某些特定的方面与领域，因为他们所共同熟悉的内容，两人各自认为有道理，则有可能发生争执。

不同兴趣爱好的恋人们，由于各自在不同的领域有着独特见解，而对方对此却几乎一无所知。这样，双方都会对对方擅长的知识及观点，产生仰慕、欣赏的心理，这样，在相互欣赏心理的促使下，从而在两人之间碰撞出爱的火花。

勇与露是两个性格与爱好完全相反的人，但他们却是一对甜蜜的情侣。他们的朋友常常会发出感叹地问他们："你们是完全不同类型的两个人，怎么就走到了一起，而且还如此幸福呢？"

每当这时，勇与露总是对视一笑，然后说："就因为我们爱好不同，我们才没有什么可发生争执的。"朋友们依然是不解，当然也流露出不信的表情，他们便不再解释。事实上，勇和露结婚一年多来，相处得的确很好，很少发生争执。

勇是一个公司的项目经理，他性格外向，喜欢体育活动，工作之余常常出去与朋友打篮球。而露是一个杂志社的编辑，她性格内向，喜欢一个人安静地看看书、写写字、听听音乐。

平时两个人聊天时，勇就给露讲自己今天遇到了一个什么客户，出现了什么情况，自己是如何处理的。这对单纯的露来说，真是新鲜，自己在杂志社除了看稿子，难得遇到此类事情。露有时也会告诉勇自己的文章又发表了，然后拿给勇看。勇从露优美的字里行间，看到了她内心敏感的一面，会更加疼爱他。

当电视的体育频道有比赛播出时，露开始总是一个人躲在卧室里上上网，看看书。而这时总能听到勇在客厅时一阵叫好的声音，有一次，她终于忍受不了勇的兴奋，走了出去。刚想发脾气，勇看到她走了过来，忙招呼她一起看。露只得忍住气愤坐下，勇知道她不懂，边看边作解说员，从比赛规则到某个队员的特点及个人经历，说得头头是道。露这时才发现，身边这个男人知道的真是不少，而自己对此却一无所知。从此，对勇产生了崇拜之情。两人随着了解的加深，越来越发现，对方值得欣赏的地方越多，因而感情也与日俱增。

勇与露的幸福婚姻，正是建立在因不同的兴趣爱好而产生了相互吸引和欣赏，感情越来越甜蜜。单身的人们，要想找到你的灵魂伴侣，你一定要去那些热衷于某些事情，而这些事情是我们根本不想去做的人常去的地方。

只有当我们去一个新的地方时，才有机会拓展自己的新领域。我们会为那些与我们兴趣截然不同的人所深深地吸引。我们会因他们的出现而兴奋。

而这是我们与同类人在一起时绝对不会产生的感觉。

如果你不喜欢跳舞，那么就去上舞蹈课，或者去舞厅跳舞，再或者参加业余舞蹈比赛。如果你不喜欢出去吃饭，那么从现在开始多出去吃饭吧！

如果你不爱运动，那么从现在起就开始去当地的运动场馆，参加体育活动吧。如果你不喜欢去学校，那么参加一些晚间补习班。如果你不喜欢阅读，那么开始逛逛书店或者到图书馆里坐坐。

尝试新的事物实际上赋予我们更多的能量，使我们看上去更具吸引力。单身的男女们在找伴侣时，不要将目光锁定在与自己兴趣爱好完全相同的人身上。要想找到心爱的伴侣，就要敢于尝试做新的事情。

现代婚姻，还需要门当户对吗

一提到门当户对，我们很容易想起旧社会中，男女婚配讲究双方的社会地位和经济地位状况相当，这种的旧式婚姻制度下的门当户对，给许多有情人造成了不幸，也造成了许多恋爱的悲剧。实际上门当户对在今天仍有一定的积极意义，是保证美满婚姻的一个前提条件。

小文和小凯是大学同学，两个人在学校时谈起了恋爱，难分难舍。但毕业后，双方的父母却不同意两人在一起，因为小文家境较好，从小娇生惯养，而小凯则家境贫寒，家庭负担较重。然而两人还是坚持结了婚，可是婚后的琐碎生活让他们的爱情受到了严峻的考验。他们虽然有很多相同的东西，可以一起分享快乐和忧愁，但是，他们有更多不为人知的不同。比如挤牙膏的方式，一个从底部，一个从中间，为此吵了很多次。虽然听起来都是些鸡毛蒜皮的小事，但这样的不和谐多了以后，两人终于意识到，是幼年的生活背景造成了他们不同的生活习惯。而不同的习性只会让一方包容或者隐忍，或者双方都变得不客气。相同的性情使两个人滋生了爱慕和吸引，而相同的生活习惯和思维方式却是两个人不分开的保证。小文和小凯在生活方式和思维方式上的不同注定了他们只有以分手告终。

在这里，我们所说的门当户对是指双方家庭的为人处世、文化素养和家教家风要相近。前两者决定着一个家庭的家教要求，长期的家教又会形成家风，家风会培养形成家庭成员的基本素质及人生价值观。而素质的优劣、人生价值观的不同，反映在对人对己对事的态度不同，甚至会全然相反。爱人之间的相处，离不开对人对己对事的态度，感情融洽与否，婚姻美满与否，寻根究底，都有一个门当户对的问题。

"百年伉俪是前缘，天意巧周全"，什么层次的人，上天便给他配什么层次的伴侣，所以两性之间得以保持整体稳定。现代社会，露西爱上杰克只是好莱坞电影工业一手炮制的童话。正因为是人间难得几回见的童话，《泰坦尼克号》的爱情故事才赚得了无数男女的眼泪。

所以，女人在选择婚姻时，千万不能无视父母门当户对的意见或者建议。父母经历了生活的磨砺，才沉淀出更多的人生经验，他们把眼光投到了现实中更具体的层面，而不是风花雪月的爱情。幸福的婚姻，男女双方有相同的生活习惯，相同的精神追求与交流，才可能成就一桩幸福、高素质的婚姻。坚持爱情可以超越一切，而无视门当户对的劝告，会为日后的婚姻生活埋下苦果。

面对父母反对的婚姻，何去何从

俗话说："情人眼里出西施。"的确，恋爱中的人，眼里看到的都是对方最好的一面，即使发现有缺点，也觉得是可爱的。当父母表示反对或者提出异议时，我们总认为父母的经验都是偏见，不顾父母的反对，"赌气"似的去结婚。殊不知，当我们满心以为自己找到了不错的归宿，不幸的婚姻往往由此开始。"不识庐山真面目，只缘身在此山中"，在婚姻这件事上，父母比我们更能够客观冷静的思考，他们积攒了几十年的人生经验，并且充分利用这些经验，预测子女的选择会不会幸福，如果他们觉得不对，就会毫不犹豫地提出反对，即使这样会遭到子女的冤枉、指责甚至冷战，他们也一样会这么做，因为，我们的父母，实在是这个世界上最最关心我们幸福的人。当我们对另一半的选择遭到父母的反对时，不要急着反抗，静下来想一想，究竟是什么地方出了问题。

可云在一次校友联谊会上认识了后来的男友，当时可云读本科，男友是硕士，相貌上看，他们也很般配。俩人毕业后，便商量着结婚。可云的母亲从一开始便不赞成他们的恋爱，苦口婆心地劝她："这孩子本性并不坏，但你们俩从小是在不同的环境里长大的，你不了解努力拼搏从农村挣扎出来的他，骨子里藏着的欲望和性格上的缺陷。"而可云认为从农村出来的男朋友有志气、上进，又能吃苦，听不进母亲的劝告，坚持要结婚。

真的到了男友农村的家里，可云才明白，自己把婚姻想得太简单了。有一堆老乡满脸堆笑地请他办事，男友也推脱不开，几乎有求必应；吃晚饭，嫂子洗碗便跟可云说："这两天的碗就我来洗，以后只要你在就你洗了，平时你们不在家，家里大大小小的事都是我和你哥在忙活。"晚上，公婆给他们训话，说下半年就要搬去和儿子一起住，男友满口答应了，其实家里的房子并不宽敞，可云家里还有个妹妹未婚，根本住不了那么多人。可云表露出反对的意思，公婆立刻沉下脸来……

可云忍不住心里的委屈，第二天就坐上火车回家了，男友没有安慰她，而是认为这些都是她应该做的，俩人大吵了一架，男友先提出了分手。

就像可云这样，年轻女孩在谈恋爱时都不愿意受人摆布，特别是不愿意听父母的话。父母越是反对，反而越是坚定自己的选择是正确的，等到真的迈进了"围城"，最初的激情浪漫已经退去，只剩下柴米油盐的平淡日子时，慢慢了解了对方，也看清了自己，这时候才知道父母当初的劝告不无道理。

听听身边有多少女人在感叹"当时真该听妈妈的话""那时候为什么不

阻止我"，父母的人生阅历比我们丰富，当我们被爱情迷昏了头，他们往往能一眼看出两个人不协调的地方。多听听父母的意见，不要因为任性而盲目地反抗父母的劝告。

常听步入婚姻的人说："结婚并不只是两个人的事，而是两个家庭的事。"的确，一纸婚书联结的不只有两个新人而是双方家庭十几个人，首先就是双方的父母，就算小两口如胶似漆，如果翁婿之间、婆媳之间、双方家长之间不能和睦相处，原本幸福的婚姻也会走向不幸，为自己也为家人，三思而后行。

爱情的生命力有限，理智开启婚姻之门

离婚率暴涨的今天，很多离婚的人在当初走上红地毯时总是想着从此携手一生，一旦面对惨淡的结局，大家常常埋怨"遇人不淑，所托非人"，那么我们为什么不在开启婚姻之门的时候就理智一些呢？

须知，婚姻不是机会的产物，机会主义婚姻只会成为爱情的粉碎机。在情火炽烈之时，不假思索便作出结婚的决定，这份爱情的生命力便很值得怀疑。时光、人事变迁，情浅爱尽，这其实也正是离婚率越来越高的罪魁祸首。机会主义婚姻只会成为女性的囚笼。家是两个人的宫殿，但它的琐碎湮没了女人。它通过一些细小的事件让女人感受到一种虚无的存在。网友木鱼的遭遇为许多女性敲响了警钟。

木鱼在大学时可谓是风云人物，她长相出众，个性开朗大方，多才多艺，经常在校内大型演出中一展风采，是很多男生追求的目标。可是这样一个优秀的女性，面对爱情和婚姻却异常地幼稚。

一次偶然的机会她结识了一个中年离异男人，身边还有一个读初中的女儿。男人经济实力堪称雄厚，追求木鱼时更是挥霍奢侈。木鱼感情经验并不丰富，她不知道到底该不该接受这个人。木鱼的好朋友劝她"考虑清楚"，

但木鱼听不进朋友的劝导，决定"赌一把"。然后跟男人闪电结婚了。

短暂的蜜月结束了，丈夫突然变成了极端大男子主义者，一改恋爱时温柔体贴的假象。把原本属于保姆的家务工作统统交给木鱼，也许只是为了满足他可以任意支配她的变态心理。木鱼很委屈，但只要稍微流露出一点不满，便会招致一顿毒打。他的女儿更不肯承认她这个年轻的继母，无故寻衅是难免的，更可怕的是这习钻古怪的小姑娘动不动便向父亲汇报又被后母"虐待"的种种罪状，随之而来的又是一顿拳脚交加。

木鱼苦不堪言，只得逃往另一个城市，断绝了和朋友们的所有联系，希望能够开始新的人生。然而好几年过去，她还是无法走出失败婚姻的阴影，每当有男士向她吐露心声时，她就会避之唯恐不及。她发现自己早失去了追求爱和幸福的勇气，成了一块真正的"木鱼"。

打一个不太恰当的比方，婚姻就像一场射击比赛，在发射之前如果没有仔细地考虑诸多因素，比如风速、枪和子弹有无故障等，便会偏离靶心。女人在决定走入婚姻殿堂之前，不能不深思熟虑，切忌因意乱情迷而妄下决定，更不足取的是为某种利益用自己的婚姻去交换，其结果往往得不偿失，像木鱼这样，空留余恨。

女人在谈恋爱时，应当为目前的恋人绘出一张"素描"。观察他对事业的态度，看他是否有足够的抱负，是否经得起失败，是否有责任感；观察他对生活的态度，看他的办事能力，对金钱的看法，对家务的态度；观察他对亲朋的态度，是否支配欲太强，是否脾气太过急躁，是否自私自利从不考虑他人。当然，最重要的是他对我们的态度，他是否支持我们的学习和工作？他关心我们的一些小细节吗？这样的问题，我们可以根据自己的情况，提出很多，细心体味。如果连这样的问题，你都没有答案，那么还是慎重一些，等一等再去穿上那袭美丽的婚纱。为了未来的幸福，无论如何不能仓促行事。不要把自己的幸福交给机会婚姻。

婚姻是让爱情延续下去

对于爱情和婚姻，《诗经》有云："死生契阔，与子成说。执子之手，与子偕老。"苏东坡也曾经说过："结发为夫妻，恩爱两不疑。"婚姻讲求的就是彼此之间的信任和责任。

当爱情走入婚姻的殿堂，已经不只是简单的相爱了，这种爱里蕴含了责任。责任，其实就是爱情的一部分，就如爱情应该成为婚姻的一部分一样。一切的基础在于，你要学会如何去选择爱，如何去对待爱。此时我们会感觉到承担责任也是一件幸福的事。

爱情并不一定能够产生责任。反过来，责任却可以在婚姻中来呵护爱情，爱情如潮水，它总有陷入低谷的时候，这时候如果放弃，就是对婚姻的不尊重，这时候，就需要责任来呵护，婚姻的目标绝不是短暂的幸福，而应当是长久的幸福，有责任而缺乏爱情的婚姻也许并不完美，但它完整而真实，而有爱情却没有责任的婚姻，则必定是短暂的，必定是空洞的。婚姻中有了责任感和使命感，婚姻生活才能变得幸福、和谐、愉悦，才能真正地实现婚姻的意义。

爱情是婚姻的基础，没有爱情的婚姻是不道德的。婚姻，正是因为彼此缔结的责任，才能维持长久，才能真正地实现恋爱时对爱情天荒地老的承诺，才能忠于对一个家庭的承诺。

有些人认为婚姻是爱情的坟墓，他们毅然地选择了单身。婚姻，在这样的人眼里是种束缚，没有办法再在酒吧买醉，也没有办法再肆无忌惮地逛街，不能随便和各样的朋友一起吃饭。一个家，需要按时的回家，需要照顾家人。柴米油盐的平淡，或许会将爱的激情之火慢慢熄灭。各种各样的争吵、为生计的计划，随之而来。

难道这一切真的会让爱情淡化？

其实，婚姻是一种学问，可以让爱情延续下去。

男人是女人的保护神，女人又是男人的贤内助。即使生活会让美好的爱情变得平淡，然而这种真挚的情谊，更能够在经年许久的无数个平凡日夜里变得厚重。婚姻将爱情变成陈年佳酿，越醇越香，相顾莞尔，更易懂得人生相守与离别的人间百味。

女人用炽烈执着的爱温暖了男人疲惫的心，男人用各种浪漫的元素装点了彼此的爱情和生活。有人说婚姻是牢笼，然而这样的婚姻确实甘之如饴，即使是牢笼，相爱的人也会奋不顾身地走进去。婚姻使两个人的爱情之路走得更加长远，与生随行！

爱情不是美满婚姻的唯一要素

满脸幸福的男女在结婚典礼上总是向人宣告"我们是因为相爱才结婚的！"事实上，这却是许多人在婚姻选择中最容易犯的错误。越来越多的现实告诉我们，选择终身伴侣绝对不可只以爱为基础，这也许听起来不太正确，但其中有深奥的道理存在，也关系着我们一生的幸福。

的确，恋爱时爱情就是一切，但爱不是结婚的唯一基础，有智慧的女人不可以只用爱来营造一个终身的关系，为了得到幸福，我们需要更多。我们要想拥有一个终身的伴侣，请问自己下面五个问题：

我和他有共同的生活目标吗

结婚后将和一个男人共同生活几十年，那是一段很长的时间，双方计划如何过这段时间呢？男女双方必须有更深更有意义的事情，必须有共同的生活目标。在一个婚姻里有两种情形会发生：双方可以一起成长，或者各自成长。50％的人是各自成长的，要使得婚姻成功我们必须知道在生活底线上，自己要的是什么，然后嫁一个和自己相似的人。

和这个人分享感觉与思想时，觉得安全吗

这个问题和双方关系的性质有关，"觉得安全"意思是夫妻双方能开诚布公地和这个人沟通吗？良好的沟通基础是信任，一方会不会因为表达自己的感觉与思想而遭到处罚或伤害？有人对一个"会凌虐人的人"下了一个定义，那就是某个你害怕对他表达感觉与思想的人。对自己诚实点！确定要结婚的对象是我们在情感上觉得很安全的。

他是个值得敬佩、很特别的人吗

如果对"好人"下了一个定义，那就是某个常力争上游并做正确事的人。所以问问身边的他：他如何利用他的时间？他是个唯物主义者吗？通常一个唯物主义者不会将改善品格列为第一优先的。这个世界基本上有两种人：

一种是致力于个人成长的人，另一种则是寻求舒适生活的人。那种将舒适的生活列为目标的人，会把个人的享受摆在第一位。在与他走上红地毯以前，你必须要知道这点。

他如何对待其他人

促进人际关系最重要的是给予的能力。所谓的给予，是使他人快乐的能力。看看这个人是否很喜欢给予？想想看他对那些他不需要对他们好的人是怎样的情形？例如：侍者，公车司机，清洁夫等。他如何对待父母和兄弟姐妹？他懂得感激吗？如果他对那个给他所有东西的人都不懂得感激，不要期望他会感激我们。如果我们很确定如果他对别人不好，那对身边的我们也不会好的。

婚后你是否希望改变这个人

有太多女人犯了这个错误，就是希望在婚后"改善"他的配偶。我们可能希望某人在婚后改变，如果我们无法完全接受他现在的样子，就是还没有准备好要结婚。总的来说，约会阶段不应该是困难危险的，症结是我们要多用点策略，千万不可一时冲动感情用事。约会时尽可能的客观，要问一些对整个事情有帮助的问题。

很多人结了婚以后才发现自己选错了人，与其婚后后悔选错了伴侣，不如在婚前少一些对爱情的幻想，多一些现实的理智，为今后的婚姻生活加一份保障。聪明的女人知道"爱情并不是一切"，"只有爱情没有面包"的感情是不会长久的，与其以后由于日子拮据而分道扬镳，还不如一开始就进行明智的抉择。

婚后不做"回家"主妇

现实生活中，很多女性在结婚后总是沿着"女主内、男主外"这样一条传统的思维定式确立自己在家庭与社会中的角色，并自觉放弃理想和进取精神，以辅助丈夫的"事业"为名而把精力都用在操持家务和孩子方面，从此不再参与社会竞争，结局却让自己变成了一个迷迷糊糊的家庭主妇，变成一个只关心油盐酱醋和丈夫孩子的市井妇人。

一个女性如果自愿放弃对理想的追求而满足于平庸乏味的生活，那么岁月将很快把她的灵魂腐蚀。而当她们丧失理想或精神支撑以后，她们的神韵、风貌、气质、形象乃至灵魂都因缺乏理想的润泽而在岁月推移中日渐流失。

当今社会，特别是知识女性最怕在婚后或者有了孩子之后做了家庭妇女。现代的知识女性一旦成为全职太太，就很难适应了。她们有能力自己独立生活，真做了家庭妇女之后，在很多方面就会显得孤陋寡闻，与社会脱节，心里会产生一种不甘。这种压抑的心理长期发展，会使人的心理变得不健康。

刘娜就是这样的女人。她曾经这样倾诉自己的经历：

我2000年本科毕业，一直从事文秘工作。生儿子时我30岁，儿子1岁的时候，我本想出来重新工作，但疼爱我的老公却不愿意我再出来奔波，他说："你还是在家里相夫教子吧，我又不是不能养家糊口。"

老公的收入足以保证我们过上优质的生活。于是，在老公的劝说下，我也就甘心做了家庭主妇，每天带带孩子、牵着小狗遛街、做美容、逛商场超市……很多当年的同学和朋友都羡慕我有好福气，嫁了个好老公，可是我内心却充满了失落和不安。

老公每天都很忙，有时候忙到晚上十一二点才回家，以往在睡觉前我们都会谈谈心，可是现在我发现和老公的共同语言越来越少了，什么政治、财经和人情世故，等等，我根本就跟不上老公的节奏，老公有时候开玩笑说自己是"对牛弹琴"。

与老公沟通少了，我开始担心我们的感情。

有一次老公由于一个项目很重要，连续一个星期都很晚才回家，有两次还喝醉了，身上还有女人的香水味。我缠着他不准睡觉，非得解释身上的香水味哪里来的。丈夫喝得晕乎乎的，只想睡觉，没什么精力和我解释，被我吵得没办法，只好到客厅去睡。但我还是没放过他，不停地问老公："告诉我，是哪个狐狸精留下的？不说就不准睡。"在我一再纠缠下，老公终于被激怒了，对我大声吼道："你怎么会变成这个样子？吃饱了撑的，这么多疑，告诉你了我是工作上的应酬，这日子没法过了！"

我也不甘示弱，那一夜我们通宵没睡。第二天老公上班由于精力不好连出了几次错误。回家后他很生气，我们之间发生了更激烈的冲突，我们开始分居了。

冷静一段时间后，我和老公都觉得这种情况主要是我没工作太无聊所致。于是，他让我找一份轻松点的工作。重新工作之后，尽管我的工作很简单，但是我接触社会的面广了，一段时间下来，也交了不少朋友，见识广了，懂的东西多了，和老公聊天的时候，我不再是"有心无力"跟不上节奏，甚至有时还能帮老公出一些主意。

"回家"的女人待在家里难免会胡思乱想。换句话说，如果哪个妻子全身心都"回家"扮演家庭主妇的角色，结果必然导致夫妻在心灵与精神方面日益拉大距离，多年后他们就会变得无话可说。而当夫妻话不投机或彼此听不懂对方在说什么时，分手的悲剧就只是一个时间问题了。所以，妻子们即使为了保护自己、为维护婚姻关系的健康发展，也不应该将身心沉溺在家庭主妇的角色中。她们应该保持着与世界同步的活跃姿态，这样才会使自己始终与丈夫保持着精神层面上的亲和力。

女人，婚后一定要独立

有些女人在结了婚以后，完全安于她在家中的角色，喜欢被保护、被照顾。丈夫的本事使家庭条件较人家优越些，没有吃穿花费的问题，什么事情都依赖丈夫，完全丧失了独立性。刚开始，有些丈夫还能忍受这样的妻子，但时间久了难免会有一些抱怨。所以，如今我们的家庭就算再怎么优越，千万记得不要丧失了独立性。不要再怀有依赖的想法，在现今社会中，即便我们不是一个女权主义者，也至少要独立起来，这会使我们得到很多东西。倘若一味地只知道依赖丈夫，那么最后吃亏的总是自己。

朱莉是一个喜欢照顾家，喜欢孩子，喜欢为丈夫熨衬衫，喜欢做满满一桌子菜等家人的"小女人"。在她还没有结婚的时候，她就一脸温柔地遐想过嫁给一个喜欢的人，和他幸福地度过一生。

生活真的像阿拉丁神灯一样满足了朱莉的愿望。结婚后，收入颇丰的老公给了她一个安逸的家庭，同时让她过上了全职太太的生活。朱莉对这样的生活也十分满意，无忧无虑，不用为生活担心。

朱莉结婚后一直蜗居在家里，很少跟外界接触，繁忙的家务活也让她有些跟不上时代的步伐。有的时候朱莉会陪丈夫参加一些社交活动，那时的她会产生一种强烈的自卑感。她既插不上丈夫与同事有关经济市政的话题，更不了解那些太太们所说的时尚杂志、名牌包包，她整晚只能一个人在那儿傻坐着。这种尴尬经历多了，老公也开始指责起她，经常说她的"精神世界一片空白"之类的话，心酸的朱莉默默流泪。

26岁那年她离婚了，她哭着说："我哪知道现在外面的世界变成这样？我一无是处，又有哪个地方会要我呢？"在朱莉的成长过程中，她被教育成女人就是让男人养的，经历了离婚，她才意识到自己必须独立思考，必须自力更生，独立生活。可朱莉本人缺乏为自己奋斗的意愿。一直到她结婚前，她的父母还帮她做所有决定。之后，做决定的人改成了她的丈夫。在精神上，朱莉始终觉得她还只是小孩子，只有小孩子的自立能力。因此，当她必须自己做决定、做选择时，即使是最简单的、有关日常的决定，都会吓坏她，更别提要出去工作了。

朱莉的前夫只给她三年的赡养费，她对朋友说这些话的时候，好像是在说：我只剩三年可活了。似乎在她的字典里，从来没有"自己照顾自己"这个字眼。以后的路，长着呢，后面的苦够她吃的了。

朱莉本身就是一个"小女人"，结婚后老公又有本事，给她创造了优越的生活环境，家庭的优越更让她失去了独立性，只知道凡事以老公为中心，全部依赖老公。这样的婚姻持续到最后只有"无言"的结局。因此，婚后的女人要独立，这不仅仅是指经济上的独立，更重要的获得精神上的满足。

针对朱莉这样在婚后丧失独立性的妻子，也有解决的办法使之变得独立起来。

第一，确信在两性生活中自己仍然拥有独立权利，可以维护自己的尊严。如果我们怀疑自己可能是这种依赖型的女人，不妨再把关于女强人的书读一读，回味一下如何做一个女强人。

第二，克服失落感和被遗弃的恐惧。如果你已感觉到我们有害怕被拒绝和失落的心理，那就下定决心克服这种情感上的弱点。例如向心理医生请教，参加妇女互助会，或是将那些日积月累的情感包袱尽可能加以抛弃。

第三，不要陷入填补情感空白的泥潭。如果对丈夫付出太多却未能获得回报，那我们将难免会觉得不被爱和贫乏。所以请诚实地面对自己，重新评估自己的两性生活。

第三节　婚姻不窒息，用爱滋养和延续

倾听是婚姻的必修课

在生活中，有不少的男人认为只带给太太美好的东西，他们只愿把成功的荣誉、上等的毛皮大衣带回家。一旦事业进展的并不顺利的时候，他们便想方设法瞒住太太，唯恐她害怕与不安。他们耻于承认自己也会有弱点和失败；他们也从未想过真正幸福的婚姻是，无论福祸，都要与爱人共同分享和承受。

善于倾听的女人，能够给自己的爱人最大的安慰和宽心。但是，生活中也常常见到另一种现象：一些男人很想把他的烦恼说给太太听，但是太太却不想听或者是不知道如何去听。

《福星》杂志曾刊出了一篇对公司员工的妻子所作的调查报告。他们引述一位心理学家的话说："一个男人的妻子所能做的一件最重要的事情，就是让她的先生把他在办公室里无法发泄的苦恼都说给她听。"这个调查报告同时也指出，男人需要的是主动、机敏地倾听，他们通常都不想听什么劝告。

任何一个曾经在外面工作过的女人都可以了解到，如果家里有个人可以谈谈这一天所发生的事情，不管是好是坏，都是很令人欣慰的。因为，在办公室里，常常没有机会对所发生的事情表示意见。如果事情进展得特别顺利，我们也不能在那儿开怀高歌；而如果碰到了困难，最好的同事也不愿意听那些麻烦事，他们自己已经有够多的烦恼了。于是，当辛苦地工作了一天回到家里时，人们往往会有一种一吐为快的迫切心情。

最常发生的事情往往是这样的：丈夫回到家，上气不接下气地说道："老

天！亲爱的，今天真是个值得庆祝的日子！我被叫进董事会里，汇报有关我所作的那份区域报告。他们还想听我的，而且……"

"真的吗？"妻子心不在焉地说着，一点也不用心的样子。"那真好，亲爱的，快来！吃点我刚做的酱牛肉吧！对了，我有没有告诉过你，早上来修理火炉的那个人？他说有些地方应该换新的了。你吃过饭后去看一下好吗？"

"当然好，宝贝。噢，就像我刚才说的，董事会听取了我的建议。说真的，起初我真有一点紧张，但是我终于发觉我引起他们的注意了……"

妻子插话道："我常认为他们不了解你、不重视你。哎，对了，你必须和儿子聊一聊他的学习问题，这学期他的成绩实在糟糕透顶，他的班主任说如果儿子肯用功的话，一定可以念得更好的。对他的学习问题，我现在真的无计可施了。"

到了这时候，丈夫才发觉他在这场争夺发言权的战争中已经彻底失败了。于是他只好无奈地把他的得意和酱牛肉一起吞到肚子里，然后解决有关火炉和儿子教育的问题。

难道他的妻子真的如此自私，只在乎自己的问题吗？当然不是，其实，她和丈夫一样，都想找个听众倾诉一番，只不过，也许她把自己倾诉的时间搞错了。其实，她只要耐心地听完丈夫在董事会上所出的风头，把自己的情绪发泄完了以后，就会很乐意地听她大谈家庭琐事了。

善于倾听的女人，能够给自己的丈夫以最大的安慰。想想看，一个文静、不做作的女人对别人的谈话着迷，她所提出的问题又显示出她已经把话中的每个字都消化掉了，这种女人最容易在社会上取得成功，不只是在她先生的男友群里获得成功，而且也在她自己的女友群里获得成功，这是她拥有的一项无法估价的资产。

婚后磨合，理智对待

热恋中的男女双方，不管他们是以何种方式认识的，到了谈婚论嫁阶段，都对婚后生活充满着美好的憧憬。有句话说得好：热恋中的男女智商为零，虽然说得有些夸张，但表明了恋爱中的男女都比较冲动，感情用事。由于爱慕，他们往往看对方的优点多，而对方的缺点却视而不见，甚至把一些缺点也看成是优点。再加上接触的时间有限，相处不多，彼此都有意识地把自己不好的一面隐藏起来，因而就更难以全面熟悉对方。

结婚以后，夫妻彼此朝夕相处，相互了解的整体性大大增加，原先不可能了解的一些侧面，如吃东西的喜好、睡眠的习惯、特定条件下的感情、生理习性等，都豁然展现在对方眼前。因此，各自的缺点和弱点也都逐渐并充分地暴露出来。

新婚夫妇小马和小丽结婚三个月后，就小吵不断。原来，他们因一些生活习惯发生了一些摩擦。

妻子小丽嫌老公不讲卫生，见到老公的不顺眼处就发飙："你又往马桶里扔烟头了，你知不知道，这样弄得卫生间全是烟味，还会堵住马桶？"

"这有什么，烟味你都能闻了，还怕这点味，我保证给你冲下去。"

冲完马桶，小马过来想亲热："老婆，我冲干净了，赏我一个吧？"说法就把嘴往小丽脸上拱。

"去去去，臭烘烘的，还满脸胡茬儿，一点也不注意个人形象，刮胡子去。"小丽用手去挡。

"这不周末嘛，在家刮什么胡子啊！"

"周末也要刮，我看着不舒服。咦，我发现你以前不是这样啊，怎么变得这么懒了，每天又脏又臭的……"

妻子指责老公，是因为老公婚前婚后变化很大，有点看不懂老公。相比来说，男人在婚前很爱干净，经常检点自己，比如要去约会了，特意穿件好衣服，把皮鞋擦得特亮，在女孩面前表现得很出色。婚后呢，既然发愁的终身大事解决了，他会把更多心思花在工作上，对个人的日常饮食、生活习惯不太在意，从而暴露出好多缺点。

男人变成老公，他的变化是必然的，所以妻子一定要习惯并接受这些改变。如何看待这些婚后才发现的缺点，这是夫妻之间相互适应的第一关。这个问题处理得不好，双方之间树立起一堵墙，维系和增进夫妻感情就无从谈起。

想象中的事总是和现实生活有一定的距离，既然走到一起，唯一的办法是适应现实，努力尝试做一些改变，不苛求对方。所谓的不苛求，就是指如果对方只是在性格、脾气、兴趣爱好、文化素养等方面有所欠缺，那就不能过于计较。世界上的人有各种各样的性格，不能强求别人一定要和自己的想法和态度一模一样。

把你的感谢说出口

工作了一天，拖着疲惫的身体回到家，爱人帮你脱掉外套，换上拖鞋，然后是一杯清凉的饮料，多么惬意；因为工作上的事，与同事闹得不愉快，带着郁闷的心情回到家，绷着一张阴沉的脸，爱人知道你受了委屈，坐在身边听你慢慢倾诉；一杯热茶、一盆洗脚水、一次按摩……这些都体现了家庭的和谐。然而，当你接受这些服务时，是否对他们说了一声"谢谢"？

其实夫妻之间就是这样，一起生活，都在为彼此付出，却很少把"谢"字说出口，即使是心存感激，也觉得没有表达的必要。可是当遇到一点不如意或不顺心的事情时，抱怨、牢骚的话就倾囊而出，没完没了。

古时候就有人提出：夫妻之间应该"相敬如宾"。道谢看似只是一个简单的小细节，却更能体现出两人之间的和美。有些人认为，夫妻之间说礼貌用语就表示生分，其实这样的观点是错误的。夫妻之间的一声"谢谢"，并不是客气，是一种爱的传递、爱的表示。夫妻之间的一声"谢谢"，也表示了夫妻之间那深深的爱恋，不只是友谊，更是情感的另一种诠释。

晓玲想开一家服装店，丈夫表示反对，认为晓玲开店后就没有时间照顾家和孩子了，他忙了一天回到家再也没有温馨的灯光和可口的饭菜，那样挣再多的钱又有什么意义？晓玲的理由是：我想干点自己喜欢的事有错吗？

两人谁都说服不了对方。最后，晓玲向丈夫承诺："任何时候都会把教育好孩子、照顾好家庭放在第一位。"丈夫这才不情不愿地同意晓玲开服装店的想法，试验期定为一年。

服装店终于开张了。晓玲每天一大早就出门，经常要弄到晚上十点才能回家。到家已经是精疲力竭，常常连和儿子说话的力气都没有。儿子期中考试没考好，丈夫开始抱怨是晓玲开店疏忽了儿子的学习。晓玲心里很不服气：孩子是我自己一个人的吗？儿子的学习你就没有责任吗？丈夫抱怨的次数越来越多，晓玲难免心生怨气，不免会发生口角争执，在又一次大吵之后，晓玲去了好朋友那儿，向她哭诉自己的委屈和不满。朋友问晓玲："他这段时间整天除了抱怨，别的什么也没为你做吗？"

晓玲听到朋友的话顿然醒悟。她开始回想：自开店以来，每天都是老公做好了晚饭等我回家；每次进货都是老公提前为我买好车票；无论是半夜还是凌晨，都是老公接我送我；出门在外，是老公的短信一遍遍叮嘱我"注意安全"。晓玲忽然想通了，是啊，这样的丈夫，我难道不应该感谢他吗？

隔天是他们儿子的生日，晚上他们一起去饭店吃饭，当着丈夫很多朋友的面，晓玲在饭桌上很真诚地说："感谢老公这些天来对我的支持和理解；感谢他在工作繁忙的情况下，推掉应酬回家做饭照顾孩子。困难总会过去的，家庭幸福永远都是我们心目中的第一。"晓玲看到丈夫的脸慢慢红了，满足地笑了，在他的眼睛里又出现了久违的柔情。

人家都说女人靠"哄"，三句好话，当牛作马也愿意。同样的，男人也是，多说点好话给他听，真诚地对他说一声"谢谢"，矛盾和抱怨就会被化解得烟消云散。夫妻之间最重要的就是能够相互理解和彼此欣赏，只要彼此都能怀着一颗感恩的心生活，生活就会回报我们更多的快乐。

当他为你做了一件事，不管那是需要花很多时间的"大事"，或是很容易做的"举手之劳"，你都可以郑重地表示你的感激。一方面这是很好的习惯，表示别人对你好，你都放在心上；另一方面，这是绝佳的示范，让你的男人也学会对你的付出点点滴滴都放在心头。

没有最好的爱人，只有最合适的婚姻

什么叫作"最合适的对象"？最合适的不一定是最好的，更不一定是你最喜欢的。说到伴侣的条件，女人可以开出各式各样的条件，比如：温柔、体贴、有责任感、爱我、孝顺、有钱、有男子气概，或没有不良嗜好、可以养家糊口、学历高、身材魁梧，有的还希望将来的伴侣是医生、律师，也有人喜欢军人……

谈过恋爱或是踏入婚姻殿堂的人都知道，这些条件再好，一对佳偶可能在"年久失修"后仍会变成一对怨偶；当时爱得死去活来，过不了几年，可能就恨得咬牙切齿。温柔体贴在当时也许只是一种假象。有责任感的男人可能要求妻子更有责任感，他总会觉得他所负的责任比妻子的责任沉重而且重要得多。

魏雯到了该结婚的年龄，她每天都在等男友求婚。可是男友却还是一副小孩儿玩心未泯的模样，从来也不提与婚姻有关的承诺、责任。魏雯越来越觉得他靠不住，于是和他分手了。之后母亲为魏雯介绍了一个同事的儿子，对方性格比较内向，不像前男友那样健谈、讨人欢心，不过魏雯和他相处以后发现两人倒是很合得来，兴趣、观念等各方面都很相近。而且对方也是传统型的人，很希望能步入婚姻殿堂。

在两人要谈婚论嫁的时候，魏雯的前男友突然又联系她。他告诉魏雯，经过这几年的沉淀，他内心已经成熟了，而且事业也很有起色，这个时候他越来越觉得魏雯才是他不可缺少的。男友的回心转意让魏雯陷入了矛盾之中，的确从现在看，前男友无论从感情，或者从各方面条件都比现在的男友要好，但是魏雯仔细考虑了一下，两人在很多看法上还是有分歧的，当初交往时就经常吵架，这样的关系进入到婚姻恐怕要更受考验。于是她权衡再三还是选择了现在的男友。两人结婚后，日子虽然平实无奇，但素来喜爱平稳的魏雯感到找到了最合适她的生活。

婚姻是实实在在的生活，它交织着各种琐碎。在这个最真实的世界里，童话是不足为信的，童话中的王子到了现实里，也许就受不了柴米油盐的"熏陶"了。所以，找一个能和你平平安安过日子的人才是最合适的选择。

那么我们该怎样判断一个男人是否适合自己呢，别问他人，也别光凭自己的感觉，有 10 个因素你必须考虑：

彼此是最好的朋友

彼此都是对方最好的朋友，不带任何条件的，喜欢与对方在一起。

容易沟通，相互信任

彼此很容易沟通，互相可以很敞开地坦白任何事情，而不必担心被对方怀疑或轻视。

有共同理念和追求

两人在心灵上有共同的理念和价值观，并且对这些观念有清楚的认识与追求。

双方认同婚姻关系

你们都认为婚姻是一辈子的事，而且双方（特别强调"双方"）都坚定地愿意委身在这个长期的婚姻关系中。

可以协商解决矛盾

当发生冲突或争执的时候可以一起来解决，而不是等以后才来发作。

幽默相待，彼此开心

相处可以彼此逗趣，常有欢笑，在生活中许多方面都会以幽默相待。

非常了解，互相接纳

彼此非常了解，并且接纳对方，我们知道对方了解自己的优点和缺点，仍然确信自己是被他所接纳。

为人处世，和谐默契

男女双方交往非常理性、成熟，双方都感受到，在许多不同的层面上，你们都是很相配的。

许多人总是在追寻着完美的公主和王子的结合，但是现实生活中，这样的例子实在是太少了。其实，婚姻的幸福在更大的程度上是靠两个人相互维持，而这种维持婚姻的力量，则来源于两人共通的精神和现实的交流。

结婚了，还要接受他的习惯

世界上没有两片完全相同的叶子，更找不到两个完全相同的人。当一个人的生活变成两个人的生活之后，由于原来生活习惯各异，兴趣有别，很可能就会产生这样那样的问题和矛盾，要继续做和美的鸳鸯，就要求夫妻双方在习惯上和兴趣上互相尊重。

婚姻要靠两颗心的吸引，像一磁性相反的吸铁石一样，这种磁性，就是彼此之间密不可分的精神和情感纽带。人的思维都是活跃着的，即使是夫妻，谁也不可能把对方硬绑在自己身上。因此，要想使对方心灵深处得到激发并凝固起深沉而稳定的感情，就要学会互相尊重。

小张和一个女孩认识恋爱三个月后，就闪电结婚了。两个人的条件都不错，可以说是门当户对，无论是工作、学历、长相、谈吐，两个人都是挺配的，熟悉的朋友都说他们是天生一对，祝福他们白头偕老。可半年后，众人却听说两人闹离婚的消息，并且是两个人都很自愿的那种，不是哪一方出轨迫不得已。

原来，是两个人的习惯不合导致了离婚。这种习惯，不是饮食，也不是大的生活方式，而是一个小小的洗脚习惯，况且这种习惯是从小就形成的，难以改变的。男的还算讲卫生，就是不爱洗脚，有时候甚至十天半月不想洗脚，滚上床就睡。因为他来自北方矿区，自小与父母都是这习惯，有时甚至一个月不洗脚。而女的则来自江南水乡，非常爱干净，每天都强迫男的洗脚。开始还好，结婚三个月后，男的懒得理妻子，想洗就洗，不想洗任凭妻子怎样强迫都无济于事。争执吵闹几个月后，甚至闹到分居，他们生活不下去了，只能分手了。

这个例子很有意思，在我们现实生活中，不乏这样的人，正如有人说："结婚不是跟人结婚，而是跟习惯结婚。"这个习惯包括饮食起居、日常生活方式、行事作风，等等。有的人能接受对方的不同习惯，比如大多数妻子反对吸烟，但老公吸烟她也就慢慢习惯了；但有的人是一点都接受不了，比如老公打呼噜，造成了妻子神经质，只要同床她就很难睡好，还有上面不洗脚离婚的极端例子。

无论怎么样，两个人走到一起很不容易。你要和那个陌生人一起生活，还要习惯他的各种习惯，受不了只能折中、放弃，很难说是对是错。不过，和谐的夫妻最重要的一点就是尊重。

尊重的范围很广泛，它还包括生活的情趣、爱好和人格等。当你的伴侣习惯于朝右侧睡的时候，你就不要强迫他朝左侧睡；当你的伴侣习惯于独自看书写字的时候，你就不要强迫他和你说话；当你的伴侣习惯于早晨起床晨练的时候，你就不要强迫他睡觉；当你的伴侣习惯于默默记日记的时候，你不要强迫要看……夫妻关系并不是占有和强迫关系，他不是你的战利品，想怎么处理就怎么处理。

最好的方式，是在不影响双方的大方向上，只要不是太大的缺点，他爱怎么着就怎么着，要让他生活的自由、轻松、愉快，就是最大的尊重。要改变也是慢慢的、逐步的，像春风潜入夜一样，别渴望他一夜翻身。这样，你的伴侣就会逐渐习惯你的存在，慢慢适应你对他的关怀和抚爱，让他知道你爱他，他也乐于去为你改变。

特殊意义的小物品让家庭充满爱意

男女在恋爱时期总会有互送礼物，无论这些礼物是廉价还是贵重，都可以称作是爱的证据。这些证据就会时时提醒你，过去的日子是多么美好，身边的人是多么的爱你。如此一来，你就会以积极的态度来面对生活，并且对家人时时充满感恩之心。

爱的物品可以是任何朴素或美丽的东西，但有一个前提——能时刻提醒你。譬如一本书，一张家人的老照片，一幅挂在墙上的格言，等等，只要对你有意义的即可。如果以前没有，那么你现在可以去花店或商店，买一束花或一件可爱的物品，送给自己的家人或朋友，以表达自己的爱。千万不要小看这些微不足道的物品，它能时时提醒你，你是幸福地爱着他们，也被他们所爱。

霞就非常懂得收藏爱的物品，也许正因为如此，才使她永远生活在幸福中。

一天晚上，霞和一位朋友赴一场宴会，朋友先到霞家等她化妆，霞把首饰一件件地搭配着晚礼服给朋友看，朋友却发现首饰盒里有一枚十分精美的钻戒，霞却一直未动。

"为什么不试试这个？"朋友问。"不，我不戴这个，"霞说道，"一般不戴。""太贵重？"霞摇摇头。"是你先生给你买的第一件礼物？"霞点点头："还因为，我不知道这枚钻石戒指的真假。"她微笑着，轻轻地说。

接着，霞说起了这枚钻戒的故事："那时我们认识不久，我对他的背景几乎一无所知，单因为他这个人就爱上了他，他对我也是如此。定情之后，他说要送我件礼物，于是，一天早上，我收到了这枚钻石戒指。我非常喜欢这枚戒指，就常戴着，从没考虑过它的真假问题。可是我慢慢发现，很多人都对它有兴趣，常常询问它的真假。我答不出来，只好含混过去。也许他平常的打扮和我含糊的态度为大家提供了判断的依据，使得大家都不约而同地认为这是枚假钻戒。然而等到我们结了婚，孩子长到三岁后，他们又突然转变了看法。""为什么？""因为他们知道了我先生出生于一个经商世家。"霞笑道，"当初他选择我，他父亲都不同意。他是瞒着父母悄悄与我结婚的。"朋友默默地看着这枚钻戒，"你现在还不知道它是真是假吗？""不知道。""干吗不问他？""为什么要问？是真是假又有什么关系？"霞说，"再说，我也确实不知道应怎样去问，我甚至认为这个问题一旦提出，这枚钻戒无论真假就都已经一文不值了。"

是的，是真是假又有什么关系呢？这枚戒指是先生在贫困时为爱情献出的礼物，别的已经不重要了。

现在霞把它当作爱的物品收藏起来，以此换来的幸福感，难道不比它是一枚价值连城的钻戒更有意义吗？

要记住，当我们的家中充满爱的物品时，就算我们想要发脾气、心情沮丧好像都不太可能了；而当家人看到这些物品时，也会对自己充满爱意，因为我们是如此在意他们，他们会用更丰厚的爱来回报自己的。

适应恋爱与婚姻的落差，让吸引力永不衰退

热恋与婚姻是有很大差别的，从潇洒的单身贵族进入两人世界，由无忧无虑的浪漫跌进琐碎操劳、油盐酱醋的现实生活，许多新婚夫妻，

尤其是妻子，容易产生心理不适。

新婚不久的孙小姐本该是最幸福的，但她满肚子的委屈。她向朋友抱怨："恋爱时，男朋友总是主动请求约会，送到家门口；会牢牢记住自己的生日和情人节，并送上精心挑选的红玫瑰，为自己唱歌跳舞，大献殷勤；闹矛盾的时候，不管谁对谁错，他也总是小心翼翼地赔不是。可结婚后，他像变了个人似的，不像以前那么好了，一直都在骗人。"

恋爱时双方都注意给对方以良好的印象，较少显露出弱点和不足。婚后，随着生活的深入和时间的推移，双方各自的弱点逐渐暴露出来，也容易出现感情的摩擦，引起心理不适。因此，新婚夫妻只有及时进行心理调整，才能使夫妻间的"吸引力"永不衰退。

主动承担家务

结婚以后，需要共同协商的大事是不少，但更多的是柴米油盐的日常琐事。夫妻关系的平等交往表现在家务的共同分担上，主动承担家务的一部分，是丈夫爱护妻子、妻子体贴丈夫的具体表现。

尊重对方的个性特征

一对夫妇，即使是青梅竹马，仍有各自的性格特征。一个善解人意的妻子或丈夫，应该尊重对方的个性特征。这样，婚姻就不是一种禁锢，而是既能充分发挥各自的个性特征、又能互相依恋的温馨之家。

学会包容

夫妻双方要学会相互包容，尽量站在对方的角度去看问题，欣赏对方优点的同时也要接纳对方的缺点。不要太固执，要学会容忍、变通。

经常交流

夫妻间要经常坐下来交换意见，沟通思想，把自己心中的欢乐与苦衷倾诉出来。特别是在逆境的时候，最需要的就是亲人的慰藉。

学会忍耐

夫妻间要学会忍耐，当对方发脾气或发出挑衅信号时，最好采取忍耐和避开的方式，或设身处地地了解其原因，以帮助解脱，而不要受对方情绪的影响，使自己处于情绪恶劣状态。

坦诚相处

爱是一种使人奋发向上的力量。因此，夫妻间应坦诚相处，做到互敬互爱，相互关照，这样比赠送礼物更令人高兴。

适时来点幽默

在适当的时候，恰到好处地开个玩笑，很自然地做个滑稽动作，用笑声打破紧张气氛，转移不良情绪。

婚姻不是爱情的坟墓，而是给了爱情一个遮风挡雨的家，两个人从相识相爱到相依相伴，更多的时光是要享受婚姻的平淡而非爱情的激情，调整好恋爱和婚姻的落差，才能体味到婚姻中的幸福真谛。

用动情的语言增加夫妻生活情趣

学会用动情的语言，能增加夫妻生活情趣，是恩爱夫妻的感情纽带之一。但中国人夫妻间感情不像西方人那样外露，而注重含蓄。但含蓄绝不等于关闭感情的窗口。每个人都懂得不进食会产生饥饿，但许多人不知道缺乏感情交流也会产生"感情饥饿"。拥抱接吻使人得到感情满足，动情恩爱的言语同样使人得到感情满足。医学心理证明：一个人长期得不到感情满足不仅会心情沮丧，而且有可能导致一系列心理障碍和心理疾病。因此，夫妻间善用"动情语言"是至关重要的。

比如说一句"我爱你"，有的时候，可以激活疲惫的爱情。爱有时不需要承诺，却需要真心表白。勇敢地说出你的爱，让对方明白，起码这是在按自己的心意快乐着，你无怨无悔。很多人认为，只有恋爱中的人才需要说"我爱你"，其实对于步入婚姻的爱人，同样需要时常说出你的爱。一句"我爱你"

曾令多少人心潮澎湃，热泪盈眶，只需这三个字，任何再多的语言仿佛都成了一种累赘。这三个字在很多人心目中都是很神圣的，尤其对于初识的恋人，想说却不敢或不好意思说，这样的心情相信很多人都经历过。而当时光流逝，岁月匆匆而过，爱情变得有些疲惫和麻木的时候，我们是否还会记得对身边的爱人说这三个字？也许有人认为已经没有必要，也许你太过忙碌忘了还有这三个字，也许你觉得已经说过的话再说一遍已经没有必要，也许你觉得用行动来表示更有意义。但是，你真的错了，这三个字真的是经久不衰的神奇字眼，它在每个人心目中永远都保持着至高无上的位置，所以，永远都不要忘却它的魅力。

所以，何不找个合适的时机，其实，不用怎样刻意制造气氛，清晨，睁开双眼，对着睡眼惺忪的爱人可以轻轻说出来，相信他一定会立马精神百倍，而且保持一整天的好状态。上班临行，出门之前，也可以抓住某个瞬间，在他耳边轻轻呢喃一句，你一定会看到对方眼中的惊喜和兴奋，你也因此会快乐一整天，关键是，你们的关系也会因此有了新鲜的色彩。或者，当一方烧好了饭菜，另一方衷心地说一句："你辛苦了，你烧的菜真好吃，谢谢！"一方穿上新衣，另一方马上赞扬说："你今天真漂亮（帅）。"出差在外，不妨写几封信，表达平时不易启齿的爱慕之情。一句动情的话语，不仅使人感到舒畅、清爽、甜蜜、兴奋，而且容易激起感情的浪花，避免夫妻间不必要的矛盾发生。因此，无论是少夫少妻，还是老夫老妻，每天都别忘了向爱人表达出你的爱心！

其实，这并不难，只是几句简单的话而已，却可以让两人的生活发生很大的变化，也许你想都想不到。

记住，说这这些话的时候，一定要认真，深情款款，千万不可漫不经心，否则你就是在亵渎这神圣的字眼，而且也会让对方觉得你是在敷衍。如果那样的话，还不如不说。说到底，就是你要用心，是发自内心地感叹抒情，而不是一时的心血来潮，像交一份作业似的匆忙没有心情。找个合适的机会吧，你的爱人在期待你带给他的惊喜。

从罗曼蒂克到锅碗瓢盆的转变

当女人带着美妙多姿的想象和天真烂漫的愿望，步入婚姻的殿堂时，发现在白色婚纱的炫目光影背后，不再有罗曼蒂克的情调，要面对的是平凡、单调的"锅碗瓢盆交响曲"。由天马行空到脚踏实地，理想与现实的极大落差，加之女人天生追求浪漫爱情的心愿，让新婚中的女人陷入了迷茫和困惑之中，使她们产生了适应不良。其实不光是女人，面对这种心理变化与冲突，夫妻双方都必须及时调整。

心理失落感调适

热恋与婚姻是有很大差别的，一下子从无忧无虑的浪漫跌进了琐碎、操劳的现实生活，许多新婚夫妻，尤其是妻子，产生了心理失落感。

其实，并不是男方不好，更不是什么欺骗，只不过他认为，成了家就该养家立业，只卿卿我我怎么行呢？于是他将很大的精力给了工作与事业，自然不像以往那么殷勤了。另外，恋爱时双方都注意给对方以良好的印象，较少显露出弱点和不足。婚后，随着生活的深入和时间的推移，双方各自的弱点逐渐暴露出来，也容易出现感情的摩擦、引起心理失落。

解决这个问题，最关键的是双方要互相理解和体贴，不要强迫别人按照自己的意愿行事；要正确理解并接纳恋爱和婚姻的正常差别，努力达成激情与琐碎生活的平衡。

性格与生活习惯的磨合

新婚之后的一段时间是两个人的"磨合期"。性格需要磨合，生活习惯也需要磨合。生活是由许许多多具体的生活琐事组成的。两个人的家庭出身、文化背景、性格特征、兴趣爱好都不尽相同，生活在一起难免发生矛盾。比如，一方喜欢整洁而另一方喜欢乱放东西；一方不修边幅而另一方有"洁癖"；一方节俭而另一方却大手大脚，等等。所以，许多新婚夫妇经常为鸡毛蒜皮的小事争吵，伤害了夫妻感情，破坏了家庭和谐，甚至会闹离婚。婚后"磨合期"一般至少要半年至一年。

这段时间内，夫妻双方要正确认识"磨合期"内矛盾的必然性，尽量站在对方的角度去看问题，欣赏对方优点的同时也要接纳对方的缺点。不要太固执，要学会容忍、变通，就像富兰克林说的："结婚以前睁大你的双眼，结婚以后闭上你的一只眼睛。"说的就是在婚后要包容对方。

化解自由与责任的冲突

步入婚姻，必须负起应有的责任和义务。恋爱时虽然也需要负起一定的责任，但毕竟比较自由。比如，恋爱的时候男人可以和其他好朋友一起去酒吧喝酒，去KTV唱歌。结婚以后就不行了，如果丈夫经常要和朋友一起喝酒、打牌，把妻子抛在脑后，妻子当然不能接受。结婚前，女孩除了享受男朋友的殷勤，回到家还能享受爸爸妈妈的照顾，吃喝不愁。结婚以后，妻子通常在下班后还要做饭，如果下班后就躺在床上吃零食、看电视，全然想不到丈夫下班后的饥肠辘辘，矛盾就难免了。

矛盾是在所难免的，关键是双方要相互体谅，化解责任与自由的冲突。总之，结婚以后，双方都要不能再"为所欲为"，要增强责任心，做一个像样的妻子或丈夫，婚姻才能持久。

婚姻不是爱情的坟墓，也不是浪漫的爱情童话，它是实实在在的生活。生活中不能没有锅碗瓢盆、油盐酱醋，婚姻中的不和谐、矛盾要由夫妻双方共同化解。幸福美满的婚姻需要夫妻共同创造。

在恋爱与婚姻的温差中，找到人生最舒适的温度

有人说："婚姻是爱情的坟墓。"结婚意味着激情的冷却以及爱情的消逝。婚姻真的如此可怕吗？问一下那些甜蜜相守着的夫妇，就会知道有时候爱情与婚姻是可以共同拥有的。婚姻生活远比爱情来得更长久、更细致、更现实。婚姻能够彻底地改变一个人，从外表到内心。爱情和婚姻的温度是不同的，

爱情是滚烫的，而婚姻却是温暖的。

所谓婚姻是爱情的坟墓，只能说双方不懂得如何去经营爱情，许多人正是由于无法适应婚姻与爱情的温差，而让双方的感情越走越远。相信当两个人决定结婚前，一定是彼此有感觉的，只是婚后的日子让爱情变平淡了。这仅仅只是因为结婚以后，男人与女人都放下了爱情中的浪漫，投入到工作中去了。婚姻之所以没有了爱情那样鲜明而浪漫的色彩，是因为双方把精力投向了别处，这并不是爱情的消逝，而是对爱情的忽略。只要多花心思在感情上，爱情就能以一种更加温情的面貌与婚姻同在。

女人嫁给一个爱自己的人是幸福的。在他的面前，女人可以肆无忌惮地撒娇、扮痴；可以任性地做任何你想做的事；在他面前女人可以尽情地放任自己，可以不修边幅。但是在享受他的宠溺、迁就、包容时，也不要忘记为他建设一个心灵的栖息地，做他生活中那块最安稳的小岛，让他也能感受到有你的快乐。

婚姻是一门学问，是一门技术，但不像是书本那样的死学问，也不是生产环节的死技术，它像经营管理一样，是一门活学问，是一门活技术。到了情窦初开的年龄，人人都需要学习，人人都需要研究。我们不仅要把婚姻当一门学问、一门技术来学习、来研究，更要把婚姻当作一项事业来合伙经营，把婚姻的理论知识与婚姻的生活实践相结合。

有些人在婚姻上的失败，并不是找错了对象，而是从一开始就没弄明白，在选择爱情的同时，也就选择了一种生活方式。就是这种生活方式，决定着婚姻的和谐。有些人没有看到这一点，最后使本来还爱着的两个人走向了分手。走进婚姻，不意味着放弃爱情，虽然爱情是热烈的、滚烫的，婚姻是真实的、温暖的。其实，只要二者真正融合，你就会发现这才是人生最舒服的温度。

第三篇
可怕的梦和深层心理学

第一章

梦的真面目

第一节 梦与意识、潜意识

意识与潜意识的关系

潜意识具有无穷的力量，它隐藏在心灵深处，能够创造魔术般的奇迹。爱默生说："在你我出生之前，在所有的教堂或世界存在之前，潜意识这种神奇的力量就存在了。这是一个伟大永恒的真实力量，是生命运动的法则，只要你牢牢抓住这个能改变一切的魔术般的力量，就能够治愈你心灵的创伤，愈合你身体的伤痛，摆脱心中的恐惧，摆脱贫穷、失败、痛苦和沮丧。你所要做的一切就是将自己的精神、情感与你所期待的美好愿望结合为一体，富有创造力的潜意识会为你做出安排。"

意识与潜意识具有相互作用，意识控制着潜意识，潜意识又对意识有重要影响。

有这样一个有趣的事例：有位大使与人交谈时，他的一位侍者总在一旁侍候。后来，这位侍者得了神经方面的病，不得不住院治疗。在医院中，侍者居然与病友大谈政治、外交，还提出了许多深刻的见解。大使为之震惊，深为自己埋没了这样一位人才而愧疚，决定任命他为秘书。不料，侍者病好后，再问他有关政治、外交方面的问题时，他竟一无所知。

侍者的表现说明了意识对潜意识的制约作用。侍者在大使与人交谈的过程中，听到了许多政治、外交方面的观点，这些信息都储存到了他的潜意识中。平时，由于意识的控制，这些认识一直埋藏在大脑深处，难以显现。而当他患病，意识处于迷糊状态时，那些储存在大脑深处的潜意识开始活跃，于是便与病友大谈起了外交、政治。可当意识恢复正常后，潜意识就又被牢牢地控制住了。这时，再问他政治、外交方面的事情，他就不可能轻易发表见解了。

潜意识的神奇力量被许多伟大的科学家、诗人、歌唱家、作家和发明家深刻了解。

歌剧男高音卡鲁索有一次突然怯场，因为害怕，他的喉咙开始痉挛，无法再唱了。还有几分钟就要出场了，他感到恐惧，大滴汗水从脸上淌了下来。他浑身发抖地对自己说："他们要嘲笑我了，我无法唱了。"他到后台对着那里的人大声说："小我要把大我掐死。""滚出去，小我！大我要唱歌啦！"如此这般后，潜意识回应了他，他镇定地走上台，结果唱得好极了，全场为之轰动。

在这里，大我指的就是潜意识中的力量和智慧。心理有两个层次，一个是有意识的，符合理性的；一个是潜意识的，不符合理性的，卡鲁索显然知道这一点。

意识如同船长，在驾驶台上工作，他指挥船的方向，对机舱的操作员发布命令。机舱的人根据命令操作各种仪表等，他们不用管船向哪个方向行驶，只要执行命令就行。如果船长用他的罗盘发出错误的指令，船就会触礁，操作员只能服从命令，别无选择。船长是船的主人，他发布命令。

同样，你的意识就是你的身体、你的周围环境以及你所从事的一切事务的主人。你的意识向你的潜意识发布命令，因为你的意识能做出判断，接受认为是合理的事情。当你的理性（小我）充满恐惧、担忧、焦急的时候，你的潜意识（大我）会以恐惧、绝望等影响你的意识。当出现这种情况的时候，你要像卡鲁索那样，坚定地对非理性的我说："请安静一下，我能控制你，你必须听我的指挥，你（这个小我）不准乱说乱动。"

　　你每天都在你的潜意识中根据你的思维习惯播种，所以你身体和你的环境所收获的就是你在潜意识中所播下种子的果实。意识和潜意识代表心理的两重性，人的心理好比是一个花园，你就是心灵的园丁。

　　如果你说："我不喜欢吃樱桃。"如果你无意中喝了樱桃汁，你就会觉得不舒服。因为你的潜意识对你说："主人（意识）不喜欢。"这一个例子很好地说明了意识和潜意识之间的区别和各自的工作方式。如果你说："如果晚上我喝咖啡，我会在夜里3点醒来。"因此，一旦晚上喝咖啡，你的潜意识就会暗示你，好像在说："主人想让你晚上睡不着觉。"你的潜意识每天24小时不停地工作，不断地为你效劳，将你习惯思维的果实呈现在你的面前。

　　心理、精神、意志这些东西最奇妙，看不见，也摸不着，似乎它们本身没有一丝一毫的实际力量。但是，你只要恰当地运用它们，充分掌握激发它们的技巧和方法，借由它们来影响潜意识，就能发挥出你想象不到的巨大的力量，创造出奇迹。

　　潜意识大师摩菲博士说过："我们要不断地用充满希望与期待的话，来与潜意识交谈，于是潜意识就会让你的生活状况变得更明朗，让你的希望和期待实现。"只要你不去想负面的事情，而选择有积极性、正面性、建设性的事情，你就可以左右你自己的命运。

梦与潜意识的关系

　　研究人员认为，梦主要是由潜意识控制的。潜意识是和意识相对的概念。意识在医学、心理学及哲学界有着不同的观点，但一般认为，意识或者心灵，它涉及心理现象的广泛领域，既无处不在，也深奥莫测。意识是人脑所特有的反映内部和外界客观现实的机能，也是人在清醒时对自我和周围事物的觉知状态。

　　与意识相对而言，无意识则是人未意识到的一切心理活动的总和，是人不自觉的认识和体验的统一，是人脑重要的、辅助性的反映形式，是与语言没有明显联系的大脑皮层中兴奋较弱部位的活动。

潜意识的来源

弗洛伊德认为，精神病与内心被压抑的愿望或观念有关。当受到某种特殊刺激后，这些被压抑的愿望或痛苦就会以不正常的活动形式表现出来，造成精神病。这种被压抑在心灵深处的、平时意识不到的精神活动就叫潜意识。

弗洛伊德将"意识"分为三个部分，即意识、前意识、潜意识。

在他看来，前意识里边的东西，只要借助于注意，就可以进入意识。但潜意识里的内容，想进入意识时，就要受到抗拒。

潜意识是每个人的心理活动的源泉，但我们对它的存在又一无所知。这一人类心理的决定性部分没有时间感、地点感和是非感，它像个婴儿一样对法律、伦理和禁忌一无所知，它只知道自己需要什么，若不设法得到满足绝不罢休。这种冲动在每个人的心灵深处造成一个"追求满足"的固定需要，这就是"享乐原则"。

潜意识藏有我们童年的大概记忆，这些是我们以为早已遗忘了的，但实际上还珍藏着；它还包括我们自己感觉到的秘密、怨恨、爱以及某些强烈而原始的热情和欲望。

一般人并不知道自己的身上居然会有这些不道德的观念和欲望。我们醒着的时候，潜意识因素大大地影响与掌控着我们的日常生活，它影响我们思考感觉和行动的方式；在夜间，它又出现在我们所做的梦里。

潜意识里的东西，还可以通过升华的方式出现在意识里，把那些可能是不道德的违反伦理的强烈潜意识愿望和诉求，利用升华作用而以较能接受的形式出现在日常生活当中。梦是通向潜意识的必由之路。

潜意识的特征

潜意识具有原始性。潜意识是人的精神机构中最初级、最简单、最基本的因素。它的产生早于意识和前意识。意识是经过发展而转化了的潜意识，但是并不是所有的潜意识都能成为意识，这取决于外部环境和潜意识本身的性质。

潜意识具有冲动性。由于潜意识的原始性才使得潜意识具有很强的冲动性、活跃性。潜意识的冲动性来自它的原始性，它在人的心理序列居于领先地位，最先在人的心理活动中出现。

潜意识具有非时间性。

潜意识活动具有非道德性。

潜意识具有非语言性。在潜意识或本我中没有思维的概括能力，它的表达主要是借助知觉材料，并无语言参与。

潜意识的心理意义

潜意识会导致人做梦，而潜意识对清醒时的我们又有哪些意义呢？

观察到自我潜意识心灵的存在。梦能够充分显示出人类体验的两分性——意识能力与潜意识能力。在梦中，我们的潜意识心灵比任何时候都更强烈地具有实体感。此时，对潜意识心灵戏剧化呈现出来的产物，我们可以触摸和感受到。

熟悉自己潜意识心灵。因为意识使我们可以和自己做的梦做有目的的交互作用，所以我们就能够对自己的梦境进行仔细观察和体验。

承认潜意识是我们心灵的伙伴。

接受"自我"和潜意识之间的关系。

梦既是潜意识的思维工具和潜意识思维的成果，通过对梦的解释，就能挖掘出深藏在梦里的潜意识的高度智慧和丰富的信息资源，帮助我们正确地认识问题和解决问题，走出困境。因此，梦境的剖析对于分析心理以及心理调整都具有重要的意义和价值。

潜意识在梦中是怎样体现的

梦在弗洛伊德的潜意识理论中有着举足轻重的地位，梦的研究证明了潜意识活动的丰富性，是研究被压抑的潜意识的最便利方法，梦的研究可视为研究神经病的引线。

梦不完全是一种躯体现象，而是一种不规则的反应的产物或物理刺激所引起的有意义的心理现象。梦代表一种警告，一种决心，一种准备，代表人的潜意识历程。梦的隐含是一种异常复杂的心理动作，梦的内容的改造是为了满足潜意识的欲望。梦是心灵在睡眠中对前一日或前几日经验的反映，是醒时心理活动的继续。

梦的元素本身并不是原有的思想，而是梦者所不知道的某事某物的化装的代替物。解梦就是利用梦者对这些元素的"自由联想"使它被代替的观念进入意识之内，再由这些观念，推知隐藏在背后的原念。自由联想不仅依赖于解梦者所给予的刺激观念，而且有赖于梦者的潜意识活动，即有赖于当时没有意识到的含有强烈的情感价值的思想和兴趣（即情结）。

梦之所以奇异难解，是由于梦的化装作用，化装的主要动因在于梦的"检查作用"。凡是在梦中较明确的成分之中，出现一种在记忆里较模糊的成分，这便是检查作用的结果。检查作用常用修饰、暗示、影射等来代表真正的意义，而梦的元素中重心的移置和改组则是检查作用的有力工具。可见，材料的省略、更动和改组，是梦的检查作用的活动方式和化装作用的方法。检查作用的本质是自我本能的理性规范对性本能的潜意识冲动加以审查、删略和变形。检查作用和化装作用相互制约，被检查的欲望愈强，化装程度愈大；检查的要求愈严格，则化装愈繁复。化装的功用在于以自我所认可的倾向对夜间睡眠里出现的不道德"恶念"施行检查，即进行内心批判。

梦的工作所回溯的时期往往是原始的或退化的，即退回个体的幼年或种族的初期。幼年的经验在记忆中往往是一个空白，只有通过彻底的分析才能将它们召回。梦的这种倒退作用，不仅是形式的，而且是实质的；不仅将我们的思想译成一种原始的表现方式，而且唤醒了原始的精神生活的特点。这些古老的幼稚的特性，以前曾独占优势，后来却只得退处于潜意识之内。强烈的被压抑的潜意识加上有意识思想的影响，构成了倒退作用的条件。这可视为关于梦的性质的最深刻的了解。

梦是欲望的满足。这是梦的主要性能，这种满足主要指欲望内容的满足，至于某些梦中不快的情感则维持不变。事实上，梦者常常摒斥和指责一些原可产生快感的欲望，这时焦虑就乘机而起，以代替检查作用。焦虑表明被压抑的欲望的力量太大，非检查作用所能制伏。人类的精神生活中颇多"惩罚"倾向，它们强大有力，可视为某些"痛苦"的梦的主因。惩罚本身也不失为一种满足，它满足的乃是检查者的欲望。

一言以蔽之，梦是了解认识潜意识的最重要的途径和渠道。

潜意识具有预测性吗

梦与现实是一对矛盾统一体，二者是密不可分的，离开了梦的现实，将是枯燥而空虚的，梦为现实生活填补了空缺，也帮助人放松了处于紧张状态下的神经；梦的基础来源于现实，离开了现实，梦也将不复存在。

根据事物变化发展的客观规律，事物发展到一定程度后，往后再发生的事会成为一种必然，这种必然原本存在于人的潜意识当中，潜意识是梦的源头所在，梦因此具有预见性。当人们开始着手做一件事时，潜意识就会根据人的本性和种种客观因素对这一事件的发生及其结果做出预测，而人本身并不会真正想到这些，它完全隐藏在潜意识里，不能被人发现，却是真实存在着的。在做梦的时候，这些存在于潜意识里的想法或情景等就会反映在梦境当中。梦醒后的一段时间里，现实世界则有可能发生与梦境相同或类似的事件。

一个学生讲述其初三时的一个梦境。睡前，她在做物理练习题，而临睡前做的最后一道题她并未解出来，由于困倦便沉沉睡去。梦中，她又在做那道物理题，借助了计算器，在就快醒时解出了答案，醒后发现，那道题的正确答案正是她梦到的答案。

该梦者在长时间做同一门功课的题后，思维开始混乱，原本在正常状态下能够解出的题却解不出来了，然而潜意识中存在的智慧却不受影响，于是通过梦的形式传达给梦者。因此，可以看出，潜意识有时也会使梦通过象征的形式向梦者传达信息，所谓梦的预见性实际只是潜意识对现实事物的客观分析的结果。

太过真实的梦会扰乱人的正常思维，使梦幻与现实混淆。生活节奏较快、长期从事脑力劳动的人一天中接触的事物大都是与自己工作有关的，而很多事物也在经历的过程中逐渐进入潜意识中去，而梦者本身并不会感觉到这一点，只有进入梦境之后，这些早已被储存在潜意识中的东西才会被反映出来，而反映在梦中的场景却像自己经历的一个真实事件。梦者醒后一般不会对整个梦记忆得很深，往往在一段时间以后，当回忆某件事或某个细节时，将会分不清到底是梦还是现实。如果这样的情况频繁发生，则会扰乱人的正常思维。导致这种情况的原因在于梦者本身，因为这样的人的生活长期都处于一种固定模式下，很少接触相对新鲜的事物。如此便使潜意识中储存的信息相对单一，便不能构成丰富多变的梦境。梦与现实生活联系十分紧密，使人愉快的梦可以保证人健康积极地度过一整天；与现实太过类似的梦不但不会使人在睡眠中放松自己，反而会增加压力，使人变得消极并且思想受束缚而机械化。

在《梦的解析》一书中，弗洛伊德提出梦是人的欲望的反映，与愿望有关，然而较为现实的（即通过努力可实现的）愿望很少在梦中有所反映，幻想中非现实的愿望则会频繁在梦中得以实现，而且这种愿望必须是长时间存在于人的脑海，而非短暂的冲动。同样，每个人也都不同程度地对某一个或几个事物而感到恐惧，那些使人长时间感到恐惧的事物也会为梦所反映出来。比如，小孩会经常梦到大灰狼、鬼怪等一些大人常常为他们描述的事物；长期为一种病所折磨的患者则会梦到与自己的病有关的事，而这样的梦常常表现为噩梦。不论是由愿望引起的梦还是由恐惧的事物引起的梦，都经常与现实相反，即反梦。虽然与现实相反，这样的梦却对人有很大的启示作用，尤其由恐惧产生的梦，它往往能揭示梦者自己本身未意识到的缺点与不足，以警示梦者需要改进。

潜意识的内容与它相对应的梦是有因果联系的，因此将潜意识转化为前意识可以控制人不做某个梦。通常潜意识都是不能被人感知的，人并不知道自己的潜意识中有些什么，也无法感知它的存在。而前意识即我们通常所说的意识，人的日常行为、语言等都受它的支配。梦是潜意识的产物，即梦来源于不可感知的潜意识而基本不会以其他形式或途径产生梦。由此可以发现，人类可以控制自己不去做某个梦，办法就是将潜意识中存在的事物转化为前意识，如此便会使一些事物从潜意识里分离出来进入可被感知的前意识，从而切断梦的来源这条途径，使人不会做与这个事物相关的梦了。

一个人每天都要经历很多事情、得到很多知识，如此积累起来，便构成了丰富多彩的人生。然而正是如此，也构成了与现实脱轨的怪梦。目前心理学家已经发现，智者所经历的这种梦比较多，造成这种现象的原因就在于智者拥有多于常人的智慧和更为丰富的人生体验。人的一生所经历到的大部分都会在梦里有反映，经历的事物越多、越丰富，能够被梦反映的也就越多，然而梦者处在睡眠过程中时不具有逻辑思维能力，不能合理有序地将各个事物安排好，只有任凭大脑随机将几个事物联系在一起，这种联系不存在因果、包含与被包含、先行后序等，只是无序地排列。无序排列的事物越多，梦就会越复杂、越离奇，而这些与现实脱轨的怪梦实际上是毫无意义可言的。

解梦需要进入潜意识吗

有一位外国作家，写了一个神秘的故事，故事的梗概是这样的：

主人公是一个水手的儿子。在他很小的时候，他第一次随大人上船去玩。

他伏在甲板上看海，忽然他看见在船后有一条很大的大鱼。他指给别人看那一条大鱼。但是没有人看见这条鱼。

大家想起来一个传说，说海里有一种怪物形状像鱼，一般人看不见。如果一个人能看见它，这就是不祥的，这个人将因它而死。

从此这个人不敢再到海上，不敢再乘船。

但他经常走过海边，每次他走到海边，都能看见这条鱼在海里出现。有时他走在桥上，就看见这条鱼游向桥下。他渐渐习惯了看到这条鱼，但是他从不敢接近这条鱼。就这样他生活了一生。

在他很年老，面临死亡的时候，他终于忍不住了，决定到鱼那里去，看看到底会发生什么。他坐上一条小船，划向海里的大鱼。

他问大鱼："你一直跟着我，到底想干什么？"大鱼回答："我想送给你珍宝。"他看到大量的珍宝。

他说："晚了，我已经要死了。"

第二天，人们发现他死在海上。

作家说，这个故事是从他做过的一个梦中得到的灵感，我们知道，很多故事都是作家的较深层的潜意识的产物，那么，我们将这个故事当作一个梦的例子，来解析一下人类的潜意识。他看见在船后有一条很大的大鱼，他指给别人看那一条大鱼。但是没有人看得见这条鱼。在中国古代，也有类似的说法："察见渊鱼者不祥。"在这里的海是潜意识的象征，海像潜意识一样，浩瀚无边又深不可测，隐藏着无数的奥秘。大鱼就是大海的奥秘，是潜意识中的精神的象征，直觉的象征，大鱼可以看作我们所谓的潜意识中想要的却得不到的事物。

有些人和一般人不同，他们更容易见到自己潜意识中的内容。天才的艺术家就是这样一种人。

如果一个人进入了自己的潜意识，他就注定了不能过一般人的生活。进入潜意识中是有危险的。如果你的潜意识里存在着心理矛盾，你无力解决这样矛盾，又贸然介入太深，你的心理平衡就会受到威胁。精神疾病患者实际上就是进入了潜意识。精神病人会听到我们听不到的声音，看到我们看不到的种种人物鬼怪。而他们把这当成真的存在，不知道这只是一种象征形象而已。精神病人就是"醒着做梦而又把梦当成真的人"。天才的艺术家也说是可以进入潜意识的人，正是在潜意识中他们才获得了那么多新奇的想象。所以天才艺术家很像精神病人，他们和精神病人的区别在于：精神病人已经完全不会和一般人沟通了，艺术家还会；精神病人在潜意识的世界里充满了恐惧等，天才艺术家在潜意识世界如鱼得水。

那个孩子看到别人看不见的鱼，就让大家担心他，如果一个人能看见它，这就是不祥的，这个人将因它而死。这种担心是有道理的，他也可能成了精神病人，也可能成了艺术家，即使成了艺术家，他也可能像许多艺术家一样饥寒交迫，像凡·高一样几乎饿死。

于是，他不敢再到海上，不敢再乘船。

"但他经常走到海边，每次他走过海边，都看见这条鱼在海里出现。有时他走在桥上，就看见这条鱼游向桥下。他渐渐习惯了看到这条鱼，但是他从不敢接近这条鱼。就这样他生活了一生。"也许他从此找了一个一般工作，像一般人一样生活，但是他经常走到海边，体验潜意识和艺术的冲动，也许还玩过艺术，但是他不敢让自己投入大海。

在我们的潜意识里，固然有危险，更有无尽的珍宝。如果那个人早进入它，他也许已经是艺术大师了，而且他的心灵一定可以更丰富了。

我们解梦，就是进入大海。不过，不是自己盲目闯进去，是在解梦技术这一指南针的指导下进入，我们可以没有多少风险，而得到极大收益。

通过梦境了解潜意识的波动

弗洛伊德认为，梦是对愿望的满足，不过，这种愿望在梦中的表现，有时是直接的，有时是间接的，有时则是以相反的形式出现的。有一次，弗洛伊德的一个朋友的夫人，做了一个来月经的梦，这样的梦她过去几乎没有做过，她向弗洛伊德讨教。弗洛伊德告诉她，夫人做这个梦意味着内心深处存在着"有月经就好了"的想法，如果反过来看的话，这个梦可以解释为夫人目前的月经暂时停止了。这位夫人听后惊讶地告诉弗洛伊德，自己正处于妊娠期，她对弗洛伊德的解释异常钦佩。应该说，像这样内心潜意识的欲求，在梦中按其本来面目直接或不很曲折地表现出来的情况，其判断是比较容易的。当然，由于梦的本质和机制十分复杂，许多内容对于人类来说，还是未知世界，所以，难以解释的梦仍然不少，甚至占梦的大多数。但是，按照弗洛伊德的精神分析方法，还是可以解开不少神秘之梦的锁结。

弗洛伊德的助手费兰斯分析一位女性梦见一只小白狗被绞死的梦的例子，曾被许多书引用。费兰斯经过分析后认为，这条小白狗实际上是这位太太所讨厌的妹妹的形象。在分析梦的过程中，这位女性说出了一些情况，她对烹调很擅长，并且有时还亲手勒死鸽子、小鸟等来烹饪，但她绝不认为这是件愉快的事情，所以很想辞去这项工作。当费兰斯问她是否有特别讨厌的人时，她说出了妹妹的名字，并义愤填膺地说起了妹妹对她丈夫"就像训练好了的鸽子一样"，使她十分厌恶。她在梦中勒死小白狗的方法同勒死鸽子的方法实际是一样的，而鸽子、白狗其实都已拟人化了，很可能就是她妹妹的形象。果然这位太太在做此梦之前曾与妹妹激烈争吵，还把妹妹从她房间里赶了出来，骂道："滚出去，但愿别让狗咬着我的手！"分析到此，女士承认，她确实有过"妹妹死了就好了"的想法，而她的妹妹身材矮小，皮肤白皙，就像小白狗一样。

梦是潜意识得以发泄的最佳场所，有人说："若以梦中的行为做出判罪的依据，那么人人都是罪犯。"这类似的看法其实柏拉图在其名著《理想国》中就有阐释。他认为在梦中"……人们会犯下各式各样的一切愚行与罪恶——甚至乱伦或任何不合自然原则的结合，或弑父，或吃禁止食用的食物等罪恶也不除外，这些罪恶，在人有羞耻心及理性的伴同下，是不会去犯的。"所以，弗洛姆在其著作《梦的精神分析》中说："柏拉图与弗洛伊德一样，把梦当作我们内心无理性野兽天性的表现。"但是，弗洛伊德又认为，人们在梦中也不是完全肆无忌惮的，由于"检察官"或"看门人"的作用，梦境常得经由化装后才能象征性地呈现出来。所以弗洛伊德在《精神分析引论》中说："梦的表面意义无论是合理的或荒谬的、明了的或含糊的，我们都不会理会，这绝不是我们所要寻求的潜意识思想。"

同样的梦境可能因梦境分析者对其显意、隐意及象征意义有不同的理解，其解释的结果也就可能迥然不同，甚至大相径庭。所以心理医生在为被分析者解梦之前都必须对其生活环境、生活习惯、心理状况有个大致了解。对不熟悉的被分析者可通过交谈或自由联想而掌握线索。我们可以科学解梦概括为："解梦者可根据解梦的需要，询问这类梦境的出现是经常的或偶然的，做梦者的体会是什么，做梦者平时对梦是否有兴趣，做梦者生活的顺递，再结合做梦者的性别、年龄、素质强弱、性格、职业、服装、音容笑貌、近期生活状况等方面综合分析，得出结论。"与其说解梦是一门科学，还不如说解梦是一门艺术。正如弗洛姆在《梦的精神分析》中说的："它正如其他任何艺术一样，需要知识、才能、实际操作与耐心。"

梦是潜意识的象征性语言

对梦的解释过程就是对显梦的逆向翻译过程，这个过程与梦者制造梦境的过程相反，是对梦的还原。只有了解梦的制造过程，才能准确地理解梦的心理含义。尽管梦有一个精确的逻辑，用分析还原的方式把梦的显意转化为潜意识的文本即梦的隐意时，其意义具有唯一性。但是，就同一个梦来说，梦的意义却可以进行扩展。梦的精确逻辑与梦的意义的可扩展性两者并无矛盾。因为基于弗洛伊德式的分析还原解梦方法是一种客观层面的解梦，其要义即将梦的内容"打碎"或"拆散"，将其还原为梦者对外部情境或对象的记忆。但在精神分析大师荣格看来，做梦者才是所做之梦的全部原因，做梦者就是全部的梦，所有梦的细节都表现了梦者没有意识到的种种内心矛盾、体验、倾向和看法。

要想通过梦的解释准确聆听心灵深处的声音，必须了解梦的象征意义。梦是潜意识的象征性语言，这种象征通常以图像化的"素材"和"场景"呈现出来，但就象征本身而言并不具备单一的意义，只能根据梦境的具体需要来确定。对梦中出现的各种象征的理解是准确解梦的关键，梦中一般有两种不同的象征类型，即"偶发性象征"和"普遍性象征"。

偶发性象征是一种在象征与所代表的某物之间没有内在联系而只具有某种偶然联系的象征，这种偶然联系往往只有梦者本人才能理解，它与梦者本人的生活事件有直接的关系。例如，某人在某个城市曾经有过一段非常恐惧和沮丧的经历，以至于在以后的日子里当他听到这个城市的名字就会与恐惧的情绪联系在一起，如同他把自己快乐的情绪和另一个让他经历快乐的城市名字联系在一起一样。

普遍性象征是这样一种象征：在特定的文化背景下，象征与所代表的东西（意义）之间具有普遍的内在关联，这种关联深深地根植于人类情绪与情感体验的共同经验中，并为所有人或大多数人所理解。例如，梦中出现的蛇、太阳、水火、河流、桥梁与道路、房屋、车、人们熟知的各种动物、生活中人类共有的某些物品如电视机等，这些象征的心理意义不仅容易理解，而且不同的人对其意义的联想内容基本相同。

下面是一位受困于幼年情节而不能进入恋爱状态的女孩子的一个梦，梦中表达了对爱情充满憧憬与迷惘，梦中使用的象征几乎全部是普遍象征。

一个光线朦胧的时刻，我在像是一个生长着竹林和矮小梅树的寺庙的后花园，有翻墙者（不该进来的人但不是小偷）进来，我想阻止他们，没想到他们人多势众，我骑上一匹高大结实的枣红马一路飞奔，逃离他们的追赶……

梦中的许多事物的象征都能唤起人们共同的心理体验和联想。但尽管属于普遍象征，由于象征具有多重意义，因而象征在某一梦中出现时，其确切意义往往需要补充两方面的资料才能最终决定，一是梦者本人的自由联想资料，二是梦的象征在意义上的关系是否符合梦自身的逻辑结构，因为梦具有精确的逻辑结构，而不是思想碎片的随意拼凑，解梦者须综合考虑这些因素才能对一个梦的完整意义进行准确解读。例如，"寺庙"包含的意义很宽泛，可以指"修身养性的场所"，也可以指"远离尘世的精神世界、单身并压抑的自我、没有异性光顾的身体"等，而在这个梦中，寺庙的准确含义只能解释为"梦者没有异性光顾的身体"，生长着竹林和梅树的后花园则指"隐秘的性器官"和"充满情感期待的内在的精神世界"。这样，"翻墙者为什么不是小偷"也就得到了合理的解释，暗指"强行侵入她身体和隐秘的情感世界的男人"。

所以，无论象征的意义多么的复杂和难以把握，放到特定的梦境中，其意义通常具有单一性或一致性。从这个意义上说，梦具有自身严密的逻辑结构和精确的心理意义，而并非可以随意理解的潜意识语言。偶发性象征与普遍性象征之间并无明显的界限，象征的意义受制于文化与亚文化的差异性，当一个偶发性象征被大多数人理解或者成为大多数人的经验以后，就变成了普遍性象征。一位来访者梦到自己与上司说话，嘴里吐出的却是玉米粒，"玉米粒"的象征意义就难以理解，其实这个象征与"骂人"有关：在梦者的故乡，用粗俗的语言说话的人被称为"玉米棒子"。梦者实际上是在以伪装的方式来表达自己对那位上司的不满。

梦是打开人格最深层的钥匙

在弗洛伊德眼中，梦是一种精神现象，是一种心理活动，是一种愿望实现，是一种清醒状态精神活动的延续。梦并非空穴来风，梦亦非毫无意义，也不是意识昏睡，梦是被压抑的愿望经过伪装的满足。

"梦可以告诉你想隐藏些什么和隐藏的动机，解梦之人要拼接梦，并找出邪恶之源。"这句话是惊悚悬念大师希区柯克 1945 年拍摄的电影《爱德华大夫》中的经典台词。这部心理学领域电影的开山之作，是电影史上第一批以精神分析学为主题的影片之一。蓝色的音乐，萧瑟的寒风，冷漠的石碑，零落的枯枝，黑白的简单色调叙述了一个贯彻弗洛伊德理论的悬念迭生的心理分析故事。

故事发生在一个精神病疗养院，默奇逊院长即将退休，医学界著名的爱德华医生前来继任。新来的爱德华年轻英俊，风度翩翩，身上笼罩着的个性魅力以及学术光环让美丽的女主角心理医生康斯坦丝情愫萌动。然而，之后的相处中，康斯坦丝渐渐察觉到爱德华的异常举动，他忘记自己书中阐述的理论，看见印有黑色竖纹的白色布料会头晕，遇到病人出血几近昏厥……随后，大家得知真正的爱德华医生已经遇难，而来者是伪装的，是一个被某些可怕的事情困扰的失忆症病人——约翰·布朗。约翰忘却了自己的身份，爱德华医生女秘书的供词更使他背负了谋杀的罪名。

康斯坦丝凭着爱与心理学特有的直觉认定约翰不是凶手，她试图用精神分析的方法帮他回忆起隐藏在记忆深处的真相。警察的追捕迫使两人躲避至康斯坦丝的老师阿历克斯家中，正直善良的心理学家收留了他们并帮助康斯坦丝一起治疗约翰，他们希望通过剖析约翰的梦境找到真正的凶手。

约翰的梦是影片的核心剧情，解梦则是剧情高潮，影片多处成功地运用了弗洛伊德的解梦原理，解梦过程的精湛以及梦的解释重组令人拍案叫绝。弗洛伊德认为，梦不像其表面显示的那样只是一堆毫无意义的表象，它是通向潜意识的捷径，是打开人格最深层的钥匙。通过对梦进行分析，可以揭示出被人压抑到潜意识中的过去事件。人具有两种心理机能：原发过程和继发过程，前者以梦为代表，以凝缩、移置和象征为特点，毫不顾忌时空规范，并用睡眠时满足欲望的幻觉来缓解本能的冲动；后者以日常清醒的思维为代表，严格遵循语法和形式逻辑。

梦是一种象征，每一个象征都是不可忽视的细节，是破译和重组整合的关键。约翰梦中所出现的每一件物品、摆设，每一个人，每一个动作，每一句对话仿佛都具有特定含义。梦由人的意识产生，约翰的梦境与现实息息相关，白色屋顶代表雪山、络腮胡男子代表爱德华医生，与络腮胡赌博时他得到 21 点纸牌代表纽约 21 点赌场，呵斥络腮胡滚出他地盘的蒙面男子就是凶手，凶手扔出的变形车胎轮子代表左轮手枪……当把梦境和现实联系起来就会发现那些看似天马行空的梦其实就是现实世界中凶案发生的反照。

谋杀发生在爱德华与约翰滑雪时，为了让约翰彻底摆脱噩梦，康斯坦丝和他来到滑雪场，危急关头，约翰终于忆起儿时情形，摆脱了犯罪情结。原来约翰年幼时与弟弟玩耍，失手把两岁的弟弟从楼门外台阶两旁的滑台上推下去摔死了。适逢寒冬，大雪纷飞，尽管这只是一件意外，但它给约翰幼小的心灵所造成的伤害却是无比震撼而强烈的，从此噩梦开始伴随着他，令他备受心灵的自我谴责与折磨，一直影响了他的童年、青年时代。他心底的内疚感一直存在，尽管事情已过去 20 多年，似乎一切都已忘记，但两条平行线条（代表着门前的两个滑台）对他仍然起着某种作用，让他莫名地紧张恐惧。

当他与爱德华医生一起滑雪，爱德华忽然被人枪杀，现实中的情境——雪地、白光、滑雪板、笔直滑雪道接近了他潜意识的情绪源，童年的体验和眼前的感受合而为一。那一刻，他意识完全混乱，深信自己就是杀人凶手，为了逃脱"罪责"，他开始扮演爱德华医生的角色，同时仍然无法摆脱潜意识里可怕情境的困扰。警察按约翰提供的线索找到了爱德华医生的尸体，但他仍然无法摆脱谋杀的指控。默奇逊院长一句失言，令康斯坦丝如梦方醒，联系约翰的梦境，整个案件终于水落石出，真正的凶手就是在医院工作了20年、无法接受自己被爱德华接替的默奇逊医生。

电影中解梦被赋予了新的意义，即让有心理障碍的人了解自己潜意识行为产生的原因，通过让他面对自我来克服心理障碍。解梦，找出它的隐义，就能恢复部分潜意识心理内容，并将其置于理性分析中。梦以幻觉和伪装形式表现被压抑的内容，它使不为人承认的愿望获得部分满足。梦的来源是潜意识，意识的愿望只有得到潜意识中相似愿望的加强，才能成功地产生梦。每个梦都是愿望的实现，即以伪装形式表达或满足某种潜意识的欲望。

第二节 梦与心理学的关系

梦与心理的关系

人的心理活动是神经系统高级部位——脑的功能，而梦则是心理活动的一个方面，并且人白天的一切心理活动都会影响到夜晚梦中的心理活动。因此，梦也是心理活动中必不可少的部分。

人的心理活动是一个十分复杂的大脑生理活动，它最基本的特征之一，就是能够反映人的情绪。情绪是人类最基本的对外界反映的特征之一，它是人类大脑神经生理反应与"意识"整合时产生的。当外界的反应冲动从扣带回向大脑皮质扩展时，心理过程便渗入了情绪色彩。

人白天心理活动中的情绪，在夜晚的梦中也同样反映出来，正如人们常说的"日有所思，夜有所梦"。梦的内容千奇百怪，梦中人义愤填膺，或焦虑不安，或沉浸在幸福甜蜜之中。经过不少科学家长期的研究，一般认为，梦是有一定精神基础和物质基础的。它是人类精神活动的一种方式，是现实生活中内容的折射与反光。

人的心理活动都在梦境中表现出来，只不过这种心理上表现有点经过变形而展现于人的梦中。要研究表明，情绪与梦境有关。例如喜者多梦欢乐愉快；怒者多梦焦躁不安；忧者多梦心绪不宁；悲者多梦凄楚哀怨；惊者多梦惊心动魄、惶恐胆怯；信鬼神者，多梦妖魔鬼怪；梦境杂乱混沌者，心中多不安与担忧。还有一些梦与个人愿望、思想活动有关，这些思维的痕迹已深深地印在脑海里，睡眠时又重新反映出来。

梦可以起到"安全阀"的作用，也就是说，如果在睡眠中，人类机体冲动得到发泄，醒后就会约束自己的言行，能更好地适应现实的困难和处境。如果不让某人在睡眠中做梦，这个人就会在白天表现出异常言行，甚至产生犯罪危害社会的行为。

梦，实际上是自己演给自己看的小品，就像一个人在自己观看电视一样，他总会去找那个自己最喜欢的看，他看的内容多多少少可能与这个观看者有些类似或是他向往的地方，这正是你心理上或心灵中发生反映的结果。一个人可能在自己的梦里找到自己，梦虽然是假的，却不会欺骗你。

人在做梦的时候，大脑皮质是在极低水平下工作的，对事情的分析有时是错误的，记忆中也可能充满着缺陷或残缺不全。所以梦中的自我同现实中的自我有时看起来是分割的，没有连续性。但作为同一个大脑，有的心理学家认为，梦中的自我仍然在关心着白天的事情，不过只是用了不同的方式来看待这个问题而已。人在梦中，是以一种奇特而复杂的生活回忆着他的过去和预演着未来。

所谓发现现在的自己，在心理学上称为自我，也就是意识当中的自己，我们称为"清醒我"。当然，现今心理中的是自我，但是在心理学上，我们所要探测的心灵，比现在这层自我更加深刻。

由于潜意识被压抑在内心深处，被封闭起来，所以平常人们无法发现它。它存在的证据是，当压抑的力量薄弱时，这个无意识的心灵就会来到有意识的世界。人在睡觉时，自我压抑力量较弱，无意识的心灵便容易浮上意识层面。这正是表现在梦里，所以梦是平常自己压抑着的另一面。

梦是一种奇妙的心理现象，虽然身体处于睡眠的状态，但脑海里，却如同清醒般地拼命思考着。现实生活中不可能发生的事情，在梦境里却都有可能实现。虽然是做梦者本身自导自演，观众也仅限于本人，但每一次却仍有新的剧情发展。让人不可思议的是，几乎所有人在起床后不久，就无法完全记得做梦的内容。因此，做梦是否为我们心灵的自身心理生理上的需要，就成为科学家们的研究热点。

另外，研究人员也尝试别的实验，就是把睡到一半的实验者突然叫醒，唯一区别的是，这一次是在他尚未产生梦境便打断其睡眠。同样观察他们在白天的行为，则没有发现较异常的变化。

众所周知，梦是"看"的东西。在清醒时的感情可由言语、动作行为来表现，但在梦中有情感表现，就只能"看"。它常是由欲望、恐惧、爱情、嫉妒、矛盾等因素纠结的部分组成。

人在清醒的时候，常能以较冷静、理性、明确的态度处理自己的感情、压抑自己的行为。但在梦境里，那种抑制力在降低，因而会做出平时不敢想象的行为。因此，梦扮演着将自己心底真实的情感，转化成为一个视觉影像，再传达出来的角色。由于梦境里全然是视觉化的影像，因此，我们则可能通过心理分析着手，来发现"睡梦我"心灵底部的真实意义。

梦的补偿与心理平衡作用

在对梦的研究过程中，人们发现梦具有心理平衡作用。人们平时被压抑的个性会在梦中得到释放，现实中无法实现的愿望也能在梦中得到满足，这在一定程度上能够缓解人们的心理压力。也就是说，梦的心理意义在于补偿，通过梦，潜意识可以指出或补充意识活动的不足，使精神活动更加完善，也更加充实，从而使整个心理功能趋于稳定。

心理学家荣格也肯定了梦的心理补偿作用，这是一种内在的自我平衡调节系统。比如，很多心理医生在临床实践中会发现：幸福的人常做悲伤的梦，闲适的人常做紧张的梦，抑郁的人常做快乐的梦，满足的人常做失落的梦。荣格认为，梦的作用是补偿，如果一个人的个性发展不平衡，当他过分地发展自己的一个方面，而压抑自己的另外一些方面时，梦就会提醒他注意这些被压抑的方面，从而完善、充实人们的精神世界。这样的梦将会有利于人们的身心健康，能使心理及行为更为趋于和谐。

例如，当一个人过分强调自己的强，不表达自己的弱，即他只表现自己的强悍、勇敢的气质，而不承认自己也有温情，甚至软弱的一面时，他也许就会梦见自己置身于某种令人手足无措、异常惊恐的场景里，这种梦境就是对他的个性的平衡。

梦对人脑的调节作用主要表现在两个方面：一方面，舒缓平和的梦境可以帮助人们调节清醒时紧张忙碌的心理状态；另一方面，苏醒时某些不能得到满足的欲望可以在梦中实现。相应的，如果人们无梦或者少梦，那么可能会出现两种情况：一方面，白天的紧张情绪若不能通过做梦得以修复，那么长期紧张的状态会导致人的心理崩溃；另一方面，人们会因为累积过多的难以实现的欲望而饱受折磨。所以，哲学家尼采所说的"梦是白天失去的快乐与美德的补偿"正是对上述理论的精炼概括。

具体来说，由于人在梦中以右脑活动占优势，而苏醒后则以左脑占优势，在机体 24 小时昼夜活动的过程中，清醒与睡梦的状态交替出现，可以达到神经调节和精神活动的动态平衡。因此，梦是协调人体心理世界平衡的一种方式，特别是对人的注意力、情绪和认识活动有较明显的作用。

梦是大脑调节中心平衡机体各种功能的结果，做梦也可以维持大脑的健康发育和正常思维的发展。做梦能使脑的内部产生极为活跃的化学反应，使脑细胞的蛋白质合成和更新达到高峰，而迅速流过的血液则带来氧气和养料，并把废物运走，这就使得本身不能更新的脑细胞会迅速更新其蛋白质成分，以准备来日投入紧张的活动。所以，可以说，做梦有助脑功能的增强。

脑中的一部分细胞在清醒时不起作用，但当人入睡时，这些细胞却在"演习"其功能，于是形成了梦。梦给人痛苦或愉快的回忆，做梦锻炼了脑的功能，梦有时能指导你改变生活，还可部分地解决醒时的冲突，将使你的生活更加充实。

做甜蜜的美梦，常常会给人带来愉快、舒适、轻松等美好的感受，使其头脑清醒、思维活动增强，这有助于人的消化和身心健康，对稳定人的情绪、促进和提高人的智慧活动能力、萌发灵感和创造性思维都有所裨益。

上述理论也可以用来解释现实生活中很幸福的人为何常常做糟糕的梦：人的担忧多半来源于消极的自我暗示，总是认为自己现在拥有的东西可能会失去，认为自己随时会"出事"，心理学家把这种自我暗示看看成一种自我预言，因为很多抱有此类想法或经常做这类梦的人最后可能真得会"出事"，但这"事"绝非是梦惹的祸，而是人自身不断重复暗示的结果。所以，改变一个人对梦的解释，在解梦时自己安抚自己，尽量以合理、积极的态度去认识梦境就可以改变梦给人带来的心情。

梦中的自我

自我是一个人潜在意识的原形，现在正被个性发展的需要所叠加。人有一种尽可能排斥兽性和阴影的倾向，然而人格完整的秘密深深隐藏在自我之中。人的潜意识和未来密切相关，做梦者可能第一次在梦中看到一种使之振奋的自我形象，这种形象可能会成为自我完整的个性的象征。

梦境，是你本身自我心灵中的一个舞台，因为心灵中的奥妙只有自己才清楚。做梦的大脑与白天清醒时的大脑是同一个脑子，只不过是有左右脑的区别而已。在这个梦中舞台上，登场人物中可能每个角色都是你所认识的，都是你所熟悉的人。然而，也有完全不认识的陌生人，也有些是曾见过却叫不出名字的人。

重要的是，做梦者是决定谁出场谁不出场的人物，即使是不具任何意义的小角色，也必须由做梦者来决定。换句话说，梦中的登场人物不仅具有深层的意义，而且所演出的或令人惊心动魄，或扣人心弦的故事，大多与个人过去的经历，现在的体验以及对未来的设想有关。

　　大多数梦都具有一定的象征性和隐喻性，描述了做梦者生活中人际关系的某些重要特色。梦中双关语是重要的信息，而且由于多是视觉双关语，很容易明白。不过有些双关语或隐喻就没有那么简单了，要通过更多的发问才能发现它真正的意义。

　　隐喻性的思考方式对于了解梦的真正隐含信息有关键的效用。如果你确能欣赏并把隐喻看成一种表现风格，那么你就能比较灵活的了解梦境。当一个人运用智慧解破梦中的隐喻或双关语时，获得的乐趣本身就是梦境体验的收获。心理分析的目的，就在于去发现隐喻与双关语的意义以及梦中象征动作的意义，并利用它们对今天的生活产生积极的影响。

　　梦是大脑的潜意识和意识两个层面之间的对话——它们很微妙地讲着不同的语言。尽管有意识的大脑可能认为自己已经理解了潜意识在梦中说的话，但事实上它像一位缺乏经验的翻译那样，经常未能准确地理解和解释那些语言真正的含义。为此，我们要想做好自我心理、心灵的翻译，就要深入了解梦的表现形式。

梦境与情绪象征

　　梦是人的情绪舞台。每当白天的活动结束后，人对这些活动的感受并没有结束，而是留待梦中分解。梦境所表现情绪的好坏，将会影响第二天起床时的心情：是去迎接世界给我们的挑战，还是逃避出现在我们面前的困难呢？

　　有实验表明，梦以两种方式表达情绪：第一种是渐进式，其中的梦境由一个走向另一个，做梦者在其中总是取得最后的成功，即使是从坏事开始；第二种是重复式，梦境也由一个到另一个，但每一个梦境都有某种相似性，做梦者总是摆脱不掉不愉快的情绪梦。

　　在白天，我们的情绪可以尽情地表现或发泄，而梦中的我们采用什么手段来表现自己的情绪呢？梦中的情绪是经过了加工的，多采用象征、夸张以及其他方式来表现，虽然与白天的实际情况可能在具体形式上有所区别，但梦中的情绪却和白天的情绪大多在本质上保持着一致性。

另外，还存在另一种情况，某些人在现实生活中可能会有一些不符合自己道德观念的情绪。白天，他们无法把这些情绪正常表达出来，于是便会通过梦境来传达，这些情绪在梦境中有时候可能表现得非常明显，有时候却需要通过隐晦的象征方式。

例如，生活中的酸甜苦辣影响着人们的情绪，人难免会有喜怒哀乐，但是在现实生活中，我们的情绪可能无法得到有效的宣泄。比如，一个人与他人发生矛盾时，可能会争执几句，绝大多数的人迫于外界环境，为了维护自己的形象，虽然生气但可能也只是发发牢骚作罢，但在梦里，他们便可能与人争吵、怒骂甚至打斗，这种愤怒的情绪与白天的怒气是一致的。

再比如，一个人梦见自己的奶奶去世了，她十分悲痛。做梦者在白天确实接到过家人的电话，得知奶奶生病的事实，于是她晚上做了这个梦。正常来说，这个梦可以理解为她担心奶奶会因病去世，如此来看，梦中的情绪反应的应该是她真正的情绪。她因这个梦焦躁不安，即使获知奶奶病情好转之后依然非常痛苦，于是她去向心理医生寻求帮助。心理医生在与她交谈的过程中发现，这个人与她的奶奶关系非常不好，因为一些事情双方积怨很深，所以，在她奶奶还未去世的情况下，她的这个梦可能隐含着她希望奶奶死去的想法，并且她也正是因为意识到了这一点，所以承受着自己对自己的道德谴责，并感觉到不安与焦虑。如此看来，一个人梦中的真正情绪也可能是隐晦的、婉转的，是需要深入挖掘的。

科学家将做梦者梦中的情绪在一定范围内做过记录和统计，主要形式有这几种：忧虑，包括恐惧、焦虑和迷惑；愤怒和挫败感；悲伤；快乐；激动，包括惊讶。其中忧虑的情绪占绝对优势，比例为40%；愤怒、快乐和激动各占18%；悲伤最少，占6%。所以，梦中的心态64%为消极的或不愉快的（忧虑、愤怒、悲伤），而积极愉快的（快乐），仅占18%。

另外，梦的形成与人们的思想观念和心理状态及体验等心理活动的关系最为密切。根据临床观察，心情平静则梦也平淡宁静；心情紧张不安则梦也恐怖可怕；心情郁闷则多做烦恼的梦。总之，梦常常能够体现梦者的情绪和心态。

梦反映做梦者的矛盾心理吗

内心的矛盾常常出现在一些恐惧的梦或焦虑的梦中。火车就要开了，你急着要赶车，但是就是跑不动。有人追你，你要逃走，但是就是跑不动。恶鬼来了，你想搏击，但是手却抬不起来……这是一种很可怕的感觉。

弗洛伊德早就指出，这种梦反映着梦者内心中的矛盾。

他心灵的一部分想逃脱，想赶上火车，而心灵的另一部分却不想逃脱，不想赶上火车，这时就会出现想跑跑不动的情况。同样，遇见鬼动不了也是因为心灵的另一部分不想动。

总是如此吗？这不敢保证，但是我们遇到的这类梦境总是如此解释。动不了是由于内心矛盾。

例如一个女孩梦见同班一男生持刀冲过来，她想跑却跑不动。为什么，因为她一方面害怕那个男生会"袭击"她，另一方面却又希望他能"袭击"她。

在梦中干什么事总出错也往往反映出内心的矛盾。例如前面引用的荣格所说梦例：一个校长梦见赶火车时，不是这个忘了就是那个丢了。最后好容易出了门路上又走不动。

原因是他内心中有另一个声音告诉他，不要这样急于追逐名利。

有一个女孩，提供了这样一个梦例。"五一"假期中她原想去一男朋友那里参观牡丹花，但终未成行。结果"五一"后她经常梦见自己不远千里去找男友。

总是历经千辛万苦，梦见自己清晰地见到男朋友学校的校门，但不知为什么总见不到他。于是拼命拨电话找男友的寝室。但是男友不是去上课就是在很多人的大操场上踢球，反正就是见不到他。接下来又梦见男友打电话说他来看她，但当她急急忙忙去接男友的时候，却又在约定的地点找不到人了。

这种一直无法见面的梦的意义代表什么呢？这个女孩通过最近的心理变化，找到了梦的答案。她说："我自己急于见到他，向他说明一些误解，所以总是梦见去找他。但我又唯恐见到他，他不能原谅我，不能冰释这些误解，所以梦中无论如何努力总也见不到他，是潜意识中害怕见到他。"

这种又想见又怕见的矛盾，就引出梦见去找但是找不到的情节。

还有一种情况，走不动代表一种否定。弗洛伊德有这么一个例子：

"我因为不诚实而被指控。这个地方是私人疗养院和某种机构的混合。一位男仆出场并且叫我去受审。我知道在这梦里，某些东西不见了，而这审问是因为怀疑我和失去的东西有关。因为知道自己无辜，而且又是这里的顾问，所以我静静地跟着仆人走。在门口，我们遇见另一位仆人，他指着我说'为什么你把他带来呢？他是个值得敬佩的人'。然后我就独自走进大厅，旁边立着许多机械，使我想起了地狱以及地狱中的刑具。在其中一个机器上直躺着我的同事，他不会看不见我，不过他对我却毫不注意。然后他们说我可以走了。不过我找不到自己的帽子，而且也没法走动。"

这个梦中细节的意思，我们已经无法破译。因为弗洛伊德没有说明做梦者当时的具体情况。但是我们仍旧可以看到，这个梦如同一部欧·亨利式的短篇小说，在结尾处突然翻转。在梦的前边，他一直自认无辜，而且仆人也认为他无辜，甚至审查者最后也相信了他无辜。但是，在他可以走了的时候，他的"有罪"却使他走不了了。

因此这梦的意思正是：尽管人人都以为你无辜，你也自以为无辜，但你不是。

说到底这仍是一种内心矛盾，内心中一部分认为自己无辜，而另一部分反对。

费慈·皮尔斯是完型心理治疗的创始人，他发展出优势者对抗劣势者的观念。安·法拉戴在诠解梦的时候，把这些观念做了进一步的发挥，并加入秘密破坏者的观念。

简言之，皮尔斯把我们心中权威命令"应当"做的事，视为优势部分——

无懈可击的完美主义者。如果我们凭着冲动，正要做出某些不"该"做的事时，这一部分则会正告我们，将会发生可怕的结局。例如，一个人一方面在用功读书另一方面又想去溜冰。她梦见不去溜冰实在是虚掷宝贵光阴，而做这个梦的那段时间里，她正处于"认真读书"的痛苦冲突中，那优势的部分威胁："如果你胆敢去溜冰，那么未来投身科技领域的生涯规划将付诸流水。"她相信优势部分的命令，也就是说，如果她把精神放在溜冰上，就不可能完美。她很害怕即使稍微心动，随便去溜个冰也将前功尽弃，成为一名不入流的溜冰艺人。她的重要个人需求——让精力与创造力有个宣泄管道，遭到强烈否定。而她人格中的另外部分则化身为劣势者。

而她的心声却说："我要溜冰！"在她远离运动的日子里，这个念头经常出没。一到晚上，这个劣势部分就以做梦的方式嘲弄她，在冰地上愉快滑行、舞蹈。劣势部分代表着遭到优势部分打压的基本需求，它会自行反抗，甚至以打击优势部分而满足自己。

法拉戴所谓的神秘破坏者，可能是优势部分，也可能是劣势部分，他们以神秘的方式在梦中让我们受挫。如果梦中事情遭受挫折，你可以把这个破坏者拟人化，问他为什么安排暴风雨，把你的车子吹离路面。假如你错过班机，遗失钱包。触不到近在咫尺的人物，那就是秘密破坏者在梦中作怪。如果它对你提出的问题有了回应，而且是用强烈批评性的口吻，要求你应该如何如何；假如你不听，它又警告你将会有如何如何的灾祸。那么可以确定，这是优势部分的夸张演出，正在反映你的生活中的困扰。

反之，如果秘密破坏者语多抱怨，自认受害，摇尾乞求优势部分放它一马，那么，这种抱怨会破坏你的意向，不让你遵守优势部分要求的，正是你的劣势部分。

梦中的心灵感应现象

梦与心灵感应的关系引起了研究者们的浓厚兴趣。很多人都可能曾经有过这样的体验：这个场面或事件似曾相识，可在现实生活中自己并没有这样的经历，其实，这是发生在梦中的体验。

比如，某中年男子病情急险的时候，他远在海南上大学的弟弟，多次来电话询问家中是否有什么事情发生。家里人为了不影响他的学业，告诉他没有什么事情发生，可他觉得心里非常难受，总是觉得家中有什么事情隐瞒着自己，放假后他才知道当时哥哥病重的真相。他说当时心里有一股难以忍受的痛苦，预感到家中有什么重大的事情发生。

诸如此类的案例还有很多，这种现象常发生于有血缘关系的亲人或相爱的情侣之间，在双胞胎之中发生的频率更高。

1960年，约翰先生和他的太太琼斯还在英国工作。一天晚上，琼斯做了一个奇怪的梦：她在房中熟睡，突然听到有人在呼唤自己，她努力使自己清醒起来，分辨出那是她的双胞胎弟弟汤姆的声音，于是她睁开了眼睛，看到汤姆正站在离自己不远的咖啡桌旁，还穿着飞机驾驶员的制服，但令她惊恐的是，汤姆的脸上一片空白，没有眼、耳、口、鼻。琼斯很害怕，正在这时，汤姆的身影摇晃起来，并渐渐地远去，直到毫无痕迹。

琼斯被吓醒过来，很长时间她无法确定那是不是一场梦，直到她的丈夫也醒过来并安慰她。当时，汤姆正在纽约经营包机服务事业。第二天，琼斯赶紧给家里打了一个电话，得知家中并没有什么事情才安心。两年之后约翰和太太回国，琼斯和弟弟聊起了那个梦，没想到汤姆大惊失色，告诉她大概两年前自己确实经历了一次危险的飞行，当时他的双擎飞机的两个引擎都坏了，飞机向下猛冲，在即将坠地的时刻一个引擎突然发动，这才幸免于难。

这就是心灵感应。心灵感应属于超心理学的范围，现代超心理学研究认为，心灵感应有两层意思，一种是预言性的心灵感应，即做了梦，在后来的某时某地竟发现一种现实景象跟该梦中出现的景象一模一样，这种现实景象就是预言性的心灵感应；另一种就是在时间上梦中的景象与现实某处发生的景象完全吻合的心灵感应。

梦的预示作用，其实就是对我们未来生活的一种预演，它让我们先在心理的层面上对未来的生活有一个准备。作为生命运动中的物质性和统一性的客观存在，心灵感应（或心灵传感）现象是与生俱来的，是人自身潜在的智慧，是绝大多数普通人的潜能并非极少数人才有的天赋。而后天的特殊开发，都可以使人们具有这种心灵感应的功能。

一些透视梦在预见或者预示未来事件时很明显，另一些梦则倾向于以象征的、隐晦的形式来表现这种信息。这些梦中确实有特异功能的影子，有时这些信息甚至非常完整，但你常常需要非常仔细认真才能发现它。

曾经有这么一个事例：一个年轻女子做过这样一个梦：她母亲睡在起居室里的一张折叠床上，她则睡在毗邻的一间卧室里的某个位置上，低头看着一位好朋友的尸体躺在那张折叠床上，什么东西都很准确。她和母亲都以同样的姿势站立着。她说："她是我最好的朋友。"

做梦之后刚刚一个月，不幸的事发生了。但是和梦中的情况恰恰相反，那位好朋友没有去世，而她的母亲却在睡觉时心脏病发作去世了。后来她的朋友走进屋子，她们各自站在和梦中一样的位置上——她以同样的声调说出了那句话。

弗洛伊德认为，古老的信念认为梦可预示未来，也是有一定道理的。荣格曾说过："这种向前展望的功能……是在潜意识中对未来成就的预测和期待，是某种预演、某种蓝图或事先匆匆拟就的计划。它的象征性内容有时会勾画出某种冲突的解决……"

梦的预示作用越来越真实地显现在人们的面前，尽管在梦学的悠悠发展史中，人们及一些科学家忽略甚至否定了这种作用的存在，但是，越来越多的心理学家与生理学家在长期的探索中，以无可争议的科学实事和梦例肯定并解释了梦的这种预示作用。

梦的心灵感应的另一个内容就是梦与现实事件发生的"共时性"，也就是说是"有意义的巧合"。

虽然心灵感应的原因尚未查明，但是这一现象还是不难理解的。必定是脑内有一种特殊的感知能力，借助这种能力，人接到了远处人或物发出的信息，并且把这种信息转化成梦。

梦的心灵感应现象常发生在相互关心、熟悉的人之间。曾有国外的研究者发现，心灵感应最明显的是孪生姐妹或姐弟，当其中一方遭到不幸时，另一方常有典型的同样部位的不适感或梦中心灵感应。没有血缘关系的夫妇也会有心灵感应的梦，在长期的身心共同交流的生活过程中，彼此相互产生了心灵上的共鸣，因而会产生梦中的心灵感应。

虽然梦中的心灵感应反映了特异功能的信息，但是有时它又歪曲了这些信息。有象征性的梦中，歪曲的过程甚至更加巧妙。

尽管有许多例子已经表明梦可以预示未来的事或心灵感应，但我们还是应该对这类事抱有求真务实的态度，我们在相信这些神秘体验的事实的同时，要从科学的角度与范畴去解解梦的真正含义，有的目前我们不可能尽善尽美地解说，但我们可以放在以后的历史中，让后来的人们去研究和探索。即使这些神秘的体验真的存在，也不能证明宿命论和有神论的观点。

从目前的科学研究结果来看，梦中的心灵感应是人类的一种自身存在潜能与天赋，它并不是少数人的本事，通过后天特殊的训练与开发（如气功等）是完全可以人人都能达到的。并且梦的预示功能也许就是爱因斯坦所说的四维空间的一种效应，其实质就是人脑的一种潜在功能。若按照中医天人相应的观点来看，这些神秘的体验无非是天人相通、天人相应的一种具体表现罢了，并没有什么神秘性可言。

梦都是自私的吗

梦是大多数时候都有自己在，但是也有少数时候梦里没有自己，好像在讲别人的事。不知你有没有过这种梦。梦里你像看电影一样，看别人在干这干那，或者干脆你就梦见看电影，一大段梦全是电影。

其实那全是在说你自己的事，电影的故事也是在说你的事。十有八九那主人公就是你的化身，当然也可能电影是某一个配角是你的化身，但是那可能性较小。因为谁不愿意做主角啊，在生活中做主角不容易，但是在梦里反正没人和你争，你何必不做主角。

　　这样说究竟有什么证据呢？当然有，根据就是每次有人讲完这样的梦，解梦师都能找出那个人物实际上是他自己的象征。有人说梦里我不是在看电影吗？怎么同时又成了剧中人？实际上这一点也不奇怪，这就叫"客观地看自己"，是自己的一部分看另一部分，或者，是现在的自己看过去的自己，就好像一个人看自己的录像片一样。你有没有过这种梦，一开始是看电影，看着看着，你变成了电影中的一个人了，如果你有过这样梦，你就应该懂得我的话了。你后来变成的那个人，从一开始就是你自己。电影就是你的内心生活的真实反映。

　　很多心理咨询师会在热线电话咨询时，经常遇到这种情况；某个人打电话说她的一个朋友有某种心理问题，问应该如何解决。在这种情况下，多数心理咨询师都不会去让那个朋友亲自来，因为谁都不愿承认自己有心理疾病，往往会借"朋友"的名义来掩饰。

　　解梦师都会自然地询问一些常规的问题，你的朋友年龄多大了？她的家庭是什么样的？她的工作如何？慢慢地，咨询师会随意地省略主语并问一些只有有这个心理问题的人自己才能回答的问题，比如，是不是早晨起来时心情最好？或者，忍不住要不停洗手，那么在外边没有水的地方呢？不洗心里什么感受？这时咨询者就会不知不觉忘了她是在谈"朋友"的事，而渐渐地融入了咨询师所创造的聊天氛围内，一点点说出自己的心事。

　　梦中由"看电影"变成自己参与，由电影中的人转为自己，这个过程和一开始掩饰自己的身份，在取得信任之后再说出自己的问题的情况是一样的。

　　有一个女孩子的梦非常具有典型色彩。她和男友恋爱，遭到了父母的反对，于是在梦中，爸爸妈妈被姐姐送到精神病院去了。爸爸把自行车锁弄开，和妈妈，还有"我"一起逃走了。

　　一开始似乎说的全是爸妈姐三人的事，爸妈被送到精神病院，而逃走时也只需要他俩逃走，为什么突然加上一句"还有我"呢？说穿了，前面用爸妈代表男朋友和自己。被关的毕竟还是她自己。说着说着，梦就把实话说出来了"还有我"。这个梦还是讲自己而不是讲爸妈和姐。

还有些梦,虽然是有自己在场,但所涉及的事,却与自己关系很小,是一些国家大事甚至国际上的事件。例如墨西哥爆发甲流的时候,有人梦见他变身成为记者去写报道。然而,事实上,他一直在担心自己在国外的亲人患上甲流,希望尽早知道消息。写报道是新闻和消息的象征,代表着第一时间的意思。

在梦中,潜意识就是那么自私。我们知道,自私就容易隐藏一些秘密,所以有些梦不要只看表象,这就是梦的象征给我们提出的难题。

梦可以辅助于心理治疗吗

心理治疗又称精神治疗,是以良好的医患关系作为桥梁,运用心理学的技术与方法治疗病人心理疾病的过程。简单地说就是:心理治疗是心理治疗师对人的心理与行为问题进行修正的过程。

心理治疗与精神刺激是相互区分的,是相对立的。精神刺激是用语言、动作给人造成精神上的打击、精神上的创伤和不良的情绪反应;心理治疗则是用语言、表情、动作、态度和行为向对方施加心理上的影响,解决心理上的矛盾,达到治疗疾病、恢复健康的目的。

利用梦进行心理治疗由来已久,在2000多年前的古希腊就已经出现了最早的梦的分析治疗诊所,但是,把"梦"作为心理治疗的素材,把"梦的解析"引入心理学领域,并开创了一种新的心理疗法的是精神分析学大师弗洛伊德。自弗洛伊德创立梦学系统知识以来,运用解梦来进行心理治疗开始得到普及。弗洛伊德首先在心理治疗中给了梦很高的地位,继而荣格又在心理治疗中提到了解梦这一方式的重要意义,今天的心理咨询与治疗中运用的解梦技术和理念多半源自这两位心理学大师。

做梦就像一种自我谈话和自我交流,一个人在梦中经历的具体场景和流露出的情感体验与他在清醒时的自我反省、自我陶醉、自我批评非常相似,因而可以说梦是人类在夜晚沉思的一种特殊方式。人们在梦中梦到的景象,很多是对恐惧、忧闷等心理的反映。通过解梦，找到梦所代表的真正意义，可以找到心理治疗的办法，从而对梦者的情绪进行疏导。

梦可以成为由某种病态意念追溯至往日回忆间的桥梁，然后利用对这些梦的解释来追溯病者的病源，从而实现对患者的治疗。这就是梦与心理治疗的简单关系。

通过解梦解决患者的心中的难题已经日渐得到人们的认可，一些医院甚至准备开设"梦的解析"专科门诊。

前文已经提到的电影《爱德华大夫》是梦治疗的心理学经典案例。影片中康斯坦丝和她的老师正是通过梦治疗的方法成功破解了爱德华大夫被杀之谜。

电影中出现了大量"我来给你解梦，那样你就知道你是谁了""女人能成为最出色的心理分析专家，但一旦坠入爱河，就可能是一个典型的病人"这类的台词，细节中也显示着弗洛伊德最基础的心理学术语和图解。

临床心理学专家徐光兴博士在他的《解梦九讲——心理咨询与治疗的艺术》一书中具体分析了电影《爱德华大夫》的重要启示，即在梦的心理治疗过程中需要把握住 4 个因素。

第一，梦中的活动性质。

梦中出现的所有场景和细节，哪怕是一句话或者一张纸都含有一定的活动性质，在梦的心理治疗或咨询中，一定要注意这种梦境隐含着一种什么样的活动性质。所以，患者必须尽量详细地描述自己的梦境，而解梦者需要仔细聆听、记录，并做出准确的分析。例如在电影《爱德华大夫》中出现了与赌场有关的梦境，这个场景揭示了一种犯罪情结冲动和不可告人的谋杀行为。

徐光兴博士说："对梦的活动性的准确把握可以解解梦的含义，从而揭示当事人内心的矛盾、欲求、需要等，或者象征当事人的人生历程，就如某种'电影'或者剧本的预演或重演。"

第二，梦中的人格特征。

一个人在梦中的性格特征可能与现实中截然相反，还有一些人甚至会出现双重或多重人格。人在梦中出现的与现实背离的人格，可能是当事人自己都未曾发现或拒绝承认的。电影中的约翰便是如此，他时而是著名的心理分析治疗大师，时而是谋杀犯，这两重角色让他精神饱受折磨，痛苦不堪。

第三，梦中的场景。

梦中的场景和环境往往能够表明当事人的文化教养、趣味、家庭状况等生活资料，也可能代表他希望自己拥有的出身或生活环境。通过这一点可以判断当事人的生活状况以及他过去的一些经历。梦中的一些场景虽然可能是虚构的，但里面往往掺杂了他个人的记忆和情感、希望和恐惧等，所以，徐光兴博士认为在梦的心理治疗中还必须注意梦中的情感因素。

第四，梦中的情感因素。

很多人在梦醒之后可能会忘记具体的情节，但大多数人都记得梦中的情感体验，所以当事人表现出的情感特别需要提起注意。

正所谓"梦由心生"，梦境中出现的景象和人物，以及情绪、心态，经常代表做梦者的心灵发展和体验，通过解梦者对解梦系统分析，就能发现梦境的象征性或隐含性意义，从而帮助那些遭遇了心理难题的人找到解决问题的方法。

有关心理的梦例解析

林某一直想当一个作家，他写了很多的作品。28 岁的他现在在某公司当经理，可是至今还没有发表过像样的文学作品，但是他还是不断地在写作，最近他做了一个梦，梦境是这样的：

梦中我感觉自己在一家理发店里，有许多人在排队等待理发，这理发店又小又暗，整个场景给人一种像暗黑色油画的感觉，而且显得相当肮脏。在我的前面有两个人排队，他们都坐在我的右边，而且都在埋头看报。理发师却先叫我理发，他好像认识我，我似乎也来过这个理发店。因为还没有轮到我，但是理发师却先叫我理发，我感到有点不好意思和不安，我感觉理发师好像要讨好我，我就走过去坐在椅子上。这时才发现，整个理发店只有我一个人，我前面的镜子很陈旧，镜子上的水银因为潮湿而变得花花的，我根本看不清镜子里的我……后来不知怎么回事，我出去了，沿着街一边走，一边看商店的橱窗，我觉得自己好像在找剪子来剪自己的头发，可是就是没有找到，我似乎听见"嘶嘶"的声音，忽然我对自己说"气球爆开了"。

这个梦境中梦者到理发店理发，理发是一种清理，表示梦者需要整理一下自己的头，这样可以干净、漂亮，但是"这个理发店又小又暗，整个场景给人一种像暗黑色油画的感觉，而且显得相当肮脏"，所谓干净之处不干净，这显然提示着一种挫折，就象征着梦者自己现在的状态，拼命想当作家，但是一直没有发表出像样的作品。本来理发是要排队，自己的前面有两个人，但是理发师却先叫自己理发，自己"感到有点不好意思和不安，我感觉理发师好像要讨好我"，实际上这是一种"自我夸大"，但是梦者坐在椅子上准备理发，却发现面前的镜子里"我根本看不清镜子里的我"，这是进一步地对"自我的否定"，就好像一个孩子要知道自己的形象，他会在镜子面前手舞足蹈地表现自己，这是一种"自恋性的心理状态"，一种童心未泯的象征。后来干脆自己跑到街上去找"剪子来剪自己的头"，就跟一个小孩一样，不让大人来管自己，小孩在大人面前常常说"我自己来做"，这显然是一种退行行为。

梦者又回到了童年，梦境的最后，梦者意识到了自己的问题，自己的理想是很难实现的，所以自己跟自己说"气球爆炸了"，一切希望犹如气球一样破灭了。这个梦境充分体现了梦者的心理幼稚和追求成熟之间的内心矛盾冲突。

第三节　催眠与解梦

掀起催眠术的"盖头"来

催眠是以人为诱导（如放松、单调刺激、集中注意、想象等）引起的一种特殊心理状态，其特点是被催眠者自主判断、自主意愿活动减弱或丧失，感觉、知觉发生歪曲或丧失。在催眠过程中，被催眠者遵从催眠师的暗示或指示，并做出反应。以一定程序实施暗示，使接受暗示者进入催眠状态的方法就称为催眠术。

催眠开始于一种暗示感应，它是改变意识控制水平的一组最初的活动。借助它，能使受暗示者对外部的注意力分散减到最小，并只集中在暗示的刺激上，相信自己正进入一种特殊的意识状态。这里，暗示感应包括想象特定的经验，或对事件的反应进行视觉化。重复地进行这种暗示感应活动，会使感应程序暂时固定下来，就像个人生活习惯一样，使受暗示者很快进入催眠状态。典型的暗示感应程序会使人进入深度放松状态。例如，催眠表演给人留下的深刻印象，实际上不在于催眠师的力量，而在于被催眠者的可暗示性。个体之间存在可暗示性上的差异，从根本没有反应到完全有反应。

在我们的日常生活中，是不是经常有这样的事发生呢？当我们聚精会神地看一部电视剧时，会不知不觉地沉浸于剧中情节，心情随主人公的悲欢离合而时喜时悲；有时清晨来到办公室，本来精神飒爽、心情愉悦，过了一会儿却变得烦躁不安；到商场逛街购物，回家一看，有很多东西都是可有可无的，连自己也不知道为什么买了这么多没用的东西，浪费了很多钱……我们对这些现象无不感到莫名其妙。然而，从心理学角度来看，这是人们受到暗示作用的结果。

的确，在现实生活中，当我们被某些东西连续、反复地刺激，尤其是言语的诱导，会使你从平常的意识状态转移到另一种特殊的意识状态，而在这种特殊的意识状态下，将比平常更容易接受暗示。

也有人认为，催眠状态犹如聚精会神做某件事的情景。正如哈佛医学院催眠专家弗雷德·弗兰克所说，催眠术只是将人们分散在各处的精力和思想聚集起来，这并不是处于昏迷状态，也不是处于睡眠状态，而只是像当你聚精会神地沉浸在一项工作中或阅读一本小说时，几乎难以听见别人对你所说的话一样。

生理学是如何研究催眠现象的

目前，在催眠现象的生理学研究方面，由于缺乏足够的实验依据，尽管有不少学者都对催眠的生理机制提出了自己的看法，但到目前为止，对催眠现象的生理学研究仍然处于较低层次的水平上。接下来，我们分别简要介绍3个简单、可靠的生理学研究。

巴甫洛夫的研究

巴甫洛夫学派依据高级神经活动学说，从生理学角度对催眠的实质做了较为详细的解释。

巴甫洛夫认为，催眠是一种一般化的条件作用，把引入催眠状态的刺激语看成是一种条件刺激。巴甫洛夫发现，给关在实验室的狗一种单调重复的刺激，狗也会渐渐入睡或出现四肢僵直。巴甫洛夫认为催眠词也是一种单调重复的刺激，而且是描述睡眠现象的内容，所以催眠词作为一种与睡眠有关的条件刺激，使大脑皮层产生选择性的抑制，也就是从清醒到睡眠过程的中间阶段或过渡阶段，催眠是部分的睡眠。后来对这一观点又有进一步的修正解释，认为催眠状态是注意力高度集中的一种形式，催眠状态下被催眠者只能与催眠师保持单线交往，这种感觉相当集中，好比中心视力集中注视于事物时清晰而精细，而周围的视野区域虽较宽广，但精密度就低且模糊。日常生活中最常见的催眠体验，诸如全神贯注于一本有趣的书刊杂志或倾注于感人肺腑的影片、戏剧时就会失去正常的时空定向，忘却周围的一切。但目前大多数人认为，用这种局部的生理学来解释，尚缺乏令人信服的客观生理指标和针对性的实验依据。睡眠脑电图与催眠状态下的脑电图，仍未取得一致的足够证据以说明催眠是部分的睡眠。

涅甫斯基的研究

苏联生理学家涅甫斯基，对正常人催眠状态时的脑电活动进行了研究。当被催眠者闭眼，刚进入催眠状态时，低振幅的 α 波增高，高振幅的 α 波略为降低或不变，脑电波形出现了 α 波的节律均等状态，故被称为节律均等相。

随着催眠程度的加深，脑电活动会减弱，α 波和 β 波都降低，呈低小的脑电生物曲线，为最小电活动相。在催眠很深的阶段，可出现频率为 4 ~ 7Hz 的 θ 慢波。在这一时期，言语暗示和直接刺激会引起催眠梦，使 α 节律恢复和加强。

当被催眠者唤醒后，脑电图仍与催眠前一样，α 波和 β 波都恢复了正常的节律。

脑电波的变化，成为人是否处于催眠状态及其深度的客观指标。

罗日诺夫的研究

罗日诺夫等人对被催眠者在催眠过程中，对言语刺激和直接刺激的反应进行了比较研究。他发现存在着两条规律：其一，随着从较浅的催眠状态过渡到较深的催眠阶段，感应的选择性范围逐步缩小，被催眠者大脑中抑制过程的广度和强度逐步增加。其二，随着催眠程度的加深，言语作用的生理影响增加了，直接刺激的功能降低了。

随着催眠程度的加深，抑制的强度和广度逐渐增加。由此带来的结果是，随着催眠状态的第一阶段向第二阶段过渡，第二阶段向第三阶段过渡，感应选择性的范围按顺序缩小。

另外，在催眠的第一阶段，当大脑半球皮层的主要细胞群还保持着正常水平的兴奋性时，言语刺激在大多数情况下引起的反应要比直接刺激小。进入嗜睡状态后，对言语作用的反应，大致等同于或略大于对直接刺激的反应。在催眠的第二阶段，对言语作用反应量的增大是反常相次数增多的结果，这就为相当弱的言语刺激建立了良好的基础。

心理学是如何研究催眠现象的

催眠现象除了具有一定的生理基础，还是一种心理现象，因此不少学者从心理学的角度去探讨、解释和研究催眠现象，并提出了一些观点。

暗示是催眠现象的关键所在

暗示是催眠现象的关键所在，它们之间有着紧密的关系。

暗示是个体对外界信息做出相应反应的一种特殊心理现实。

从这个概念出发，暗示的实现总是存在着实施暗示与接受暗示两个方面。之所以说它是特殊的心理现象，因为从暗示的实施一方来说，不是说理论证，而是动机的直接"移植"；从接受暗示的一方来说，对实施暗示者的观念也不是通过分析、判断、综合思考而接受，而是无意识地按所接受的信息，不加批判地遵照执行。

暗示对人体生理活动、心理及行为状态，都会产生深刻的影响。当个体接受暗示后，不但可以改变随意肌的活动状态，而且也可以影响其他肌体的功能。由于这个原因，消极的暗示能使人情绪低落甚至患病或加重症状，积极的暗示能够使个体的心理、行为及生理机能得到改善，增强对疾病的痊愈和康复的信心，达到治疗的目的，从而成为一种治疗方法。

个体接受暗示的能力叫作暗示性。暗示性的高低因人而异，与催眠感受性有密切关系，催眠感受性高的人暗示性也高。

催眠的整个过程和暗示规律之间具有高度的稳定性，也就是说只有催眠师严格按照暗示的规律，催眠才能取得成功，否则就会失败。那么，暗示有哪些规律呢？

第一，暗示的定义。《心理学大词典》上是这样描述暗示定义的："暗示就是用含蓄、间接的方式，对别人的心理和行为产生影响。暗示作用往往会使别人不自觉地按照一定的方式行动，或者不加批判地接受一定的意见或信念。"

第二，暗示的种类。按性质可分为积极暗示和消极暗示；按形式分为自我暗示和他人暗示；按对方所处的精神状态可分为醒觉暗示和催眠暗示；按施加暗示者的意图可分为主观暗示和客观暗示。

第三，暗示的生理表现。当个人接受暗示的程度达到最大时，逻辑意识和批判意识的最高机构——大脑皮层基本处于抑制状态，仅剩下某个"警戒点"的部位尚保持兴奋性。

第四，暗示的条件。暗示只有具备一定的条件才能发生作用，这些条件具体包括：催眠师应具有一定的权威性，也就是能让人充分信赖，该权威性的程度与暗示的效果成正比；在被暗示者与施行暗示者之间应具有一个融洽、轻松的心理氛围；催眠师要以含蓄、温和、间接而又坚定的语言与动作等来实施暗示；被暗示者应将注意力高度集中于某一明确的对象。

第五，暗示的障碍。人类具有本能的受暗示性，同时也具有普遍的反暗示性。这种反暗示性可能来源于自我保护的本能、个人的习惯、个性特征以及各种理性的思考，等等，主要表现为个体对暗示刺激具有认知防线、情感防线与伦理防线。暗示能否奏效，取决于能否克服这些防线的阻碍。克服的办法不是强行突破，而是与之取得协调。

催眠过程是受暗示性与反暗示性能量对比的过程。催眠师应用坚定的信心和耐心、反复的语言对被催眠者进行反复暗示，以此促成被催眠者的受暗示性的增加，反暗示性的减弱。同时要求他放松，直到被催眠者完全进入催眠状态为止。

综上所述，可以认为催眠现象本来就是由暗示造成的，从某种意义上说，催眠术就是施行暗示的技术，没有暗示，就没有所谓的催眠。从暗示这一催眠的心理机制入手，可以使我们对催眠现象有一定程度的了解。

第三意识——催眠状态的意识

所谓意识，就是人脑对事物的反映，一般是指自觉的心理活动。能动性、自觉性、有目的性构成了意识的典型特征。人的意识具有第二信号系统，它是中枢神经高度发展的表现。学者们还认为，意识具有两大功能：即意识是主体对客体的一种自觉、整合的认识功能，同时也是主体对客体的一种随意的体验和意识活动的功能。

所谓无意识，通常指不知不觉、没有意识到的心理活动，它同第二信号系统没有联系，不能用语言来表达。无意识也具有两大功能：即无意识是主体对客体一种不知不觉的内心体验功能，也是主体对客体一种不知不觉的认识功能。

催眠状态中人们所持有的心理状态，既不是睡眠时的无意识状态，也不是清醒时的意识状态。它是一种特殊的、变更了的意识状态，我们暂且把它称之为"第三意识状态"。

催眠与睡眠不同，并非处于无意识状态。

首先，在典型的无意识状态中，没有第二信号系统的参与，也不会有完整的、合乎逻辑的言语活动。而在催眠状态中，仍可产生一些具有自觉能动性性质的活动。例如根据催眠师的指令，被催眠者可以流畅地遣词造句，有条有理地说出心中的喜悦与烦忧。

其次，催眠的临床实践表明，在催眠状态中，被催眠者仍有一个警觉系统存在着。这一警觉系统一般不起作用，只是一旦来自外部的指令严重违背了被催眠者的伦理道德观，该系统便立即启动，产生抗拒暗示的效应作用。倘若催眠师的指令严重有悖于被催眠者的人格特征、道德行为规范，或者触动了被催眠者最为敏感的压抑、禁忌时，便会使被催眠者感到焦灼不安，甚至发怒和反抗。例如，曾经有一位催眠师曾下指令要求被催眠者去偷别人的钱包，却遭到一直顺从的被催眠者的拒绝。

这表明，在催眠状态中，人并不是完全无意识的。

为什么说催眠状态中的意识不同于清醒状态中的意识呢？清醒时的意识状态，其典型特征是自觉性、能动性，以及有目的性；而在催眠状态中，尤其是在深度催眠状态中，这些特征几乎荡然无存。关于催眠条件下人的意识不同于清醒时的意识，这是绝大多数心理学家所公认的，这里就不多说了。

综上所述，我们可以确认，在催眠状态中，被催眠者在宏观上是无意识的，即缺乏自觉能动性，意识批判性极度下降；在微观上却是有意识的，即语言能力及警觉系统的存在，等等。催眠状态中人所处的是一种特殊的意识状态。这种状态既有清醒意识的特征，也有无意识的特征，但却不是它们二者中的任何一个。因此，在意识的连续体上，它处于中间的位置，完全可以把它独立出来，而成为科学研究的对象。它兼有二者的成分，但又不是二者的简单相加，更不是只有依托二者才能生存。它有自身的特殊性质，也有其独特的机制，所以催眠状态下的意识属于第三意识。

梦为何会从记忆中悄悄溜走

有人总说自己睡眠很好，从来不做梦，其实事实并非如此，他们只是将自己的梦境遗忘了。

为什么有些人几乎每天早上醒来都记得他所做的梦，而其他一些人则自称一月、一年只记住一次，甚至从未记住过他们的梦？

据研究表明，人们在每晚正常睡觉时，经历的快速眼动周期（做梦周期）的次数并无不同，因而"没有梦的人"同"有梦的人"在实验中被唤醒时几乎有一样多的梦，即梦的活动方面的明显、广泛的差别比梦的频率方面的差别要大得多。

常常有人以为醒得晚的人，比那些通常被一种突然刺激如闹钟唤醒的人更能回忆起梦。事实上正相反：被大声吵闹突然唤醒比被柔和的哨声慢慢唤醒会产生更多的回忆，这表明，在睡着和完全醒来这段时间中，梦很快地消失掉了。因此，被突然叫醒的人比其他慢慢醒来的人更容易抓住梦。

有人认为，梦的回忆与忘却是由梦者熟睡的程度或醒来方式来区别的，但是一个更确切的说法是，这是梦者个性心理学特征的不同表现。根据研究，不善忆梦者在梦中的每秒快速眼动数目要比善忆梦者更多，这表明不善忆梦的人做的梦更加活跃。但是他们的梦却从记忆中溜走了。这其实是因为，不能回忆起梦的人只是不愿记起他们的梦，而他们在日常生活中也习惯避免或拒绝不愉快的经验和忧虑。根据心理测试的数据显示，不能回忆起梦的人，总的来说比能回忆起梦的人更受抑制、更守规矩、更善于自我控制；而能够回忆起梦的人，往往对生活更加忧虑，更容易表现出常见的急躁和不安等感情扰乱。愿不愿正视生活的这种特征，被称为自我觉知（它显示了对人生内在、主观方面的兴趣）。它就是善忆者和不善忆梦者之间的关键区别。

荣格曾对人的性格进行两种分类，外向型性格的人更多地参与外部世界，较少关心内在生活。内向型性格的人精力主要是指向内部的。而梦的回忆的高低是与做梦者各自性格的外向化和内在化的程度紧密相连的。

不能回忆起梦的人"抑制"他们的梦，即他们"有意地"把所有对梦的记忆从有意识的知觉中驱赶出去，因为它们包含了烦恼的思想和愿望。人潜意识中的愿望和进攻性愿望，在清醒时的生活中无法直接表现出来，因为这些欲望与自我设定的道德规范相悖，因此它们只能在梦中寻求替代性的满足。

在梦里，抑制机制普遍而自动地伪装这些不能接受的愿望，以致我们从不觉察它们。然而有时候这种伪装非常浅薄，在这样的情况下，我们使用抑制来驱散所有梦的记忆。从这种意义上理解，不能回忆起梦的人比能够回忆起梦的人更加受抑制。他们比起那些利用梦来达到进一步成长和自我认识的、更勇敢的同伴来，会更多地忘却那导致焦虑的梦生活。

许多不能回忆起梦的人甚至记不住被伪装的梦的原因是，他们害怕深藏的恐惧通过解释的方法被揭示出来。当潜意识不想展现某些人格时，它就会通过梦的抑制表现出来。梦的抑制会发生在醒来之前，或者就在醒来的一瞬间，从而导致这个梦完全被忘掉或者仅仅留下乏味的碎片。

弗洛伊德曾发现他的许多病人在诊所里细述一个梦时会突然停顿，然后回忆起先前忘却的一部分梦境。他认为这些被忘却的片断比能记住的部分更为重要。他写道："常常是当一个病人叙述一个梦时，一些片断完全被忘却了，而忘却的部分却恰好解释了为什么它会被忘却。"

弗洛伊德相信一定程度的压抑会使梦从记忆中消失，但是实际情况也并非完全如此。

因为忘却梦的趋势几乎不可能抵制，即使是那些开放意识和自我意识极强的人也做不到。即使梦在醒来时被暂时地记起了，但是一旦这个人开始打瞌睡，这个梦马上又消失了。虽然快速眼动阶段的证据表明，在一夜中的七八个小时的睡眠时间里，一般人会做四五个梦。但即使是最爱做梦的人，在第二天的早上也无法回忆起四五个梦。事实上这个证据表明，绝大多数的梦从来都不能被记住，只是仅仅留下一些片断而已。

这种梦的忘却应该与大脑的生理机制也有一定关系。证据表明，每次的快速眼动活动都不会持续很长，以致能构成一个强烈的梦记忆痕迹，延续到快速眼动阶段结束之后。

梦从忘记中溜走的步骤，先是变成碎片，后来完全消失。当一个梦者从快速眼动阶段被唤醒时，他几乎总能报告出一个生动的梦。如果他在该阶段结束后五分钟被唤醒，就仅能抓住梦的一些片断。如果过了十分钟被唤醒，梦几乎完全被忘掉了。仅仅依据报告一个梦的话语的数量，就可以见到一种直接的、戏剧性的递减倾向。

因此，很明显，除非梦者在快速眼动阶段被唤醒，否则他很可能忘却在此阶段有过的心理内容。许多日常的回忆可能得自夜间最后一个快速眼动阶段中自发醒来之时，由于我们一般夜间醒来的时间并不长，所以一个自然的忘却过程就发生了。

一个有趣的现象是，那些在临睡前给人的暗示常常会以某种神秘的方式发生作用。例如，人们几乎总是能在没有闹钟帮助的情况下，在一定的时间醒来，只要给自己下达了这样的指令。在一个更广泛的环境中，任何经过心理治疗的人都知道，如果梦者本身希望记住梦境，梦的回忆便会有一定程度的增加，这是通过与导致梦的记忆溜走的自然的生理过程的斗争来激发梦的回忆。这种生理斗争，有时也有利于导致压抑的潜意识的心理过程的斗争。总之，如果你愿意，可以挽留住梦的脚步，虽然，无法将其完全留住。

如何运用催眠法解梦

催眠是以催眠术诱使人的意识处于恍惚状态下的一种现象，处于催眠状态下的人面部表情与人的睡眠状态时的表情类似，可出现暗示性的梦幻觉或梦幻想。催眠状态由于更能接近人类精神恍惚状态，意识显然存在，但自发的意识活动几乎全无，处于万念俱空的心境中，使之对任何暗示都不会感到矛盾，会不加批判地接受，而在清醒状态情况下的人则会对来自任何方面的暗示都带有批判色彩地接受。

与睡眠不同的是，在催眠状态下的人的意识并没有完全消失。他能听懂并接受施术者的暗示，而且当施术者在他处于中浅度的催眠状态向他提问时，他能"迷迷糊糊"地准确回答问题；最后是在不加暗示诱导时，他的听觉、温觉、痛觉等感觉都不会出现反常现象。

在催眠实验研究中，人们发现能使人产生催眠作用的大脑主要是右脑，而人的右脑中恰恰是产生梦境的发源地。

利用催眠术，可以将正常人导入深度催眠状态。这时，给对方一个暗示，他马上就能呈现出做梦样的心理活动，甚至比做梦时的表现更生动。他不但有表情，会哭或笑，而且会配合各种行动和符合理性的语言，一问一答地进行着"梦"——催眠梦。

催眠术能让人真正地做到"白日梦"。这个梦从精神分析的观点去看，显然具有象征性意义。因为，在催眠状态下，人的意志力减弱，监督和防范意识也被减弱了，人们在催眠状态下失去自我批判能力，潜意识的东西当然会溜出来，而表现于被催眠者当时的行为和语言之中，这是与催眠梦的差别。

熟睡时，潜意识的愿望出现在梦境里，而能由做梦者讲出来，让分析家们进行分析。这是一种间接的方法。催眠梦则不然，它能被施术者直接观察到和听到。

催眠术能使人退行，受术者梦游着退行到幼儿时期，这时他做着孩提时的梦，将当时的经验再现出来。这一点在精神分析看来尤为重要，但每个人不太可能都在睡眠梦中重现幼时的经历。

当然幼时的感受会出现在每个人的梦里，只是它早已伪装过了。而利用催眠术退行所得来的知识却不同。它能发挥出超常的记忆力，而将苏醒时被意识认为早已遗忘的事情和感受重新回忆起来，在催眠状态下梦游式地展现在我们面前。

找到了心理矛盾，自然可以通过暗示在患者苏醒以后也能意识到当时的感受，这样一来病症也就没有了。催眠梦是直观的，一目了然于医者面前，重现着往日的经历。它没有伪装，将潜意识的东西直接暴露于我们面前。

当然，有时候来源于意识的抗拒作用相当巨大，所以催眠梦往往以象征性意义展现在我们面前，需要我们做深入细致地分析才能有结果，但不论怎样，催眠梦比从睡眠梦得来的知识更深，也更容易让医者接触到他的过去，起码治疗时间会大大缩短。

实施催眠解梦的 6 个步骤

用催眠的方式解梦，需要解梦者让梦者完全信任，并令他进入睡眠状态。那么，需要哪些步骤呢？以下列举一些，以做读者的参考。

询问解疑

了解被催眠者的动机与需求，询问他对催眠既有的看法，答他有关催眠的疑惑，确定他知道催眠时哪些事情会发生并没有不合理的期待。很多时候，催眠师可能要花点时间做个催眠简介，因为大多数人对催眠的了解很少，这很少的了解中又大部分是误解。

诱导阶段

催眠师运用语言引导，让对方进入催眠状态。一般而言，常用的诱导技巧有眼睛凝视法、渐进放松法、想象引导、数数法、手臂上浮法等。

深化阶段

深化即是在诱导放松的过程中进一步入静。这时，可以提醒被催眠者在脑海中重复回忆某句话或某物，或者想象着某种可以使自己大脑平静下来的场面。比如，被催眠者想象着自己处在一个充满人群或商店的大厅中，随即踏上升降梯，飘飘然来到另一个四周安静无人、光线柔和的地方，仿佛这里除了自己以外再无别人。在这里，身体一会儿漂浮，一会儿下沉，直到达到理想的深度。或者，被催眠者想象自己沐浴在毛毛细雨之中，雨珠轻轻地从自己头上往下淋，身体逐渐漂浮起来，若有若无，好似进入美妙的仙境。

指令

指令也就是为达到某一目的而不断地重复某一字句，或者，告诫被催眠者平时想去做而又难以做到的事。比如，被催眠者想减肥，想使自己达到理想的体形和体重。这时，你可以指令被催眠者想象自己站在一面大镜子前，在镜子里，可以见到自己焕然一新的、十分理想的形象，你不断地向被催眠者加重语气："如果我达到了那种理想的体重，会显得更精神、更美丽。一旦我体内的营养够了之后，我就不会再有饥饿感，不再多吃东西了。这样，我就会保持美好的体形和充沛的精力……"然后让其对梦境进行回忆和叙述。通过提问，对梦境进行解析。

苏醒

苏醒就是从恍惚中复苏过来。尽管一般人从恍惚中复苏过来不会太困难，但专家们还是告诫人们，在催眠一开始时，就应想好怎样复苏。可用磁带作催眠、指令、复苏，或者事先准备好一个闹钟或定时器之类的东西，以免进入"沉睡"。还可以采用自我复苏的方法，心里想着：当我慢慢地从 1 数到 5 时，我便会从恍惚中苏醒过来。数 1 时，我身上的肌肉开始复苏，和清醒时一样；数 2 时，我就能听到四周的声音；数 3 时，我的头可以渐渐抬起；数 4 时，我的头脑越来越清醒；数 5 时，我便可以睁开双眼，复苏如初了。

恢复清醒状态

当催眠师完成了一次施术活动后，一项必须做的重要工作就是将被催眠者由催眠状态恢复到清醒状态中来。在这一步骤中，需要注意以下一些问题。

无论被催眠者到达何种程度的催眠状态，或者甚至是乍看上去几乎没有进入催眠状态，恢复清醒状态这一步骤都是必不可少的。这一点至关重要。

在使被催眠者恢复到清醒状态之前，必须将所有的在施术过程中下达的暗示解除（催眠后暗示除外）。例如，催眠师若在催眠过程中下达了被催眠者的手臂失去痛觉的暗示，而又不解除，那就会给被催眠者带来很大的麻烦，甚至是不必要的痛苦。

在被催眠者清醒以后，有些人可能会有一些轻微的头痛、恶心的感觉，甚至极少数人还会有一些抑郁等不良反应。一般来说，这些感觉很快就会消失。如一段时间后仍不能消失，催眠师可再度将其导入催眠状态，对上述症状予以解除。

在被催眠者清醒以后，催眠师与被催眠者的谈话中应以下面暗示为主，即暗示被催眠者各方面感觉都很好，不会有什么不适的情况。即使有，也会很快消失。若因催眠师本身自信心不强，反复问被催眠者："你真的醒了吗？头痛吗？"这种带有高度消极暗示性质的发问，反而会诱发被催眠者的种种不安、恐惧的心理。

催眠的过程就是角色扮演的过程吗

沙宾认为，角色是由催眠师的指示或暗示导演的，根据这些指示或暗示，被催眠者知道该如何扮演这个角色，该如何去行动。沙宾强调，被催眠者并不是有意装扮某种角色去蒙骗别人，而是渐渐地进入角色，全神贯注于某一狭隘的意识领域以致失去现实的自我意识。

他比喻道，一个演员在扮演一个角色时，或哭、或笑，都需要他集中去注意体验这种情感。当他沉浸于这种情感时，就有可能失去自我意识。即便是一般的人们，当他们在看电影或读小说时，也常常会沉溺到故事情景中去，愿意随着制片人或作家的引导去幻想，去体验。

沙宾认为，被试者若想在扮演被催眠者这一角色方面获得成功，主要基于以下 5 个因素：

角色知觉，即对催眠师要求体验的角色行为的理解；

自我角色一致，即自己的一些行为方式、思想方法与被催眠者的角色相吻合；

角色期望，即他对自己处于被催眠情境下的角色的期望；

对角色要求的敏感性，即对催眠这一事实的认识，能对催眠师的暗示做出反应；

角色扮演技能，如丰富的想象力。

沙宾以大量的实验研究证实了自己的理论。他对一些擅长演戏的人和不太会扮演角色的人进行催眠，结果表明，那些会演戏的人，能根据催眠师的指令去想象，去体验，将自己沉浸在剧情之中，忘却了自我，表演了催眠师所导演的催眠现象。而另一些不太会表演的人，则难以进入剧情，就不容易做出催眠师所要求的催眠反应。

自 20 世纪 50 年代沙宾提出了他的角色理论至今，催眠学家们曾多次重复了沙宾的实验，基本上都能证实他的结论。

因此，催眠的角色理论在整个催眠理论中，占有着重要的地位。

催眠就是唤醒潜意识吗

关于潜意识，弗洛伊德有一个十分形象的比喻，人的心灵即意识组成，仿佛一座冰山，露出水面的只是其中一小部分，代表意识。而埋藏在水面之下的绝大部分则是潜意识，人的言行举止，只有少部分由意识掌控，其他大部分都由潜意识主宰。

意识是指我们理性行为的精神活动，包括逻辑、分析、计划、计算等。而潜意识的功能有：控制基本生理功能（心跳、呼吸）、记忆、情绪反应、习惯性行为，创造梦境、直觉。这些，还只是科学家们目前可以发现到的功能。临床催眠学认为，潜意识有六大功能：本能、记忆、习惯、情绪、能量、想象力。

本能

如对高血压患者进行催眠，给予患者看到红点就会减缓心跳、血压降低等催眠后暗示。当患者清醒后，看到红点就会有如此反应。而在深度催眠中，给予止痛暗示可以确实止痛麻醉。曾有实验给予被催眠者被火烧与被冰冻的暗示，而在被催眠者皮肤上确实出现烫伤与冻伤的痕迹。

记忆

在深度催眠实验中，可以暗示被催眠者忘记自己的名字或生日，而被催眠者会回想不起来自己的名字或生日。而给予回溯的引导，被催眠者可以回想起同年中早已遗忘的事情。著名的案例是来自知名精神科医师米尔顿·艾瑞克森，他帮一位被催眠者催眠，被催眠者竟然回想起 25 年前看过的一本书中的内容，还能准确地说出其页数。

习惯

我们会有意识地学习某些行为，当熟练到某种程度就会进入潜意识中，成为一种习惯反应。如骑自行车，刚开始时可能会注意控制把手与脚蹬，但当熟练到某种程度就会自然而然地反应，不再需要意识的控制。同样的，不良习惯也来自于此，如抽烟、袜子乱丢等也是如此。

情绪

情绪的反应非常快速，且能自由控制，这是属于非理性的部分。情绪可说是一种信息，将心智的信号传达出来以便做出反应。有位女士非常怕狗，原因是幼年时被狗咬过。因此，她看到狗时内在就会立刻传出恐惧的信号，以避免她再度受到伤害。

能量

一般认为人的身体内有一种无形的能量运作，如中国所说的气。而德国医师威尔汉·瑞克早年与弗洛伊德学习心理分析，而后研究人类身体与心智的运作。他认为人的身体中有一种电磁能，称为生物能，此种能量会影响人的心灵与身体机能，而开启了后代生物能分析学派的大门。透过催眠，可进行此种能量的调节，进行身心治疗。

想象力

想象力比知识更有力量！想象力并非理智逻辑所能了解的，属于潜意识的范围。小说、电影、戏剧等，虽然阅读者或观众并非亲身接触，仍然能受到影响，可以说是另一种催眠形态。

潜意识作用说指出，催眠现象的原理在于催眠师设法减弱了被催眠者的意识作用，使被催眠者的潜意识部分显现出"开天窗"的状态，并使被催眠者的潜意识由此"天窗"接纳暗示。也就是说，在催眠状态中，被催眠者被动地接受暗示，主要是其潜意识对催眠师的暗示进行感应，所以没有自觉性与自主性，完全听从于催眠师的命令。若在清醒状态，意识作用占主导地位，潜意识被压抑下去，则不再感应暗示。

潜意识作用说还指出，加强潜意识作用，减弱意识的作用，使被催眠者处于易接受暗示状态的一种最好办法是"节奏刺激"。所谓"节奏刺激"就是指对被催眠者的眼睛、耳朵或皮肤反复做单调的刺激。这样，会使大脑的思考力减弱，从而被催眠者产生精神倦怠、昏昏入睡的状态。并且，这种单调枯燥的"节奏刺激"，仅仅集中于大脑的一部分，而其他部分抑制住了，使大脑的一部分产生兴奋状态，形成"天窗"状态，这样就容易导入催眠状态。

催眠是通过联想发生作用的吗

在英格兰，有人曾做过这样一个有趣的实验。在一次有许多人参加的午餐上，聘请一个有名的厨师，这厨师做出的饭菜不说是十里飘香，也可谓有滋有味。但实验者别出心裁地对做好的饭菜进行了"颜色加工"。他将牛排制成乳白色，色拉（西餐中的一种凉拌菜）染成发黑的蓝色，把咖啡泡成浑浊的土黄色，芹菜变成了并不高雅的淡红色，牛奶弄成血红，而豌豆则染成了黏糊糊的漆黑色。满怀喜悦的人们本来都想大饱口福，但当这些菜肴被端上桌子时，都面对这美餐的模样发起呆来。有的人迟疑不前，有的人怎么也不肯就座，有的人狠狠心勉强吃了几口，恶心得直想呕吐。而另一桌的人又是怎样的呢？同样是这样一桌颜色奇特的午餐，却遇到了一些被蒙住眼睛的就餐者，这桌菜肴很快就被人们吃了个精光，而且人们意犹未尽，赞不绝口。

实验者通过上述实验证明了联想具有很强的心理作用。看见食物的人们，由于食物那异常的颜色而产生了种种奇特的联想：比如吃豌豆联想到吞食腐臭了的鱼子酱……是联想妨碍了他们的食欲。另一桌被蒙住眼睛的客人没有这种异样的联想而仍然食欲大增。那么，什么是联想呢？

联想作用说认为，人们在思考一件事情的时候，必定会由此联想起与此相关的其他事情，客观事物之间的联系会反映在人脑中。而客观事物之间的联系是多种多样的，因而人的联想也是多种多样的。一般来说，联想可分为接近联想、类似联想、对比联想和因果联想。

接近联想就是指人在空间和时间上相接近的事物或现象所形成的联想，

如一提起星星，人就容易想起月亮；谈起蓝天，就极易想起白云等，都属接近联想。

类似联想是指从某些事物的特性联想起它可以运用于别的事物的现象。盲文的创造就是类似联想的结果。

对比联想是指将两种对立的现象联系在一起，或一事物由正面想到反面，或由反面想到正面的现象。比如，由黑容易想到白，在寒冷的冬天总想到暖融融的火。

因果联想则是指将在现实中有因果联系的事物联想在一起的心理现象。比如，我们总是说"瑞雪兆丰年"，就是由冬天的大雪联想到明年的丰收的因果联想。

联想作用说认为，催眠的机制在于联想作用。当催眠师向被催眠者暗示说，你的后背上有一只大蟑螂，被催眠者因为联想作用而感应这个暗示，表现出非常惊恐的表情。对于身患疾病的被催眠者，催眠师可先让他产生愉悦的感觉，忘记痛苦，而后暗示他："你的病已经完全好了，不要担心，你现在就是一个健康的人。"果不其然，被催眠者会因此心情愉悦。催眠的效果取决于联想作用的性质与强烈程度。

催眠完全是心理作用吗

心理作用说由法国人里波首先提出，曾在催眠学界风靡一时，是影响较大的催眠理论之一。心理作用说认为，被催眠者之所以能够在催眠状态中感应到催眠者的种种暗示，主要是因为每个人都有心理感受性。

心理作用学说将人的心理感受性分为两种：外显感受性与内潜感受性。外显感受性是一种表面性、显而易见的心理感受性，这种感受性发挥作用的速度较快，但较微弱，易受个人意志的控制。例如，若对一个女孩子说："你的脸怎么红了？"那女孩子听到此话，本来如雪的皮肤就会泛出红晕。这就是外显感受性在暗示的驱动下发生作用。在清醒状态下，外显感受性对暗示的感应比较少，因为在清醒状态下的人听到暗示后，先把暗示的内容进行一番思索，经过一系列的推理判断之后，才决定是不是接受暗示，这一番思索就是个人意志的作用。

内潜感受性是一种不受个人意志所干扰的、深层的心理感受性，这种感受性发挥作用的速度相对较慢，却相当强烈，其感应的范围与作用的效能也较大而且奇妙。催眠进行的时候，催眠师通过催眠术来减弱个人意志的作用，从而驱动起被催眠者的内潜感受性，这时的被催眠者心无杂念，没有自主活动的机能，完全由内潜感受性发挥作用，此时给予暗示指令，肯定会得到被催眠者的感应，被催眠者会毫不犹豫地按照催眠师的暗示去执行，结果便出现了种种神奇的催眠现象。

因此该学说的主要观点是：任何人的身体内部都有一种被称为"自然倾向"的机能，但这种机能缺乏自主的力量，很容易被他人的观念、意志、教训、暗示等外部刺激所支配，而且只有在这种外部力量的驱动下，"自然倾向"机能才能发挥作用。这种机能就是人的心理感受性。在催眠过程中，催眠师的暗示就是引导这种感受性使其发挥作用的原动力。

身体语言泄露深层心理

第一节　不仅要听他说什么，更要看他做什么

点头如捣蒜，表示他听烦了

点头是最常见的身体语言之一，它可以表达自己肯定的态度，从而激发对方的肯定态度，还可以增进彼此合作的情感交流。点头能够表达顺从、同意和赞赏的含义，但并非所有类型的点头姿势都能准确传达出这一含义。点头的频率不同，所代表的含义就有可能不同。

缓慢地点头动作表示聆听者对谈话内容很感兴趣。当你表达观点时，你的听众偶尔慢慢地点两下头，这样的动作表达了对谈话内容的重视。同时因为每次点头间隔时间较长，还表现出一种若有所思的情态。如果你在发言时发现你的听众很频繁地快速点头，不要得意，因为对方并非就是赞同你的观点，他很可能是已经听得不耐烦了，只是想为自己争取发言权，继而结束谈话。刚刚大学毕业的明宇去一家单位面试，负责面试的是一个年轻女孩。问了几个常规问题后，她话锋一转问起明宇的兴趣爱好。明宇随便聊了几句法国小说，张口雨果闭口巴尔扎克和她聊了起来。年轻考官好像很感兴趣，对他不住地点头，明宇仿佛受到了鼓舞。话题轻松，聊的又是明宇的"强项"，他有些有恃无恐，刚进大学那阵子猛啃过一阵欧洲小说，觉得还真帮上大忙。见考官这么有兴致，明宇当然奉陪。眼看临近中午，年轻的面试官不住地点

头、不停地看表，明宇还没有停下来的意思，原定半小时的面试，他们谈了一个多钟头。面试结束，考官乐呵呵地说："回去等消息吧。"明宇也乐呵呵地说："希望以后有机会再聊。"明宇回去悠闲地等，最终也没有等到复试的通知。从这个例子可以看出，听众在你发言的时候不停地点头，往往不是对你十分赞同，而是觉得你说话太啰唆，他只是想借助这个动作让你不用再多说。明宇在表达的时候不顾及他人的肢体语言传达出的感受，一厢情愿地侃侃而谈，如此会错了意又怎么会有好的谈话效果？同时，经过心理学家的实验证实，当对方做"点头如小鸡啄米"这个动作时，当他快速的点头的时候，他其实很难听清你在说什么。被父母唠叨的小孩子身上也能经常见到这样的动作，当父母说"你不能……"的时候，孩子会频频点头，嘴里叨念着"知道了，知道了"。这样的动作恐怕真是答应得快、忘记得更快了。

如果对方是真正赞同地点头，他会在你说完话后，缓慢地点头一下到两下，这样表示他是在用心听你说话。如果他希望你继续提供信息，他会在你谈话停顿时，缓慢而连续地点头，他是在鼓励你继续说下去。点头的动作具有相当的感染力，能在人的心里形成积极的暗示。因为身体语言是人们的内在情感在无意识的情况下所做出的外在反应，所以，如果他怀有积极或者肯定的态度，那么他说话的时候就会适度点头。

一条眉毛上扬，表示对方在怀疑

眉毛的主要功用是防止汗水和雨水滴进眼睛里，除此之外，眉毛的一举一动也代表着一定的含义。可以说，人的喜怒哀乐、七情六欲都可从眉毛上表现出来。

毕业论文答辩会上，小吴发现自己在陈述时，一名评分教授一条眉毛一直上扬。这一动作让小吴分外紧张，她开始强烈地怀疑自己的论文水平。答辩结束以后，很多同学都说到了一条眉毛上扬的教授。看来这个教授在听每个人的答辩时都眉毛上扬。

如果这位教授只对小吴做出了这个表情，那么表示他是在怀疑，可能是因为他并不认同小吴的论点。但所有的同学都开始反映这个问题时，眉毛上扬的动作很可能就只是他的一种习惯。两条眉毛一条降低，一条上扬，它传达的信息介于扬眉和低眉之间，半边脸激越、半边脸恐惧。如果你遇到一条眉毛上扬的人，表示他的心情通常处于怀疑的状态，也说明他正在思考问题，扬起的那条眉毛就像是一个问号。

每当我们的心情有所改变时，眉毛的形状也会跟着改变，从而产生许多不同的重要信号。眉飞色舞、眉开眼笑、眉目传情、喜上眉梢等成语都从不同方面表达了眉毛在表情达意、思想交流中的奇妙作用。观察对方眉毛的一举一动在第一次见面时就可以把对方的性格猜个八九不离十，你若是精明人就很容易捕捉以下的细节：

低眉

低眉是一个人受到侵犯时的表情，防护性的低眉是为了保护眼睛免受外界的伤害。

在遭遇危险时，光是低眉还不够保护眼睛，还得将眼睛下面的面颊往上挤，以尽最大可能提供保护，这时眼睛仍保持睁开并注意外界动静。这种上下压挤的形式，是面临外界袭击时典型的退避反应，眼睛突然被强光照射时也会有如此的反应。当人们有强烈的情绪反应，如大哭大笑或感到极度恶心时，也会产生这样的反应。

眉毛打结

指眉毛同时上扬及相互趋近，和眉毛斜挑一样。这种表情通常代表严重的烦恼和忧郁，有些慢性疼痛的患者也会如此。急性的剧痛产生低眉而面孔扭曲的反应，较和缓的慢性疼痛才产生眉毛打结的现象。

耸眉

耸眉可见于某些人说话时。人在热烈谈话时，差不多都会重复做一些小动作以强调他所说的话，大多数人讲到要点时，会不断耸起眉毛，那些习惯性的抱怨者絮絮叨叨时就会这样。如果你想通过对方的面部表情了解一些潜在的信息，眉毛就是上佳的选择。

轻抬眉毛

《老友记》里的主人公之一乔伊，因其丰富、幽默的面部表情给观众留下了深刻的印象，他不善言辞，经常话到嘴边却不知道用什么词语来表达，但他丰富有趣的面部表情却准确地传达出了自己的想法，仅仅是眉毛上的动作就有很多种。当他遇到自己心仪的美女时，会微笑着，轻抬一下眉毛，不用说话，对方就知道他对自己有好感。

轻抬眉毛的动作从远古时代就已经广泛使用了，当你向距离稍远处的人打招呼的时候，会不由自主地使用这个动作，迅速地轻轻抬一下眉毛，瞬间后又回复原位，这个动作可以把别人的注意力引到你的脸上，让他明白你正在向他问好。

眉毛虽然只是人面部一个很小的部分，但作用却很大，它的一动一静，都会在无形中透漏你的心境。

模仿你打哈欠，是"认同你"的开始

我们经常说打哈欠会传染，通常一群人中有一个人有了这个动作，其他人就会竞相效仿。关于原因，科学家们还不是很清楚。但身体语言专家亚伦皮斯认为哈欠是一种模仿行为。应该说打哈欠是最显著的模仿行为之一：只要一个人打哈欠，他身边的那些人就会接二连三地打哈欠。模仿行为并没有固定的行为，最初的动作者可能是随意的一个动作，但后来者使用了跟他一样的动作。比如撩起耳边的头发，抚摸另一只手的手背，等等，我们不讨论这些动作本身的含义，而是探究后来者进行模仿的这个事实的含义。

对肢体语言同步现象的研究显示，如果人们彼此之间有着相似的情绪，或是具有相同的思路，他们就很可能互相产生好感，而且会开始模仿对方的肢体语言以及面部表情。也就是说，模仿的产生不仅仅是外在的，正是因为内在的某些相似性，人们才会从"打哈欠"这样的动作开始模仿，而反过来从模仿里，他们也就能找到"同类者"，也可以说是在寻找跟他们志同道合的人。

跟他人保持"同步"是人与人之间的一个纽带。有一个有趣的说法是，当我们还是子宫中的胎儿时，就已经开始学习"同步"。因为我们的身体功能和心跳节奏都会尽量与母亲保持一致。所以，模仿可以说是人类与生俱来的一种倾向。

模仿使人安心

我们和陌生人打交道时，通常我们会仔细观察他们是否会"模仿"自己的行为与姿势。如，一个哈欠，一个手部动作，等等，因为，如果他们对你的肢体动作进行模仿，就代表着他们认同了你，接受了你，这是建立友善的关系的开始。所以，当我们看到对方模仿自己时，就好像看到了自己的朋友，心里产生一种亲切感。

比如一个刚认识的朋友到你家里做客，他可能会感觉到很拘谨，尤其是在餐桌上。他会很担心自己的习惯和你家里不合拍，于是他会小心谨慎地先看看你和家人怎么做，然后模仿你们的做法；或者是刚转到另一个学校的学生，课间休息时就会感觉很不安，于是他就可能观察其他的同学都在干什么，如果发现大家都出去进行体育活动，想要迅速融入这个集体的人也会克服自己的紧张走出教室，做出活动姿势，并在心里期待其他的学生能够邀请他加入。

模仿获取认同

模仿就是人类的一种社交工具，它能够帮助我们的祖先成功地融入群居生活之中。不仅如此，模仿还是最为原始的学习方法之一。理解模仿行为的含义是肢体语言学习中最为重要的课程之一，因为这是其他人向我们传达首肯或好感的最显而易见的方式。同样，我们也可以通过模仿其他人的肢体语言，直接而便捷地让他们感受到我们的善意。

一个高明的推销员曾经对同行们这样说，当客户开始模仿你的动作时候，就是他们认可你，认可你产品的前奏，这时，你不妨假装不经意的模仿客户的动作。从而彼此的认同感就会增加，最终客户将接受你向他们推销的产品。模仿为什么会获得认同感，一个很可能的原因就是，人都有自恋的情绪。模仿在这里被视为一种恭维的暗示，被恭维的人就很容易解除防线，接受外人的建议。

被模仿者才是主导者

有模仿行为，必然存在着被模仿的原始行为。虽然两者都有着相似的表象，但内部体现出来的权力差别却是很大的。模仿也可以看作是一种学习行为，对方在学习你的一举一动，而促使他这样做的原因是他对你的尊敬，或者喜爱，他认为你身上有比他更优势的地方。所以，优势地位是在被模仿者这一边的。小王想找老李借钱，于是他来到了老李家。他没有首先就表明来意，而是跟他们聊天。然后小王发现，老李很爱模仿妻子的动作。当妻子叹气时，老李也紧接着叹气；当妻子喝茶时，老李也端起了杯子。于是小王把主要对象确定在了李太太身上，向她表明了借钱的愿望，并且阐述了一系列理由并做出按时还钱的保证。小王很注意观察夫妻之中是谁在模仿谁，因为这可以揭示出谁家庭权力更大或者能够做出最终决定的人到底是丈夫还是妻子。如果妻子首先做出某些动作，不管这些动作有多么细微，如交叉双腿、手指交缠或是做出思考的姿势，只要这个男人跟着模仿，那么你就可以确定让这个男人做出决定是毫无意义的——因为他根本就没有做决定的权力。

模仿改善关系

模仿也可以影响其他人对你形成的印象。如果一位老板期望与一个拘谨紧张的员工建立亲善关系，并且营造出轻松的谈话氛围，那么他可以通过模仿这个员工的肢体语言来达到这个目的。对方就会觉得你很平易近人。

不过需要说明的是，能在双方间产生亲和感的模仿动作，都应该是没有攻击性的，也不应该是炫耀意味过浓的姿势，否则将会引起不快和反感。

不停地敲桌子，是因为有话要说

你是否有这样的经历，当你和同事争论某个问题的时候，他会不停地敲桌子，然后说，静一下，听我说两句。是的，他不停地敲桌子，是因为有话要说。如果你是一个会议的发言人，当你在滔滔不绝的时候发现有的与会者在不经意地以指尖轻敲桌子。那么你千万不要觉得对方是在向你表达赞同或者恭维，这表明他在思考，他在等待发言。当你在进行业务解说，发现客户有这个动作的时，你就该考虑停下来，把话语权交给他，以免客户不耐烦。

传播学家研究发现，手上的小动作往往比有声语言更能传达出说话者的心意，因为作为一种可视的沟通形式，它比语言传递得更远，而且不会受到那些有时会打断或淹没话语的噪声的干扰。所以，有时候手势是一种独立而有效的特殊语言，它能传递一些我们熟悉的信息。比如，拍手表示激动或赞成，而把小指和拇指放在耳朵边上表示需要打电话；大拇指朝上表示赞同或钦佩，大拇指朝下则表示不赞同或鄙视对方；伸手表示想要东西，手背在后面表示不想给予。

除敲桌子之外，还有一些不自觉的小动作，也能暴露行为动作者内心的真实状况：

不停地摸耳朵

如果他人在和你交谈的过程中，对方频繁地摸耳朵或拉耳垂，这表明他厌倦了你的滔滔不绝。他做这个动作是想告诉你，他很想开口谈谈自己的意见。

把玩手腕或手腕上的物品

如果你正在和他人交谈，发现他正在把玩手腕或手腕上的物品，这表明对方内心充满犹豫，他正在考虑诉说他内心的想法，这表明他内心很挣扎，有话要说。

微张嘴唇

如果和你交谈的人，几次三番的微动嘴唇，却没有发出声音，这表明他有话要说。他内心很想表达自己的想法，所以自然张嘴欲言。可是出于礼貌，他没有打断你的话。

用手指或手上的东西做画线动作

如果你正和他人交谈，发现他用手指或利用手上的东西在桌上做画线动作，这表明他有话想说可是又不能打断你，他不停的动作表明他很焦急。此时你还不停止说话，他的额头甚至会出现汗珠，手上动作的频率会更快。

手势里蕴含大量的信息，是随着说话者所表达的内容、具体的环境以及在某种感情的支配下，自然而然地流露出来的。因而，从某种程度上来说，手势是人的第二张面孔，传达着丰富多彩的信息。

频繁拨弄头发，心中紧张不安

不知道你是否注意过，人们在处于紧张的状态时总是会下意识地做出一些小动作，而这些小动作能够泄露出很多内心信息。例如，你和朋友交谈时，他总是不时地拨弄头发，这是他的大脑发出了信息："心慌！安抚我一下吧。"是的，就像小猫小狗感觉害怕时会舔自己的毛发一样。人类频繁地拨弄头发，也表示心中紧张不安。

如果留心观察儿童的身体语言，你会发现，小孩子犯错误被父母或老师发现之后，经常会做出这样的动作——站在大人面前，身体不动，只是用手不停地拨弄头发，通常还带着无辜的眼神，表现出十分紧张的神态。仿佛在说"我错了，我会不会挨打呢"，因此，太频繁地拨弄头发，不是说这个人没有洗头发、头皮很痒，而是他内心极度不安，缺乏自信，需要用频繁地拨弄头发来掩饰心中的不安和不确定感。对这样的动作最常见的解释是当事人感到疑惑、不安、甚至有点焦躁。小葛是个纨绔子弟，和莉莉结婚后稍有收敛。可是有一天，小葛又彻夜未归，早上回家，他发现莉莉整晚没睡。莉莉站在窗口，红肿着双眼，她质问道："你是不是又去夜店了？这个家你还要不要了？"从未见过莉莉发火的小葛有些慌乱了，他不停地拨弄头发，说："我，我没去夜店啊，你相信我！"从上面例子可以看出，尽管小葛嘴上否定了莉莉的猜想，但他手上的动作却表明了他的不安、顾虑。细心观察，在人们面对紧张的时候，总会通过一些小动作将情绪透漏给你。让我们看看其他的一些体现紧张的小动作：

不停地清嗓子

你会发现，很多人原本嗓子没有不舒服的感觉，可是在准备比较正式的演讲前，他会不停地清嗓子。这不是怪癖，只是紧张的缘故。不安或焦虑的情绪会使喉头有发紧的感觉，甚至发不出声音。为了使声音正常，他就必须清嗓子。这也是有的人说的"紧张的连声音都变了"的原因。如果你遇到说话不断清嗓子、变声调的人，这表示他们非常紧张、不安和焦虑。

狠狠掐烟或任烟自燃

抽烟有时会被认为是缓解紧张、压力的方法。生活中，你常常可以看到这样的动作，有人在烟没有抽完的时候，忽然把烟头狠狠掐灭或是把它搁在烟灰缸上任其燃烧。其实这样动作的潜台词常常也是压力、紧张、焦虑。

屁股底下坐了球儿

每个人在当学生的时候大概都被老师说过："你能不能好好坐着？你屁股底下坐球了？"当你和别人聊天时，如果发现他坐立不安，那就表明他感到有压力或不安，有时候无聊也会有这样的动作。

很多动作看起来很平常，实际上也是紧张不安的表现。比如撕纸、捏皱纸张、紧握易拉罐让它变形，等等，并且你可以发现，当一个人的紧张感、不安感严重的时候，这样的动作出现的概率更大。人们似乎希望借这些动作来缓解，同时稳定情绪。

头枕双手，一切都在他掌握之中

高度自信的动作能够反映大脑的高度舒适感和绝对自信。你可以尝试一下头枕双手这个动作，当你做这个动作时，是不是腰挺得很直？是不是有一种长高了的感觉？对，要的就是这种优越感。这是一种袒露胸脯、表现力量的体势。它代表着自信和无所不知，那些自我感觉高人一等，或是对某件事情的态度特别强势、自信的人，就会经常做出这个姿势。仿佛在对旁人表示，"我知道所有的答案"，或是"一切都在我的掌控之中"。

一般情况下，头枕双手的姿势经常见于管理层的职员，刚得到晋升的经理也会突然开始习惯于做这个姿势，尽管他在被提拔之前很少做出这种姿势。通常是管理者在他们的下属面前做出这个姿势，很少见到面对自己的上级做出这个姿势的职员。

　　某公司职员们发现刚刚晋升的销售部经理突然间有了这样一个习惯动作，当他坐在自己的椅子上时，喜欢把头向后仰，然后用双手枕住，使得双臂弯曲折在脑后，形成一个类似于羽翼的形状。于是，很多职员偷偷讪笑他越来越有官相了。

　　晋升以前，经理并没有经常做出这种头枕双手的姿势，但新的地位却让他养成了这个习惯。由此可以证明，经理对他的现状感到满意和舒适，他感觉一切都在他的掌握之中。

　　头枕双手的姿势不仅可以显示出当事人自我感觉良好，还可以表现他想要获取支配地位的心态。研究还发现，男人更喜欢用这种身体姿势。你和人交谈的时候，如果他是采用这种姿势的，那代表他的心里有些高你一等的想法。通常他是想给你施压，或者故意营造出一种轻松自如的假象，以此麻痹你的感官，让你错误地产生安全感。

　　生活中表现自信和掌控的体势很多，例如双手放在背后，同时双手紧握，抬头挺胸，下巴微微扬起，这个动作表达的含义和头枕双手相类似。做这个动作往往与权威、自信和力量相伴相随。摆出此种姿势的人是将脆弱、易受攻击的咽喉、心脏、脾胃暴露在你的视线之下，这样做显示了他无所畏惧的胆魄，他有一种"一切都在我掌握"的优越感。

　　在生活中，只有那些有着骄傲的自信、"艺高胆大"的人才敢于做这样头枕双手、倒背手紧握的动作。他们将自己的胸脯袒露给你，正是想向你表明自己的自信和力量，这样的姿势强化了信心、权力、权威的色彩。

拥抱自己是一种自我安慰

　　很多人在面对压力的时候，他会将手臂交叉并反复用双手摩擦肩膀，好像很冷的样子。看到这样的动作，我们会联想到母亲抱住孩子的情形。这是一种能产生安全感的动作，它能让人感到平静。拥抱自己这一动作常见于女性，当她们沮丧、害怕的时候，常常把自己抱住，身体上的亲密接触可以消除恐惧，获得安全感。随着年龄的增长，成年人不能像小孩子一样再向别人索求拥抱。这是当她们得不到亲人、朋友的安慰时，采取的一种自我安慰的方式。

职场新人小媛上班第一天就遭到了老板的责骂，她沮丧地回到家里。把自己关在卧房，双手抱膝坐在床上，并且把头紧紧地埋在怀里。这样蜷缩成一团的姿势让她的身型显得格外娇弱。

在遭受挫折或者遇到悲伤的事情时，有些人通常会采取这样的姿势来安慰自己。这种给自己的拥抱是对童年记忆的一种回忆。在他们的幼年时期，如果遇到难过的事情，或者处于一种紧张的气氛中，他们的父母或看护人就会将他们拥进怀中，用温馨的怀抱舒缓他们悲伤、不安的情绪。长大以后，当他们感到紧张不安的时候，他们常常会模仿长辈的动作来安慰自己。比如情境再现中的小媛就是这样，在完全私人的场合里，她的身体语言很明显地表达出了她的内心独白，此刻的她极需要一个温暖的怀抱，就像小时候妈妈的怀抱一样。

一般来说，我们很少能看到成年人在公开场合做出明显的拥抱自己的动作，比如双臂交叉，紧紧抱于胸前，或者像情境再现中的小媛的蜷缩怀抱姿势，因为公开场合会让所有的人都看到他们内心的恐惧。

如果你与女性接触，会发现她们往往会用一种更为隐晦的方式来替换这种过于明显的肢体语言，如单臂交叉抱于胸前的姿势。这是一种隐晦的自我拥抱，她们只使用一只手臂，让它在身体前部弯曲后抓住另一只手臂，从而在自己与你之间形成一道障碍，拒绝你靠近，看起来就好像是在拥抱自己，其实这也是给她们缺乏安全感的心灵带来一丝安慰。

我们在车站候车处或者电梯等场合经常见到有人做出拥抱自己的动作，因为这些场合通常围绕在身边的都是陌生人。在这种情况下你会发现，女性会更容易产生强烈的不安感，她们会紧紧地拥抱自己。另外，在参加一些社交活动或工作会议时，也常见有人做出这种动作。因为这种姿势可以与其他人保持一定的距离，表露出动作者内心的不安与缺乏自信。

自我抚摸是为了寻求安慰

当人们处于紧张、情绪低落、遭遇挫折时，会不自觉地借助各种不同形式的自我抚摸来安慰自己，给自己打气。例如用手挠挠头皮、梳理一下头发，并抚摸后颈，女性则通常会双手环抱着身体，用手摩挲手臂，这正是寻求被保护、进行自我安慰的典型动作。每个人都有亲密接触的欲求，这方面女性的欲求大于男性，儿童的欲求大于成人，小孩子如果跌倒或者受到其他伤害，第一个反应就是让妈妈抱抱，身体上的亲密接触可以消除恐惧，获得安全感。随着年龄的增长，成年人不能像小孩子一样再向别人索求拥抱，人们无法随时随地得到亲密接触，因而以自我抚摸来满足亲密接触的需求。常见的自我抚摸动作有以下几种：

头部区的抚摸

比如抚摸额头、挠挠头皮、抚摸头发、用手托头，等等。一般做出这样动作的人，多半内心感觉无聊、孤独，心事重重，他们做出这样的动作，就是为了鼓励自己或寻求安慰。

颈部区的抚摸

抚摸颈部的前方、后方。女性尤其喜欢抚摸颈部前方，当她们听到使内心不安的事情时常常不自主地用手掌盖住自己的脖子前方靠近前胸的部位。这样的动作很像我们小时候受到了惊吓，妈妈用手抚摸我们的颈部区，说道："拍拍，拍拍就不害怕了。"

手部的抚摸

摩挲自己的手背、吸吮手指、咬指甲等。当你发现有人出现这些下意识动作时，可以给对方适当的安慰和身体接触。但是不能太过，轻轻拍一拍对方的肩是最适度的安慰。因为虽然做这些动作是渴求接触的表现，但他们强烈的戒心依然会反感你过度的接触。

脸部的抚摸

例如用手抹脸、轻捏脸颊，双手捧着脸。做这样动作的人，多在思考中，他们内心孤独，希望通过自我抚摸获得安慰。

间接自我抚摸

有些动作看起来与自我接触扯不上关系，实际上也是一种间接的自我抚摸。比如撕纸、捏皱纸张、紧握易拉罐让它变形，等等。这种间接的自我抚摸也刺激到了人们的触感。并且你可以发现，当一个人的挫折感或者不安感越重的时候，这样的动作出现的概率更大。人们似乎希望借这些动作来发泄，寻求安慰，同时又稳定了情绪。

第二节　表情，让他的心底一览无余

瞳孔扩张，表示对你的谈话感兴趣

日常生活中我们很容易观察到别人的手势、坐姿、表情等身体语言，而对于眼睛的观察只是停留在暗淡无光或是炯炯有神的层面上，其实人的瞳孔里还有很多值得我们去发掘的信息。人的眼睛通过数条神经与大脑连接，它们从外部获取信息，然后通过神经把信息传递给大脑。受到刺激的大脑又反馈信息给瞳孔，于是人的心理也就在瞳孔上表露出来。如果说眼睛是心灵的窗口，那么瞳孔就是窗内的风景。

美国芝加哥大学研究瞳孔运动的心理学家埃克哈特·赫斯发现，瞳孔的大小是由人们情绪的整体状态决定的。如果有一天，你兴致勃勃地和某人聊天，发现他的瞳孔扩张，认真聆听你的谈话，这表明他对你的谈话非常感兴趣，你可以继续发表你的言论。晓月在计算机城卖计算机，她向顾客推荐新产品时，她会一边介绍，一边留意顾客瞳孔的变化，如果她发现顾客在听她讲解的时候瞳孔明显变大，心里就会暗自窃喜，因为她知道她的推销成功了，顾客对她的谈话和她推荐的商品都很感兴趣，她会把价钱要得很高。从例子可以看出，当一个人对你的谈话内容感兴趣的时候，会在他的瞳孔上有所反映。当一个人处于兴奋、高兴的情绪状态时，其瞳孔就会明显变大。反之，当一个人处于悲观、失望的情绪状态时，其瞳孔就会明显缩小。据此，细心的你可以通过他人瞳孔的变化发现生活中其他的有趣现象。

例如，一个性取向正常的人，不管是男人还是女人，只要他们看到异性明星的海报，瞳孔便会扩张；但若看到同性明星的海报，瞳孔就会收缩。同样，当人们看到令人心情愉快或是痛苦的东西时，瞳孔也会产生类似反应。比如，看到美食和政界要人时瞳孔会扩张；反之，看到战争场面时瞳孔会收缩，在极度恐慌和极度兴奋时，瞳孔甚至可能比常态扩大 4 倍以上。婴儿和幼童的瞳孔比成年人的瞳孔要大，而且只要有父母在场，他们的瞳孔就会始终保持扩张的状态，流露出无比渴望的神情，从而能够引来父母的持续关注。

一般来说，当人们看到对情绪有刺激作用的东西时，瞳孔就会变化。赫斯还指出，瞳孔的扩张也与心理活动密切相关。例如，某个工程师正在冥思苦想努力解决某个技术难题时，当这一难题终于被攻破的一刹那，这位工程师的瞳孔就会扩张到极限尺寸。

很多玩牌的高手之所以能屡战屡胜，最主要的原因就在于他们善于通过观察对手看牌时瞳孔的变化来揣摩对方手中牌的好坏。他如果看见对方看牌时瞳孔明显扩大，则可基本断定对方拿了一手好牌，反之，当他看见对方看牌时瞳孔明显缩小，据此他又可以断定对方的牌可能不太好。如此一来，自己该跟进还是该扔牌，心里也就有底了。如果对手戴上一副大墨镜或太阳镜，那些玩牌的高手可能会叫苦不迭。因为他们不能通过窥探对方瞳孔的变化来推断对手手中牌的好坏。如此一来，他们的获胜率肯定会直线下降的。

这一点还体现在青年男女约会上，如果你的约会对象在注视你的时候，眼神温柔、瞳孔扩大，那基本可以断定他是喜欢你的。关于瞳孔扩张的这一发现被研究引入了商业领域，人们发现瞳孔的扩张会令广告模特显得更有吸引力，从而吸引更多的顾客购买商品。因此，商家通常将广告照片上模特的瞳孔尺寸修改得更大一些，有助于提升产品的销量。

有句老话说，在和别人说话时，要看着对方的眼睛。是的，如果他在和你交谈时，瞳孔扩张，那真要恭喜你，这表明他对你的谈话很感兴趣。下次，

要 "好好看看对方的瞳孔"，因为瞳孔从不说谎。

走路时视线向下的人凡事精打细算

孔子曾说过："观其眸子，人焉廋哉！"意思就是说，想要观察一个人，就要从观察他的眼睛开始。因为眼睛是人的心灵之窗，所以，一个人的想法经常会由眼神中流露出来。而研究发现，一个人的视线，尤其是单独走路时无意识流露出来的视线，总会在无意间展露内心的意识以及喜好。

正常人在走路时视线是在前面大概 3 ~ 6 米的位置，角度通常是 75 度，在有人告诉你有危险或自己感觉到有异常时，人走路的视线角度会发生很大变化，可能在前面一米左右，角度非常小，步幅自然减小，以应对突发的变化。但是，如果你细心观察可以发现，生活中很多人在平时走路时视线都是向下的，颇有走自己的路，让别人去说的味道。这类人往往小心谨慎，凡事精打细算。这样的人都比较内向，他们为人谨慎、多疑，看似无心，实则总是在思索。与他们交流，你能感受到，他们对于能带来实质性收获的交流感兴趣，重视家庭生活。

在与人交往的过程中，如果你希望深入了解他人的喜好、秉性，你就需要多留意他人的视线。以下就来讨论不同的视线区域可能代表他人的哪些特质。

走路时视线朝上

这样的视线，通常会配合轻快悠闲的步履，头微微上仰，双手插在口袋里。如果你在路上遇到他，他可能还哼着小曲儿。这类人往往个性质朴，活得轻松自然，喜欢自然界的一切美好事物。一朵花、一只小狗、一顿晚餐，都能为他带来身心的满足。

走路时习惯平视

这类人个性认真，凡事喜欢就事论事，多半不喜欢拐弯抹角，不喜欢浪费时间，这类人属于务实派。

走路时盯着某物直瞧

平时很容易见到这类人，吸引他们目光的可能是一支笔、一只猫。其实，吸引他们的不是这些东西，真正吸引他的通常和他正处理的事务相关。这类人往往专注力强，此时，他正沉浸在自己的世界里天马行空，这类人喜欢谈论目前手头上正在进行的事务。

走路时喜欢东张西望

在走路时喜欢东张西望的人，往往专注力不强，这类人很容易受到外界的干扰，总是漫不经心，好奇心比较重，喜欢新鲜的人、事、物。如果你和这样的人讨论问题，他往往会反复问相同的问题。是的，他根本没有仔细听。这就是小时候老师常常批评的"注意力不集中"。

总之，每个人走路时的视线区域是不同的，了解这些细微差别，你就可以从这些司空见惯的动作里透视人心。

避开视线、延长眨眼时间是讨厌的信号

视线表达了一种关注感，被视线关注的人会自然地用心聆听凝视者的话。而视线还有其他的魔力，透过视线，你可以了解他人的心态和情感。

当你发现别人竭力避开你的视线或者延长眨眼时间的时候，肯定是有什么事情让他们觉得不对头。他也许是不喜欢你、或者对你不感兴趣；也许是在自我保护，或者有事隐瞒；也有可能是不知道怎么面对你，或者仅仅是害怕你。

如果对方快要跟你的眼神交会时，突然避开你的视线，虽然表面上没有拒绝跟你说话，但却已经散发出不想再继续交谈下去的信息了。既不想再听你说话，也没有认同你的意思。如果某人避开视线故意让你看出来，这样的人就比较极端，这是对你抱有敌意与嫌恶，而且毫不隐藏地表现出来。如果在谈话期间视线一直不肯和你的视线交汇，恐怕是因为对方讨厌你，也有不想被你所左右的意思在里面。

心理学家达尼尔曾说过这样一句话："敢于与对方做眼神接触表现了一

种可信和诚实；缺乏或怯于与对方进行眼神接触可以被解释为不感兴趣、无动于衷、粗蛮无礼，或者是欺诈虚伪。"事实也往往如此。一家医院在分析了收到的大约 1000 封患者的投诉信后归纳出，大约 90% 的投诉都与医生同患者缺乏眼神接触相关，而这种情况往往被认为是"缺乏人道主义精神或是同情心"。

为什么有些人和你说话你会感到不舒服？而有些人和你说话却会令你感到不自在，还有一些人在和你说话时甚至会让你怀疑他们的诚信？这是因为眼睛能够透视人们内心的想法。会面的两个人如果彼此较多地注视对方的眼睛，那就代表他们彼此之间都很感兴趣，或者对所谈的话题有热情。相反如果话不投机，彼此之间就会尽量避免注视对方，这样可减轻紧张的形势。

当然，如果他不喜欢你，也可以通过延长眨眼时间来传达讨厌你的信号。在正常的条件下，一个人眨眼的频率是 1 ~ 3 次 / 分钟，每次闭眼的时间也仅仅为 1/10 秒。但是，在某些特殊的情况下，为了特定的目的或是为了表达特殊的情感，一个人可以故意延长他眨眼的时间。如果你凑巧遇到某个人对你做出此种姿势，就得留意他此举的含义了。

这里所说的拉长时间，并非他迅速的眨眼，再隔很长一段时间之后进行下一次的眨眼动作，而是每一次眨眼动作的时间被拉长。要实现这个目的，人们在每次眨眼时，眼睛闭上的时间就要远远长于正常情况的 1/10 秒。

为什么会出现这种的情况？他自己可能并没有意识到这个动作，只是潜意识里这样做了。事实上是因为他对你感觉厌倦，他觉得与你谈话很无趣。我们在谈话中如果发现对方对自己做出这样的动作，我们就需要提醒自己是否谈话内容实在不能引起他的兴趣。因为这种动作表明他已经不想再跟你继续讨论下去，所以他每次眨眼时眼睛会闭上两到 1 ~ 2 秒甚至更长的时间，希望你从他的视线中消失。如果你发现你在讲话时，你的听众开始有了拉长眨眼时间的行为，甚至同时伴有哈欠，你就可以结束这次讲话了。

难怪美国哲学家埃默森说："人的眼睛比嘴巴说的话更多，不需要语句，我们就能从彼此的眼睛了解整个世界。"

握手时一直盯着你的人，心里想要战胜你

在西班牙斗牛的节目中，那些被激怒的公牛会在进行角斗之前，把眼睛瞪圆了一直盯着对方。在这点上，人类也是一样。世界上大多数国家的人都不会对不熟悉的人进行直视，一直盯着对方会被认为是没有教养的表现，甚至被看成是一种故意挑衅的行为。当某人和你握手时，一直直视你，甚至盯住你不放，这其实是对你的挑衅，他的心里是想要战胜你。

目光接触是非语言沟通的主渠道，是获取信息的主要来源。人们对目光的感觉是非常敏感、深刻的。通过目光的接触来洞察对方心理活动的方法，我们称之为"睛探"。目光接触可以促进双方谈话同步化。在对方和你交谈时，如果他用眼睛正视你，你可以更有效地理解他的思想感情、性格、态度。同时，通过"睛探"，可以更好地从对方的眼神中获得反馈信息，及时对你的说话进行必要的调整，通过这样的审时度势，一旦发现问题，可以随机应变，采取应急措施。

如果遇到和你握手时一直盯着你的人，并且他对你的注视时间超过5秒，他除了想在心理上战胜你之外，往往还对你有一种威胁。这种盯视还会被用到其他场合。例如，警察在审讯犯人的时候通常对他怒目而视，这种长时间的对视对于拒不交代罪行的犯罪者来说有着无声的压力和威胁。有经验的警察常常用目光战胜罪犯。

可见，即使是罪犯也不喜欢别人用眼睛紧紧盯住自己。因为被人紧盯住之后，心里就会产生威胁和不安全感。事实上，在你和对方握手、交谈时，如果遇到长时间盯着你的人，由于他眼神传递出来的信息产生了副作用，你从他的视线中是感受不到真诚、友善、信任和尊重的。

在生活中，人的角色是多样的，眼神之间可以传递不同含义的信息，而影响一个人注视你时间长短的因素主要有3点：

文化背景

文化背景不同的人注视对方的时间可能存在很大的差异。在西方，当人

们谈话的时候，彼此注视对方的平均时间约为双方交流总时间的 55%。其中当一个人说话时，他注视对方的时间约为他说话总时间的 40%，而倾听的一方注视发言一方的时间约为对方发言总时间的 75%；他们彼此总共相互对视的时间约为 35%。所以，在西方国家中，当一个人说话时，对方若能较长时间看着对方的眼神，这会让说话的人感到非常高兴。因为他认为对方这样做，说明对方很在意他的讲话，或者是很尊重他。但是，在一些亚洲和拉美国家中，如果一个人说话时，对方长时间盯着他看，这会让他感到不舒服，并认为对方很不尊重他。比如，在日本，当一个人说话时，如果你想表示对他的尊敬之情，那么你就应该在他发言时尽量减少和他眼神的交流，最好能保持适度的鞠躬姿势。

情感状态

一个人对他人的情感状态（比如喜爱，或是厌恶），也会影响到他注视对方时间的长短。比如，当甲喜欢乙时，通常情况下，甲就会一直看着乙，这引起乙意识到甲可能喜欢他，因此乙也就可能会喜欢甲。如此一来，双方眼神接触的时间就会大大增加。换言之，若想和别人建立良好关系的话，你应有 60% ~ 70% 的时间注视对方，这就可能使对方也开始逐渐喜欢上你。所以，你就不难理解那些紧张、胆怯的人为什么总是得不到对方信任的原因了。因为他们和对方对视的时间不到双方交流总时间的 1/3，与这样的人交流，对方当然会产生戒备心理。这也是在谈判时，为什么应该尽量避免戴深色眼镜或是墨镜的原因。因为一旦戴上这些眼镜，就会让对方觉得你在一直盯着他，或是试图避开他的眼神。

社会地位和彼此的熟悉程度

很多情况下，社会地位和彼此熟悉程度也会影响一个人注视对方时间的长短。比如，当董事长和一个普通员工谈话时，普通员工就不应该在董事长发言时长时间盯着他，如果那样的话，他就会认为你在挑战他的权威，或是你对他说的某些话持有异议。这样一来，肯定会在他心里留下不好的印象。所以，和领导或上级谈话时，最好不要长时间盯着对方，你可以采取微微低头的姿势，同时每隔 10 秒左右和他进行一次视线接触。不太熟悉的俩人初次见面时，彼此间眼神交流的时间也不宜太长，如果一方说话时，另一方紧紧盯着对方，这肯定也会让对方感到非常不舒服。

游离的视线暴露内心的不安

在日常生活中我们经常能遇到这样的情形，当你遇到一个眼神闪烁不定，东张西望的人，你会感到他忧心忡忡。甚至你会觉得他心中可能隐藏着某些事，或者是背着你做了对不起你的亏心事。这种担心是有科学根据的，就心理学而言，游离的视线往往会暴露内心的不安，往往是对方不愿意让你看到内心映射的表现。也就是说，隐藏着不想被你知道某些事的可能性非常大。

主持人挑战赛第九场，挑战者正在进行电视演讲。观众们发现 2 号挑战者的眼神左右游移，这使得他像在东张西望一样。这种动作和表情引起了观众的反感。事后，记者对他进行了采访，他说，太紧张了，心里很不安，眼睛有些不知道往哪儿看了。

挑战者在演播厅里的举动是因为他内心很紧张、不安，而他又想和观众保持眼神互动交流，所以不停地转换视线，以求和更多人的视线汇合一下。但他的动作由电视信号传递出去，更多的场外电视观众就会认为他的眼神很不规矩，东张西望的神情也令人生厌。

视线的游离往往是人内心活动的反映。在与人交谈的过程中，如果遇到东张西望的人，你该多留意一下他的视线变化，或许你可能从中了解到更为真实的东西。要知道，东张西望所透露出来的内心独白是："外部环境很陌生，我需要认清它并找到安全逃跑路线。"如果你不相信，可以看看动物的反应。很多动物被带到一个陌生的环境中，它们的视线就会上下左右四处扫视。而且动作相当明显，甚至伴有头部转动的动作。而一旦受到惊吓，它们会立刻循着自己刚刚锁定的路线奔逃，一刻也不迟疑。这证明它们在东张西望中就已经安排好了逃跑路线了。人类在新的环境中的环视动作比动物隐蔽得多，但摄像机还是能记录这些不安的眼神。所以，东张西望的神情是人们对于眼前的人或事缺乏安全感的表现。

　　游离的视线在很多时候是内心不安的表现，这里也有一类更为特殊的群体。在医学上，有些人被称为"视线恐惧症"患者，他们在与别人发生视线接触后，往往会立即转移自己的视线。因为他们觉得对方的眼光太过于强烈，从而使自己的眼睛不由自主地东张西望，这会让他们感觉非常不舒服。与此同时，他们的心理也处于一种矛盾的状态之中，一方面，他们想如果与对方进行对视，会不会使对方感到不快。另一方面，又想自己若是进行视线转移，对方会不会看透自己的心理。在这种进退两难的矛盾状态之中，他们越是焦急不安，就会使眼神更加左右游离，强烈不安的心理情绪就越严重。一般来说，此种类型的人，他们之所以会产生"视线恐惧症"，归根结底，是因为他们缺乏自信心。他们往往是通过别人眼中反映出的自己来认识和确认自己的存在与价值。

　　生活中，还有一些其他的视线可以传达不同的信号。例如：瞳孔偏到一旁的目光伴随着压低的眉毛、紧皱的眉头或者下拉的嘴角，那就表示猜疑、敌意或者批判的态度。你在公司会议上发表见解时，如果发现你的老板和同事大多用这样的视线来看你，你就得警醒了。可能是他们对你本身有意见，或者对你的说话内容表示不屑。不管是哪一种，你的主张都没有办法打动别人。而女人们通常喜欢用这种视线表达感兴趣的意思。同时伴有眉毛微微上扬或者面带笑容，那就是很有兴趣的表现，恋爱中的人们经常将之作为求爱的信号。

　　眼睛这扇天窗时刻都在向外界传播着内心世界的种种信息。当你看到有人不停地左顾右盼，目光游离，那么你就可以断定，他的目光是在告诉大家，"我内心不安"，或"心怀不轨"。

第三节 爱憎有因，癖好识人

喜欢暖色或冷色

色彩是物质反射出来的光线在大脑中的反映，不同的色彩带给人不同的感受。例如白色让人感觉冰冷，而蓝色能够使人镇静，由于不同颜色带来的视觉效果是不同的，因此，每个人都有自己偏爱的颜色，而人们偏爱的颜色和他们本身的性格密切相关。

各种不同的颜色大致可以分成暖色和冷色。暖色，例如红色、橙色、粉色等，可以使人联想到火焰和太阳等事物，让人感觉温暖。冷色，例如蓝色、绿色、紫色等，这些颜色能让人联想到水和冰，使人感觉寒冷。暖色和冷色给人带来两种截然不同的心理效果，喜欢暖色的人和喜欢冷色的人当然也有不同的性格。

总体来说，喜欢暖色的人行动力强，而喜欢冷色的人安静内向。前者就像他们喜爱的颜色一样充满热情和活力，喜欢和人分享自己的见闻和经历，常常在很短的时间内和人成为好朋友。他们好奇心强，乐于接受新鲜事物，但有时也会"三分钟热度"，缺乏持久性。工作上，一旦下定决心就着手实施，做事情干净利落，很少优柔寡断。他们虽然也有情绪化的一面，但是不会把不开心的事情一直放在心上，总是相信明天会更好。

相比之下，喜欢冷色的人的性格偏内向，喜欢独自一人思考而不是与人交谈。朋友聚会时，他们总是安静地坐在一边，偶尔和一两个朋友攀谈一番，但如果你想把他们拉到舞池中间去动起来，绝对需要花一番工夫。他们的生活中不会有太多新鲜刺激的事情发生，而且他们也很害怕遭遇各种临时状况，安静而平稳的生活比较合适。工作之外的时间他们通常都自己待在家里看书或者看电影，如果你想引起他们的注意，千万不要炫耀你的最新款手机或者名牌包，这只会让他们觉得你很俗气。

仅仅把颜色分成冷色和暖色似乎有些笼统，让我们来看看具体喜欢每种颜色的人都有哪些性格特点。

喜欢白色的人是态度认真的完美主义者。白色被认为是完美无瑕的，白色在全世界都被视为崇高、神圣的颜色，喜欢白色的人对白色的纯粹和美感十分向往，他们偏爱白色的衣服、白色的家具和白色的装饰品。无论对于工作还是生活都有比较高的追求，特别对于细节十分重视，容不得半点疏忽和差错，对自己要求严格，对别人则显得有些吹毛求疵，因此常常引起不愉快，然而他们严格的自律精神和认真的工作态度总是能够得到欣赏。

喜欢灰色的人善于平衡局面，追求稳定感。灰色是黑色与白色的混合色，给人暗淡、消沉之感，因此年轻人中很少有喜欢灰色的。喜欢灰色的人通常比较稳重，不会过度兴奋，彬彬有礼而又不失分寸，善于掌控局面协调人际关系。

喜欢黄色的人是上进心强的挑战者。黄色很容易让人联想到太阳的颜色，因此黄色也总是和阳光、温暖、希望这些词联系在一起。喜欢黄色的人理性而上进心强，在工作中总是有独树一帜的想法，喜欢挑战新鲜事物，具备走向成功的能力和推动力。

喜欢粉色的人温柔敏感、依赖心强。粉色是温柔的象征，让人感觉幸福和甜蜜。很多从小生长在富裕家庭中的人都喜欢粉色，尤其是女性。喜欢粉色的人多半性格温和，敏感而容易受到伤害，他们多半习惯了别人的照顾，因此依赖性也比较强，同时也有很多浪漫的幻想，向往完美的爱情和人生。

喜欢红色的人热情健谈、行动力强。红色具有让人神经兴奋的作用，可以激发人的竞争意识和战斗力。喜欢红色的人活泼好动，运动神经发达，说话有时口无遮拦，很容易感情用事。当然他们的热情和健谈也增加了许多魅力，身边总是有很多朋友。

喜欢蓝色的人谦虚谨慎、爱好和平。蓝色让人想起纯净的天空和湖水，喜欢蓝色的人为人谦逊，十分有礼貌，凡事都会做周全的考虑，绝不是头脑冲动的人，工作中喜欢制订周密的计划然后严格执行。他们爱好和平、不好斗，有时显得有些懦弱。

爱读小说或报纸杂志

读书一直以来都是人们重要的消遣方式，人们从书中解答疑惑、获得力量，而一本好书往往能够影响一个人对事物和人生的看法。因此，一个人看的书往往能够反映出他目前的心理状态。

喜欢读言情小说的人感情细腻、生性敏感，能够和书中的人物同悲同喜，在生活中善于体察别人的感受，比较善解人意。同时也有些多愁善感，常常触景生情；喜欢读侦探小说的人善于逻辑推理分析，喜欢挑战思维上的难题，在生活中有很强的洞察能力，他们也有很强的好奇心，喜欢探索未知的新鲜事物；喜欢读武侠小说的人内心有非常浓厚的英雄情结，希望自己能够打抱不平、出人头地，他们富于幻想，感情丰富，有很强的正义感，但有时显得固执；喜欢读恐怖小说的人，懒于思考，而是靠恐怖刺激的情节激活自己的脑细胞，他们很少从身边的人和事中寻找乐趣。然而他们心态很好，不会因为书中的恐怖情节影响自己的心情。喜欢读科幻小说的人对新兴的科学技术非常着迷，具有天马行空的想象力，喜欢做各种假设，例如关于未来世界、外星人入侵，等等，不讲究实际，经常在幻想中过日子。

相比之下，爱读报纸杂志的人更加理性。这类人不想把时间花在虚构的小说当中，每天的例行事件之一就是读报纸杂志，渴望及时了解政治、经济、文化等各个方面的新鲜信息，他们喜欢思考各类社会事件和社会现象，对于新近发生的事情有很强的好奇心，常常对社会时事发表自己的见解。这类人通常勤于思考，喜欢分析周围的人和事，擅长进行逻辑分析。

喜欢读名人传记的人雄心勃勃。身边有很多朋友爱看名人传记，历史上著名的军事家、政治家，国内外著名的财经名人都是大家关注的焦点。爱看名人传记的人如果不是为了写论文而搜集材料，就一定是崇拜有加并且想要变成像对方那样的人，以男性居多。他们有很强的上进心，想要成就一番事业，不甘心过平凡的生活，因此从名人传记中读取别人成功的经验，把名人当作自己的榜样。在他们看来，如果想要成功就要像成功人士那样思考和行动，名人传记则是了解这些人的最佳途径。并且，他们从这些成功者的艰辛奋斗经历中获得强大的精神力量，鼓励自己不懈努力。喜欢读历史书籍的人平时喜欢思考，不喜欢胡扯、闲谈，宁愿花时间做一些有建设性的工作，而不想去参加无意义的社交活动。喜欢看漫画书的人通常童心未泯，不喜欢把生活看得太复杂，他们喜欢单纯的人际关系和简单利落的做事方式，有时对别人不加防备因而容易吃亏。喜欢读时尚杂志的人非常在意自己的外貌，十分顾及自己的面子，在日常生活中会尽力改变自己在别人心目中的形象。

爱好个人运动或团体运动

如今，人们对健康问题越来越重视，随着健身俱乐部和各种室外健身设施的完善，体育运动已经成为很多人生活中重要的部分。在各式各样的运动方式中，选择哪一种运动方式和人的性格也有关系。众多的运动方式可以大致分为三种，独自提高技巧的个人运动、一对一的竞争运动以及团队的竞争运动。三种运动不同的选择可以反映出不同的性格特点。

独自提高技巧的个人运动，例如长跑、游泳等，常常一个人独自练习并不断提高，可以清楚地看到练习的效果，虽然在比赛中也有竞争，但平时运动时主要是不断超越自己的过程。喜欢这类运动的人通常安静内向，在工作上总是一个人默默地努力，不擅长在团队中工作。这样的人通常比较能吃苦，他们懂得凡事需要坚持不懈的奋斗，克制力很强，对自己要求非常严格，一心一意朝着目标前进，通常不会半途而废或者见异思迁。爱好个人运动的人在人际交往中表现得比较羞涩和不安，在人多嘈杂的环境中会很不自在，对朋友也总是保持适度的距离，他们非常重视自己的私人空间和时间，不喜欢被人打扰。

然而同样是个人运动，马拉松迷和短跑迷的性格又有所不同。马拉松通常要跑一万米以上，一般人必须持续跑两个多小时才能完成，考验的是耐力。而一两百米的短跑只需要很短的时间，考验的是爆发力。在短跑迷看来，跑马拉松既枯燥又浪费时间，他们喜欢在短时间内集中精力将一件事情做好，性子比较急，工作虽然不够完美却能够迅速拿出结果。相反，马拉松看似单调无味，其实在整个长跑途中速度和呼吸的调整也很讲究策略，什么阶段应该加速、什么阶段应该保存实力，都不是随心所欲的。马拉松迷通常善于打持久战，而不善于应付紧急的工作，他们擅长对繁重的工作细致规划，然后每天按部就班地一点一点完成，他们也比较细心和有耐性，能够忍受长时间枯燥乏味的工作。

一对一的竞争运动，例如羽毛球、网球，等等，需要两人同时进行，一旦进行就会有胜负之分。喜欢这类运动的人，乐于与人竞争，喜欢在与对手的比拼当中不断发现自己的弱点从而更快地进步。一起打球也是他们结交朋友、增进友谊的方式，但是比起和六七个朋友一起出游，他们更乐意单独和一两个好朋友待在一起。另外，在一对一的竞争运动中，无论输赢都只能由自己一个人承担，不可能推卸责任，因此，热衷于此类运动的人喜欢清楚地做事情和干净利落的结果，不喜欢涉入复杂的人际关系当中。

团队的竞争运动，例如足球、篮球等，喜欢团队运动的人享受的往往不是运动本身，而是参与运动的乐趣。团体的归属感对他们来说十分重要，一起踢球的都是多年的好朋友，参加运动让他们感到自己是团体的一分子。此类运动中通常每个人都有各自的职责，以相互配合来取得胜利。喜爱这类运动的人喜欢在有明确分工和秩序的环境下做事，重视规则和责任。

总之，运动对于我们而言是一种必不可少的生活方式，而生活当中绝大多数人也都在运动。不同的人会热衷于不同的运动方式，这就是一个人性格方面的流露。因此，通过观察他人喜爱什么样的运动方式，可以判断出这是一个什么样的人。这里，我们具体从球类运动来分析。

有很多人喜欢打篮球。篮球对于每个高大英俊的帅哥，似乎都是必不可少的耍帅工具。其实，喜爱打篮球的人多有较高的理想和远大的目标，他们经常对自己抱有很高的期望，希望自己能够比他人出色，站到别人前边去。为了达到这样的目标，他们可以作出很大的牺牲和努力。这其中可能避免不了要遭遇失败，但他们失败以后不会被击倒，不会一蹶不振、灰心丧气，与之相反，他们的心理素质比较好，能够重新站起来，再接再厉。而且，喜爱打篮球的人，内心都比较阳光。他们对于事物中的阴暗面，或者看不到，或者看到了也能够不放在心上。他们还是相信人与事光明的一面。因此，和这样的人交往，会比较开心，会觉得人与人之间的关系都很简单。

有的人喜欢打网球。网球运动本身具有贵族的气息和很高的格调，并不是所有人都可以轻而易举地加入到这项运动中来的，所以喜爱打网球的人，大多是具有文化素养比较高的人，并且，喜爱网球运动的人从整体上来说，大多是属于文质彬彬、有涵养的人，他们会在各个方面严格要求自己，使自己达到一个相对比较高的层次上，力求完美和完善。

有的人喜爱打高尔夫球。高尔夫球和网球相似，也不是平常人都能融入的，而是一种象征着地位、财富和身份的贵族消遣。所以，喜爱并不一定都能玩得起，凡是能够玩得起的人，大都是具有一定的经济实力做后盾的人，而其本人也可以称得上是个成功者。他们能够成功是具备了成功者必备的素质：宽阔的胸怀、远大的理想、不达目的不罢休的精神、坚强的毅力。

有的人喜欢打排球。排球运动相对来说，是比较辛苦的一项运动。在刚开始打的时候，手腕都会肿。所以，能够坚持下来，并且喜爱排球运动的人，都是很有恒心和毅力的。他们一般不怕吃苦，只要通过自己的努力能够做到，就一定会坚定地完成。而且，喜爱打排球的人多是不拘小节的，他们在做一件事情的时候，对过程的重视程度往往要超出结果许多倍。

有的人喜欢踢足球。足球运动本身就是一项很刺激的运动方式，能让人兴奋。喜欢踢足球的人，应该是相当富有激情的，对生活持有非常积极的态度，有战斗的欲望，干劲十足。不过，他们有时候会有大男子主义，喜欢固执己见，不喜欢接受别人的安排。

有的人喜欢打乒乓球。乒乓球作为我国的国球，是我们都非常喜欢的一项运动。并且，无论男女老幼，都可以打乒乓球，所以，喜欢打乒乓球的人，都是个性比较随和的。而且，思维和身手都比较敏捷。他们能很快融入集体，在集体中也不会失去自己的独立性。

爱看谈话节目

如今，电视节目已经成为人们最普遍的娱乐消遣，各种节目类型层出不穷，不同性格的人对于电视节目的选择也有所区别。许多人爱看综艺节目、相亲节目，而另外一些人却对此类节目不屑一顾，他们热衷谈话类节目。谈话类节目中主持人和嘉宾通常围绕某个时下的热门话题展开讨论，大家各抒己见，常常针锋相对、讨论激烈。爱看此类节目的人通常对时事新闻非常感兴趣，十分享受思考和辩论中各种观点交锋的乐趣。他们思维缜密但略显偏执，凡事是非分明、爱好争论，一旦有人和自己意见不同就一定要讨论明白、分出高下。这类人非常善于从事逻辑性强的工作，喜欢挑战思维上的难题。从其他的电视节目类型当中，我们也可以了解一个人的爱好所在。

爱看大型综艺节目的人通常乐观开朗，胸襟开阔，生活中的小矛盾和不愉快都不会放在心上，善于看到事物好的一面，因此也总是无忧无虑的样子。常常大大咧咧，缺乏谨慎和细心的态度，戒备心弱，常常因为心软或者疏忽大意而吃亏。

爱看体育竞赛节目的人竞争心强、喜欢接受挑战。他们喜欢享受比赛中的刺激，内心有强烈的打败对手的欲望，而且心理素质较好，压力越大表现越佳。在工作中往往争强好胜、追求卓越，面对困难如同游戏，喜欢在竞争中获得乐趣。

电视节目之外，一个人喜爱的电影类型也能反映出个性特点。一些人非常喜欢看动作片、枪战片，这类影片中有大量的激烈打斗、飞车追逐、爆炸等场面，惊险刺激而血腥暴力。喜欢看动作片的人不但不会因此情绪沮丧或者恐惧害怕，反而当作是释放压力的过程。这类人通常凡事都能想得开，情绪稳定不易受外界事物的刺激而变化，因此每天都过得很快活。

喜欢看悬疑片和恐怖片的人，通常生活平顺而乏味，因此想要体验前所未有的刺激和战栗。和喜欢动作片的人相似，他们是乐观开朗的一些人，情绪不会受到影片情节的影响，只是把它当作消遣的方式。他们把现实和电影中的世界分得很清楚，当旁边的人蒙着头大叫恐怖时，他们会漫不经心地送上一句："电影都是假的，怕什么！"

喜欢看都市爱情故事的人，通常对爱情和婚姻抱有美好的想象，他们不喜欢看到现实中丑恶的令人沮丧的一面，常常把自己投入到电影的情节中去体验另一个世界。爱看这类唯美爱情故事的人在生活中也很爱幻想，有点逃避现实的倾向。

喜欢看家庭剧的人通常有很强的伦理观念，喜欢讨论家庭中的各种是是非非，另一方面他们也是非常恋家的人，会把工作之外的大量时间都用来和家人相伴。他们没有很强的企图心，对生活的要求不太高，最大的心愿是家庭和睦、大家平安健康。

爱收藏照片和书信

很多人喜欢收藏。有人喜欢收藏物品，是为了等待以后升值；有人是为了显示自己高雅脱俗，或者是炫耀自己的财富；有人只是兴趣所在，也为了陶冶情操；还有的人，只是因为怀旧心理。

比如收藏照片和书信的人，就有深深的恋旧心理。他们喜欢回忆过去的欢乐情景，喜欢回忆过去与自己曾经生活过的人，所以，他们收藏照片和书信，收藏那些往日的画面和风景，以及在自己生命中出现过的曾经有过文字交流书信往来的每一个人。每当他们打开相册，或者重读旧日的书信，就好像回到了过去。他们会由衷地感到，过去的一切都那么美好，现实生活中却有那么多的坎坷和挫折，于是，他们更加恋旧，也更加珍惜以前的照片和书信。因此，他们收藏照片和书信，把这些记录过去的美好的物品细心地整理好，时不时拿出来欣赏一番，以满足自己的恋旧心理。

除了收藏照片和书信，还有许多东西可以收藏，并且，根据不同的收藏，可以看出收藏者不同的心理和性格。

有的人喜欢收藏艺术品和古董。因为艺术品或者古董，往往代表着高雅、博学，更是财富的象征，因此，收藏艺术品和古董的人，比较注重自己的社会地位和身份。而且，由于收藏品的档次和价值是收藏者之间品位和眼光的较量，所以，这样的人好胜心很强。

有的人喜欢收集书籍、报纸杂志。这样的人，喜欢在家里读书，有学识和上进心，喜欢独处并能自得其乐。不过，他们的藏书虽然很多，但大多数已经过时，没有使用价值了，但是他们依然对这些书乐此不疲，所以这样的人在实际生活中总是比别人落后一些。

有的人喜欢收藏旅游纪念品。这样的人喜欢不断地追求新鲜、刺激，并具有探索的勇气和爱好。他们为了追求令自己满意的藏品，乐于冒险，出入于荒山野岭之中，将自己的足迹留遍大江南北。

有的人喜欢收藏象征荣誉的物品。此类人大都有过辉煌的过去，他们通常对现状不满，认为自己曾经的辉煌不应该那么快被淹没。所以，他们也是怀旧的人，只能依靠回忆过去的光荣历史来抚慰自己的心灵。

有的人喜欢收藏刺绣。这类人的思维非常缜密，办事井井有条，有主见，不随波逐流，不急功近利。因为无论从刺绣发展的历史，还是刺绣本身所花费的时间，都是一个漫长的过程，所以，喜爱收藏刺绣的人，意志力很强，最后大多能够成功。

有的人喜欢收藏旧票据。这类人有很强的组织和领导能力，办事条理清晰，非常细心和认真。不过，他们的精力也过多地浪费在了没有用的细节和过程当中，有的时候有点杞人忧天。他们偶尔也有寻找刺激的念头，但是到最后还是不会打乱自己的生活状态。所以，他们的生活几乎是一成不变的。

还有的人喜欢收藏玩具。这样的人很容易满足，喜欢待在家里，喜欢过平静安逸的生活。他们也会恋旧，对曾经有过的辉煌感到自豪，并极力保存在记忆中。他们的心比较单纯，有点幼稚。他们追求的就是年轻，喜欢和小孩子一起玩，并能从中得到快乐。

从形形色色的收藏爱好里，可以读出他们不同的性格和心理。不过，总的说来，收藏本身就是一种对过去的留恋。因此，不只是收藏照片和书信的人才有恋旧心理。

从宠物看主人

宠物可以说是现代人生活中很重要的一部分，我们身边总是不乏爱猫爱狗人士，如果仔细观察会发现，性格不同的人所选择的宠物也不太一样。心理学研究表明，每个人都喜欢与自己相似的人，每个人也都喜欢与自己相似的动物。人们倾向于喜爱与自己长得相像或者和自己共有某种性格气质的动物。过去，大多数人家里养狗，如今养猫的人也越来越多，我们可以从不同的宠物身上知道主人的心理特点。

喜欢猫的人内心向往慵懒而高贵的生活。猫和狗不同，它不会主动讨好你，如果你想逗它玩还得看它心情如何，它也不负责看家，偶尔捉捉老鼠，白天就在外面悠闲地散步或者干脆趴下来晒太阳，俨然一位骄傲的公主或者王子。喜欢猫的人也具有类似的性格特质。他们不喜欢奉承讨好别人、言不由衷，说话总是直来直去，不太懂得照顾别人的感受，带有几分忧郁的气质。与人交往时，他们表现得比较内向安静，不太善于和陌生人打交道，如果你对他们太热情，他们反而会讨厌你。他们对朋友的选择也很挑剔，他们的戒备心很强，很少有人能够走进他们的内心世界，因此，他们身边的朋友不是很多，在他们看来，只要有一两个知心好友足矣。

生活方式上，他们希望拥有一份体面而轻松的工作，那种经常需要讨好别人、低声下气的工作，或者常常加班没有周末的工作都绝不是他们可以接受的。他们非常重视休闲生活和发展业余爱好，工作只是生活的一部分，为工作牺牲掉难得的周末时光是违背他们内心原则的事情。

与喜欢猫的人相比，喜欢狗的人通常性格外向，对待他人亲切热情。他们常常都很快乐，和同事朋友相处融洽，也善于和人打交道，他们喜欢去热闹的地方，一个人孤单地度日使他们最不能忍受的。

如今也有很多人喜欢养鱼，喜欢鱼的人也有独特的一面。大多数的鱼的记忆很短，只有几秒钟，当他们从鱼缸的一头游到另一头时，大概已经忘记自己曾经到过这个地方，一切又是崭新的。喜欢鱼的人也总是无忧无虑的样子，他们活在自己的世界里，不容易受外界的刺激和诱惑，世俗的名利对他们来说并不重要，不会因为别人的大房子、进口轿车而眼红。有时他们显得有些缺乏进取心，不喜欢竞争，但是如果你有这样的朋友，也千万别拿他和别人的成就作比较。他们通常安静而内向，或许不爱运动，但是有着天马行空的想象力。同样，他们不喜欢太热情的交往方式，但是他们会很真诚、很用心地对待朋友。

还有人喜欢养乌龟、蜥蜴等小动物。这类动物大多温驯可爱，总是慢吞吞的，常常在一个地方可以待上一两个小时，它们的身上有很厚的外壳。喜欢这类动物的人戒备心比较强，对别人的看法比较敏感，因此，身边的朋友不是很多，和他们打交道要循序渐进，注意说话的分寸并且不要太热情。

喜欢垂钓者

在现实生活中，许多人都喜欢钓鱼。他们在河边，一坐就是一下午，纹丝不动，还乐在其中，让人很是不解。其实，喜欢钓鱼的人，在乎的也许不是鱼，而是享受垂钓的过程。而且，他们重视的也不是鱼，而是在钓鱼时的风景和感受。他们能够用自己独特的眼睛，来欣赏钓鱼时的风景。

喜欢钓鱼的人在闲暇时往往带着渔具，自己划着小船到湖中央，待到把一切准备好以后不自觉地沉浸在垂钓的乐趣之中，或者在钓鱼的过程中充分领略湖光山色。诚如欧阳修所描述：醉翁之意不在酒，在乎山水之间也。喜欢钓鱼的人总是被四周的美景所吸引，眼睛盯着鱼漂时会忍不住朝远处阳光照耀下的粼粼波光望去。这时的垂钓者也许已忘记了自己来此的真正目的，完全融入这美景中。比起钓鱼这件事本身，他们也许更喜欢在芦苇间穿梭的鸟儿和在芦苇根处嬉戏的鱼儿，垂钓者即使拿着钓竿，也会被这四周美景吸引，忘记了钓鱼，专注于鱼儿的嬉戏。而此时的鱼儿早已成为美好画面不可或缺的点缀，谁还想得起将其据为己有，有此念者简直大煞风景。所以，垂钓者将垂钓变成欣赏美景的过程，唯有他们才懂得人生的真谛。

　　这样的人，多是与世无争的。他们的个性很随和，对名利看得也比较淡，注重自己的内心平和。当然，喜欢垂钓的人也有理想。理想对于他们有如鱼之于垂钓者，为了理想，他们苦苦追求，不管能否实现，他们总不会忽略追求过程中的亲人朋友给予的深情厚爱，就像他们不会为了水中鱼而放弃包括鱼在内的整个大自然。他们在钓鱼的过程中，投入自然的怀抱。而深情厚爱与大自然不是他们追求的结果，但有时候远远比结果更重要，甚至是人生的根本。在他们追求的过程中，他们可以用自己欣赏美的眼睛，欣赏沿途的风光，这就已经足够了。因为喜欢钓鱼的人也深深懂得：人生苦短，岁月催人老，人活一世何必非要得出个结果。人们往往在对结果的望眼欲穿中，忽略了人生沿途的美景，错过了人生的美好。因此，喜欢垂钓的人，就不会为了完美的结果而忽略更加完美的人生过程。他们是懂得生活的人，懂得欣赏的人，他们也懂得在人生旅途中充分领略无数美景，享受生活带来的无限快乐。

　　总之，喜欢钓鱼的人，具有欣赏美的眼睛，而且较之其他人，他们更知道什么是人生。

第四篇

可怕的心理问题和精神病理

第一章

特异行为、不良嗜好的心理透视

第一节　和别人不一样就是异类吗

疯狂购物也是病

现代女性大多数都有购物的嗜好，然而有的女性表现得特别疯狂。专家将这类有疯狂购物癖好的人称为"购物癖"患者。据研究，"购物癖"患者一般有以下典型症状：当不购物时，人会感到浑身无力、高兴不起来，总有一种说不明白的"不满足感"；当购物癖发作时，人还会变得焦虑不安、无所适从。但是一旦步入商场等能够进行购买活动的地方，这些人就会变得兴奋起来，对周围的一件件商品显示出极大的热情，甚至不顾自己的经济承受能力买下自己喜欢的所有商品。然而，在回到家后，她们又会有新的"不满足感"。如此恶性循环，情绪变得更加恶劣。

最近一次关于国内消费的调查结果显示，在极端情绪下消费的女性高达46.1％。而早在3年前，美国加利福尼亚州立大学在一次类似的调查中也发现了相同的问题。这次调查还发现，男性情绪化消费的比例也达到了17.4％，但购物狂多数依然是女性。

女性一般都有购物嗜好，这种嗜好进一步发展就可能成瘾，变成一种强迫性的购物行为。虽然有购物癖的人也知道强迫性购物结局并不美妙，比如，房间里堆满了大量无用的商品，最后负债累累，但是她们还是忍不住要疯狂购物。女性强迫性购物有一个特点：她们在抑郁、焦虑、疲惫和有负罪感之时会更加疯狂地购物。

大多数购物上瘾者起初都是为了平衡一下情绪，而后逐渐变成了一种习惯性的强迫行为。还有的人认为工作就是为了赚钱，赚钱就是为了享受，所以在有了条件后，他们往往难以控制欲望。而放纵欲望，或者因为种种压力而逃避到欲望里，也是形成疯狂购物的一个心理原因。

为了平衡情绪或缓解压力去疯狂购物，或许能在买东西的过程当中感到快乐，很多人说："去大肆采购一番，然后想尽办法把钱花光，心情也就好了。"但这并不是宣泄无奈的最佳方式，购物也不应该被拿来当作"心药"。

事实上，购物癖患者每次买完东西后都会感到非常后悔，物品一旦到手就失去了吸引他们的魅力。长此以往，购物癖患者会掉入自卑的恶性循环中去。而这时他们除了再通过购物来发泄这种压抑的情绪之外，无法再用别的外在的物质刺激来填补内心的空虚。

有购物癖的人在生活中往往心理素质比较差，容易紧张和焦虑，而每次看到自己买了很多根本用不着的东西后，他们的心情会更加郁闷。

疯狂购物还容易让人在面对生活中的压力时产生逃避心理。购物癖患者到商场购物时，常常感觉商场给他们提供了展示自我的舞台，他们会受到服务员的重视，服务员都会关注他们、赞美他们，对他们的能力给予肯定，使他们暂时逃离生活。但是一旦离开了商场这个特定的环境，就会别的什么也不能激发他们的工作、生活热情，反而会平添更多的烦恼。

有购物癖的人并不都是有较高收入者，相反，绝大多数人往往经济条件并不好，而因疯狂购物使他们浪费了大量的金钱，所以这类人往往会破坏自己原本幸福美满的生活。大部分有购物癖的人，都因沉溺此恶习而受苦，他们的家人也同样受煎熬。购物只能缓冲现实中的压力，如果问题的根源解决不了，可能会产生更大的压力，还可能带来经济负担。

在某电视台做编导的王小姐平时工作很忙，虽然收入不错，但是很少有可以自由支配的时间。所以一旦哪天不用工作，她就会抓紧时间去逛商场，将上千元的毛衣、皮鞋、外套提回家。虽然衣橱已塞得满满当当了，但她还是很高兴，觉得这是对自己前一段辛苦劳作的犒赏。

刚工作不久的小谷尽管挣钱不多，但她有时也能把几千元钱在几个小时内花完，虽然买回的东西多是没用的首饰和衣服，有时还可能花几百元买支口红送人。

文文说她和丈夫发生矛盾后，多数时候都是花钱消气。想和朋友说，又觉得大家都有压力，因此不愿把自己的不快带给朋友；想和父母说，又不愿让他们担心；想和丈夫讲，急性子的她和慢性子的他是越讲越生气，一时半会儿根本讲不通，还会徒增更多的烦恼。如果用家里的东西来发泄，有些是爱情纪念品，舍不得破坏，而且最后的"战场"还得自己来打扫。说来说去也只有让自己的不满发泄到外界才能两全其美。于是，她生气时就会出去逛，平时想吃的甜点放松地吃，平时想买的衣服放开地买，平时舍不得去玩的地方尽情地玩……总而言之，只要能让自己的情绪发泄出去，做什么都行！等到钱花得差不多了，自己的情绪也慢慢平息了。但事后，再看那些买来的东西，她常常会心疼：当时怎么就下得了狠心呢？

具有购物狂心理的人有时候会一反常态地出手阔绰，不仅无节制地消费，甚至有人会做出到大街上撒钱的疯狂举动。

疯狂购物是一种非理性的表达，偶尔一次还可以，但是一旦形成了恶性循环，后果将不堪设想。所以选择这种满足方法时，一定要有个限度，对自己的购物需求要有准确判断。不要一旦自己不高兴、空虚或工作中遇到挫折时就去购物，以免陷入恶性循环中，永远也找不到解决问题的真正方法。

专家建议：人们可以用改变购物模式的方法矫正购物狂热行为。

绝不在生气的时候进行购物，因为在这个时候购物只是为了发泄怒气。

别在悲伤的时候进行购物，因为情绪波动会抑制人的判断能力。

不要在怀旧的情绪中买东西。

不要为了赶时髦买东西。

不要把购物当成一种消遣。有许多漂亮的公园可以用于消磨时间，你可以去风格独特的街道散步，或者培养一些业余爱好。但是，不要把你的空闲时间用于逛商业街。

按你的购物清单进行购买。只在你确实需要购买东西的时候才去买东西，即使去也不要作过多的闲逛。如果发现自己有超出清单进行购物的冲动，应当尽快离开。

将你全部的信用卡从你的皮夹子中拿走，只留一张信用卡。清理那些由特殊商业部门发行的信用卡，你只需要一张卡，能用于急需就够了。如果你真想做到不负债，就必须清理可有可无的信用卡，只保留一张。

制定用现金购买一切物品的政策，如果你没有现金，就不要购买。当你去商业街的时候，不要带信用卡，只带少量的现金，足够买你计划购买的东西、一杯咖啡加上打一个电话的钱就够了。

在任何地方，一旦有购物的意图，就可以运用"替换法"。方法很简单，那就是你买一样东西就必须丢掉另一样东西。如果你买新衬衫，你的旧衬衫之中的一件就必须丢掉；买了新的钻孔机，那么，旧的那个就应该捐给慈善机构；买一套新盘子，就应将旧盘子抛弃；如果你买新的灯具，已经拥有的那一个就必须淘汰。

当你想买东西时，先问你自己："为了买这件物品我要放弃什么，食物还是一罐煤气？我为什么买这件东西？我真需要它吗？这件物品在我从现在开始到未来3个月的购物优先权列表上占据什么位置？这在我从现在开始到未来两年的个人重大财产表上占据什么位置？我现在已经有多少这种东西？一个人需要多少？"稍作休息后，别买任何东西就离开商店。如果1个小时后你还想买这样东西，就应用"替换法"：你打算用这样东西换掉什么？你打算扔掉什么为这样东西腾地方？

购物确实能带来快乐，但无论是释放压力、消磨时间还是排遣寂寞，消费都不是根本办法。建立可信赖的人际关系、进行适量的运动、养成良好的生活情趣等才是解决个人心理不畅的正道。

吸毒者的心理剖析

在生活中，我们都有可能发现一个特殊的群体，他们嗜毒成性，债台高筑，极度消沉。他们在吸毒的时候可以忘却尘世的一切纷扰，过后又会陷入深深的忏悔和痛苦。

吸毒过去一直被认为是道德或法律问题。但随着心理科学的发展，人们开始从精神卫生角度探讨这一问题，认为有些对吸毒缺乏自制力的人可能是源于心理上的病态，而非仅仅由于缺乏道德观念。吸毒者大致可分为3种类型：

消遣性吸毒，是指偶然地、有限地使用某种毒品。

毒品滥用，意为过量服用某种毒品。

毒品依赖，是指毒瘾已经养成，吸毒者已经在生理、心理上"被钓上了钩"，并主动地寻找毒品。

染上吸毒嗜好的原因有社会因素和心理因素两大方面。受环境的影响是吸毒的主要原因，有些成瘾者是由于医生经常给其使用某种物质而引起的依赖，如给癌症患者反复使用吗啡止痛，会引起其对吗啡类毒品的依赖等。少数成瘾者是因各种原因被人引诱、强迫使用后而上瘾的。

从心理学的角度而言，染毒往往是出于好奇心。因为新鲜好奇，听别人说吸食之后会产生美妙的感觉，所以禁不住也想试一试，从而沾上了吸毒行为。调查资料显示，初中生开始吸毒，多数是由好奇心引起的。同时有些吸毒者为了娱乐和消遣，把吸食毒品当作吸烟、喝酒一样，用来满足消遣和享乐的需要。有些青少年会在社交场合或者是单独休闲环境下把吸毒当作一种精神上的享受。由于青少年的虚荣心理，为了自我显示，他们把吸毒看作是一种"高贵的"气派。当然从众心理作祟也是一个重要原因。所谓"从众"，就是人家怎么干，自己就跟着人家怎么干。青少年喜欢从众，看到朋友在吸毒，自己也就跟着吸了。有一位中学生谈到他开始吸毒的行为时说："我原来就吸烟。有一天，一个朋友给我一支烟，我看它不像烟，就问朋友是什么。

他说，你吸吧，反正比你吸的那种烟要好多了。我想，反正都是烟，吸就吸吧。就这样，吸了没几支就上了瘾，再也戒不掉了。"还有一部分人吸毒是为了摆脱烦恼和忧愁。有些青少年碰到挫折，处于焦虑不安的心境，为了消除内心的烦恼和忧愁，就通过吸毒寻求暂时的解脱。

毒品是一种很特殊的麻醉心灵的东西。吸毒者在吸食毒品的过程中会产生一种虚幻的、舒坦的感受，似乎一切烦恼和忧愁都能够解脱。愉快的幻觉和短时间的欢乐效果，使吸毒者进入了飘飘欲仙的欣慰状态。这种感受和体验进而会牢牢地吸引青少年，使青少年无法摆脱继续达到这种状态的需要，这就是吸毒者对毒品的心理依赖性。

当吸毒者误入歧途、开始吸毒时，他们的人格心理也开始扭曲、变态。吸毒青少年的主要人格特征包括：缺乏自尊心、自信心，常自我蔑视、自我嘲笑、自暴自弃，对生活持得过且过的态度；情绪消极，喜怒无常，有时狂妄自负、忘乎一切，有时焦急紧张、恐慌不安，稍遇不顺心的事就暴跳如雷、怒火大发；经常寻求高强度的感官刺激，特别对宣扬色情、暴力和恐怖的书刊、音像制品津津乐道，百般效仿；常多日闭门不出、沉默寡言，或借故寻求僻静独处的生活环境；对外界议论敏感、多疑，心胸狭窄，报复心重；听不得别人的批评意见，一旦被触及"痛处"就常伺机报复；歪曲辨别是非的客观标准，不承认美好的事物、优良的传统、能催人奋进的价值观念，认为"人活着就是为自己，为吃喝玩乐"；对现实不满，对社会的强化管理不满，并经常借故发泄，有较强的逆反心理和冒险性；对同事或家人感情冷漠，思想疏远、关系紧张，不关心别人，不愿帮助别人；常同情和支持有偏激行为的人和事，宽容这类人的缺点和错误，有较强的虚荣心，爱面子；轻视他人的合法权益，藐视国家的法律法规和政策，对自己的违法犯罪行为心存侥幸。

总之，人一旦沾上毒品就足以毁灭自我，这种毁灭不仅仅是对身体的摧残，更是对心灵的创伤。因此，为了使自己的生活美好一些，每个人都应尽量避免这种祸害人的东西。而对于身边的吸毒者，则要表示一份关心，劝慰他们早日摆脱毒品的阴影。

解析网络成瘾

2004年3月某报一个大大的标题令人触目惊心："妈妈，我让网吧给害了！"该报道讲述了浙江省某市一位16岁少年因迷恋上网无法自拔，无奈之下3次自杀，妈妈悲痛欲绝却又无可奈何……

一个名叫王力的高一学生，因为迷恋上网学习成绩下降，继而旷课、逃学，最终患上了精神分裂症，被送进精神病医院治疗。经过20多天的治疗，王力的病情才有所好转。

据校方介绍，王力于2002年上高一后，成绩一般，经常旷课、逃学。后来学校了解到，王力学习成绩下降、旷课的原因是沉迷于上网打网络游戏。2003年，由于学习成绩差，王力不得不留级。但留级后，王力依然热衷于上网，而且还是经常旷课、逃学。学校为此多次对王力本人进行教育，并多次通知家长进行配合教育，王力也多次写下保证书，但结果还是一切照旧。2004年开学后，王力到学校上了几节课后又不上了。2004年3月中旬，王力的父亲来到学校，要求退注册费和寄宿费，学校这才知道王力在精神上出了问题。

负责治疗王力的张医生指出，王力患的是精神分裂症，主要原因是上网成瘾，导致学习成绩下降，并形成了巨大的精神压力所致。

随着家用计算机的普及和网民数量的增多，一种新的疾病——网络性心理障碍引起了全世界医学界和心理学界的关注。心理学专家对众多网民的心态进行过分析，对技术的迷信和对速度的崇拜助长着上网的欲望，这是一类网民上网的动力；将上网当成一种时髦，身着名牌，远离江湖，隐居网络，成了许多人逃避现实生活的一种手段。

患有某种程度的网络心理障碍的这部分人在网上其乐无穷的冲浪体验中逐渐形成了一种对网络的依赖心理，随着上网时间的不断延长，这种依赖越来越强烈，最终患上了"互联网成瘾综合征"。患者因为缺乏社会沟通和人际交流，将网络世界当作现实生活，脱离社会生活，与他人没有共同语言，从而出现了孤独不安、情绪低落、思维迟钝、自我评价降低等症状，严重者甚至有自杀倾向和行为，如本文开头的那位少年。

当网络依赖失控、对人产生负面影响的时候，我们就应把它当作心理上的一种障碍来看待。有关研究表明，我国有5%～10%的互联网使用者存在网络依赖倾向，其中青少年中存在网络依赖倾向的约占7%。与很多国家相比，我国中学生中使用互联网的人数比例较高、时间较长，平均每周使用时间为8.98小时，假期则高达21.34小时。

网络世界形形色色，把生活需要转移至寄托于网络虚拟空间的事件确实存在，所以，目前就有了很多现代化的新词：网瘾、网恋、网络同居、网婚、网络综合征，更为严重的就是网络犯罪。

美国和欧洲的社会学家及心理学家一致认为，上网成瘾是一种危害不亚于酗酒和赌博成性的心理疾病。

目前，"因特网中毒"已成为日益严重的社会问题。上网成瘾者常因担心电子邮件是否已送达而睡不着觉，一上网就废寝忘食，严重影响了身体健康，打乱了正常的生活秩序。有人发展到每天起床后便莫名其妙地情绪低落、思维迟缓、头昏眼花、双手颤抖和食欲不振。更有甚者，一旦停止上网就会出现急性戒断综合征，甚至采取自残或自杀手段，很是危害个人和社会安全。有研究显示，长时间上网会使大脑中的一种叫多巴胺的化学物质水平升高，这种类似于肾上腺素的物质短时间内会令人高度兴奋，但其后则会令人更加颓废、消沉。据统计，网络心理障碍者的年龄介于15～45岁，男性患者占总发病人数的98.5%，其中20～30岁的单身男性为易患人群。有关专家还认为，上网成瘾也是婚姻破裂、对子女疏于管教、人际关系紧张等社会问题的诱因之一。

网络成瘾还会影响公司职员的工作效率。一项对全美前1000家大公司的调查显示，超过55%的管理人员认为，很多雇员会把上班时间用在与工作无关的网络活动上。纽约一家公司暗中统计了本公司职员上班时间的网络活动，发现其中仅有23%是真正与工作相关的。而由于上班时间在网上漫游而被辞退的雇员更是不断增加。

网络成瘾还可能导致家庭破裂。匹兹堡大学心理学教授金波利·杨在过去3年中亲自访谈了数百名网络成瘾患者，她发现一个患有网络成瘾的丈夫，每天和他心爱的计算机在一起的时间远比和他亲爱的妻子在一起的时间要长。更糟糕的是，他已爱上了他的"网上情人"，正准备带上他的计算机与妻子离婚。

长期以来，网瘾已成为危害人类的大恶魔，有无数人正深陷网络的虚拟世界中无法自拔，从而使得如何戒除网瘾成为了全社会关注的话题。于是有关专家据此开出了"药方"：

不要把上网作为逃避现实生活问题或者消极情绪的工具

请注意：借网消愁愁更愁。理由之一，当你几小时后下网的时候，问题仍然在那儿，"逃得过初一，逃不过十五"。理由之二，你的上网行为在你不知不觉中已经得到了强化，容易形成网瘾而难以改正。

上网之前先制定目标

每次花2分钟时间想一想你要上网干什么，把具体要完成的任务列在纸上。不要认为这2分钟是多余的，它可以为你省10个2分钟，甚至100个2分钟。

上网之前先限定时间

看一看你列在纸上的任务，用1分钟估计一下大概需要多长时间。假设你估计要用40分钟，就把小闹钟定到20分钟，到时候看看你进展到哪里了。如果嫌用闹钟麻烦，则可以在计算机中安装一个定时提醒的小软件，在上网的同时打开，这样你就能有效控制你的上网时间了。

以后在网上的高科技海洋中遨游的时候，不要忘记以上几个提醒。这样，你的灵魂才不会在茫茫无边的虚拟空间中迷失方向。

开灯睡眠的心理成因

生活中，我们常常看到一部分婴儿在夜晚时因害怕而啼哭，只有开灯的时候，他们才会甜甜地睡去。其实这种害怕黑暗的情形不仅仅发生在婴儿身上，许多成年人也有同样的问题，他们在夜间会将房间布置得灯火通明，然后才安心地睡去。这种病症被称之为"开灯睡眠癖"。

开灯睡眠癖是指在夜晚睡觉时必须开灯，且在睡眠状态下也不能熄灯，从而形成了对灯光的依赖。

开灯睡眠癖是一种不良嗜好，其病理实质是对黑暗的恐惧。这种对黑暗的恐惧大半是从幼年期开始的。因为在此期间，儿童们好奇心很强，喜欢听有关鬼、神的故事。而这类故事的背景、内容及人物的出现，又常常是在晚间或平常人所看不到的黑暗中，以显示其生动性和神秘性。久而久之，儿童们便将对妖魔鬼怪的恐惧与黑暗联系在了一起，形成了对灯光的依赖，导致不敢关灯睡觉，这是开灯睡眠的一个主要原因。其次，在某一黑暗的情境中意外遭遇到可怕的事情，或在黑夜做了一个噩梦，这些恐怖的经历如果未能及时排遣，也可能造成对黑暗的恐惧。

有位21岁的男大学生，夜间无论何时都不敢走进屋内的地下室。白天他无所谓，但一到晚上就控制不住，他自己也承认毫无道理。后来发展到不敢关灯睡眠，即使跟别人同住一室他也要开灯。而一关灯，他就吓得哇哇大叫，闹得同屋的人莫名其妙。一次，父亲强迫他去地下室，他竟昏倒在石阶上。带他看过心理医生后大家才知道，原来在幼年时，一次他在邻家听小朋友讲了一个有关鬼怪的故事，描写一位巨人，专吃10岁以下男孩的心，喝他们的血，挖他们的眼。听完故事后他满怀恐惧蹒跚归家，当时天色已黑，只有些许星光照路。而他所在之处虽然离家很近，但是中间却有一条荒僻山道。正在这时，他突然发现一个巨人向他走来，他顿时两腿发软，昏倒在地。实际上，他所遇见的是一个农民，农民由城内归来，背着箩筐，所以在黑暗中显得特别巨大。再加上这位农民喝了几杯酒，步履蹒跚，因而看起来更像一个张牙舞爪的巨人。他的昏倒并未惊动这位农民，他在地上昏睡了足足半个小时，才被家人发现抱回家。但从此他便对黑暗产生了极大的恐惧，夜晚不敢关灯睡觉。再后来，他又听说某家住宅的地下室里，一对男女因做了丑事被人发现，结果女的羞愤自杀。不道德的行为和罪恶的感觉，以及黑暗、地下室联系在一起，更使他产生了对黑暗的恐惧。

那么，如何矫治开灯睡眠癖这种严重的心理问题呢？从心理学的角度而言，可以采用两种方式解决问题：

一是可采用认知领悟疗法。对患者进行辩证唯物主义和无神论的教育，说明鬼怪并不存在，其对鬼怪的惧怕而产生的对黑暗的恐惧只不过是一种幼年时期的幼稚情绪反映，从而使患者从认识上减轻对黑暗的恐惧。如上例，应向患者说明那天晚上他所碰到的并非巨人，而是某位活生生的农民，并在说明教育之后重演那天晚上的一幕，以从认知上、潜意识里消除患者的恐惧。

二是可采用系统脱敏疗法。根据患者对黑暗的恐惧程度建立一个恐怖等级表，然后按照从轻到重的顺序，依次对其进行系统脱敏训练，不断强化，直到其能关灯睡眠为止。例如，对上例患者，可先由数人一起关灯谈话，到数人一起关灯静坐，再到两人一起关灯睡眠，再到一人关灯静坐……最后一人关灯睡眠，从而根治这种心理障碍。

抑制不住的恐慌

恐惧症又称恐惧性神经症，是以恐惧症状为主要临床表现的神经症。恐惧对象有特殊环境、人物或特定事物，每当接触这些恐惧对象的时候，患者就会立即产生强烈紧张的内心体验。这种恐惧的强烈程度与引发恐惧的情境通常都很不相称，令人难以理解。如果对下列 7 条问题中的 2 条以上持肯定回答，那么就可能患有恐惧症：乘坐公共汽车或者地铁时，是否会有焦虑不安、紧张恐惧、孤立无援的感觉？乘坐飞机时，是否会担心飞机掉下来自己被摔死？对商店、广场、摩天大楼等人群聚集的地方是否有害怕的感觉？小时候看到别人被刺伤，是否从此以后就对剪刀有了恐惧心理？是否极度害怕自己的皮肤和动物接触，怕被染上疾病？在公共场合被人注意的时候是否感到害怕？在公众面前讲话时，是否有谨慎紧张、大汗淋漓、口干舌燥的感觉？

恐惧症患者神志清醒，常常明知自己的恐惧是不切实际的，因为引起恐惧反应的事物或情境实际上对自己往往并无威胁或伤害，也知道其他人并不会因这些事物或情境而感到恐惧。因此这种恐惧是不合理的，是一种异常的表现。但是一旦患者遇到类似情境，就会反复出现恐惧情绪，不能自我控制，并且产生回避行为。而脱离该情境，症状就会逐渐缓和消失。

一般来说女性比男性胆小，所以恐惧症患者女性多于男性。恐惧症多发生于青少年或成年早期，而且发病较急，往往在某一事物或情境面前有过一次焦虑和恐惧发作以后，该事物或情境就会成为恐惧的对象。

很多患者的恐惧症是因为潜意识里的自卑所致，尤其是患社交恐惧症的人。根据国外调查，恐惧症患者的父母或同胞患神经症的较多，所以遗传因素是恐惧症的发病原因之一。恐惧症患者的性格特点常偏于高度内向，表现为胆小、怕事、害羞及依赖性强。另外，强烈的精神刺激也会诱发恐惧症，如夫妻分离、亲人死亡、意外事件、恐吓事件等。

赵婷今年14岁，某校初二学生。每当春天百花盛开时，她的情绪就会非常低落。而究其原因，就要追溯到她很小的时候了。那还是在赵婷7个月时，她母亲抱着她去亲戚家参加婚礼。刚进新房，院里就响起了鞭炮声。一只小花猫蹿上桌子，把插着花的花瓶碰倒并摔碎在了地上。赵婷见此情景非常害怕，大哭起来。10个月时，奶奶抱她在院子里玩，一走近院里种的牡丹花她就大哭起来，怎么哄也不行，而抱她离开花，她就不哭了。1岁时，家人又带她去串门，发现她一看见别人家床单上的花卉图案和花瓶里插的花就放声大哭。家里人这才意识到赵婷怕花，但并未对此多加重视。

但是，随着年龄的增长，她对花的惧怕程度不但没减轻，反而更加严重了。4 岁时，她和村里的一群孩子跟在出殡的队伍后面看热闹。当她发现棺材上的大白花和人们佩戴的小白花时，立刻转身没命地往家里跑，跑到家里已经面无血色了。奶奶焦急地问她："发生了什么事？"她惊恐异常地答道："花追我来了！花张着嘴追我来了！"逗得全家人哄然大笑。6 岁时，她上了学前班，刚一去就赶上欢度国庆节，排演文艺节目。她们班女同学的节目是手持纸花跳舞，这下可触犯了她的忌讳，说什么她也不肯参加排演。以后她又渐渐发展到了只要是花就害怕的地步，无论是布上、纸上的花卉图案，还是纸花、塑料花、鲜花，她都怕得不得了。近几年，城市绿化有了进展，很多街旁绿地上栽种了各种鲜花，令人赏心悦目。可这对赵婷来说却非常可怕，她在上学的路上，为了躲开那些"可怕"的鲜花，竟不得不绕道走未种花的偏僻路。时间一长，同学们都知道她怕花，于是常开玩笑似的故意往她身上扔花，吓得她面色苍白、手脚冰凉，甚至上课时也不能集中注意力听老师讲课，而总是东张西望，唯恐窗外有人把花扔进来掉在她身上。在她的心里，花是那么可怕，使得她生活不宁、成绩下降。

案例中赵婷表现出来的症状是典型的恐惧症。对付这种病，企图用"这些害怕是没有道理的"这一类话去克服害怕的情绪是不可能的，唯一的办法就是让当事人接受心理治疗。

心理医生治疗恐惧症有许多种方法，常用的有认知疗法、行为疗法和强迫疗法。认知疗法对患者的刺激强度最弱，强迫疗法最强。

认知疗法是通过解释、疏导，告诉患者他之所以对某种物体、情境或人恐惧，是由他自己的主观意念所致。所以，要消除恐惧症，就要勇敢地面对引起恐惧的事物，学会控制、调节自己的害怕情绪。

行为疗法主要采用系统脱敏法。其基本原则是交互抑制，即在引发焦虑的刺激物出现的同时，让患者做出抑制焦虑的反应，这样其恐惧感就会削弱，最终切断刺激物同焦虑反应间的联系。

强迫疗法实际上是行为疗法的一种，又称为满灌法。医生会让患者直接面对患者恐惧的对象，利用巨大的心理刺激对患者进行强迫治疗。这种方法必须由富有经验的心理医生在对患者做出谨慎的评估后进行，因为强迫疗法对患者的心理刺激非常强烈，容易使患者产生其他心理疾病，但是疗效非常显著。

此外，催眠疗法和药物疗法也经常用于治疗恐惧症。精神分析师会将患者催眠，挖掘患者心灵或记忆深处的东西，研究患者是否经历过某种窘迫的事件，从而试图寻找到患者发病的根源。这种疗法时间长，花费也比较大。药物疗法是比较常用的，但是不如心理疗法能够根除恐惧症。

"乘车恐惧症"的心理治疗

在生活中，有些人害怕乘坐某种交通工具，如飞机、汽车或轮船等。他们不是简单地害怕晕车、呕吐，而是有一种更深层次的恐惧心理，这就是"乘车恐惧症"。

乘车恐惧症是指对乘坐汽车或乘车经过某一特定区域时所产生的一种紧张、恐惧、焦虑情绪，以致害怕乘车的现象。关于乘车恐惧症的病因，至今尚不太清楚。但诸多看法认为，乘车恐惧与患者过去的某一特定经历有关，而对这一特定经历的条件反射可能是诱发乘车恐惧的病理机制。条件反射学说认为，当患者遭遇到与其发病有关的某一事件时，这一事件即成为恐惧性刺激，而当时情景中另一些并非恐惧的刺激（无关刺激）也同时作用于患者的大脑皮层，从而使两者作为一种混合刺激物对患者形成条件反射，故而今后凡遇到这种情景，即便是只有无关刺激，也能引起了强烈的恐惧情绪。如患者经历了一次车祸，车祸才是导致其恐惧的条件刺激，而类似的汽车则是无关刺激。但由于这一恐怖情景的泛化，类似的汽车也成了恐惧源，时间久了则会引起患者严重的病理反应，正如"一次出车祸，十年怕坐车"那样。美国心理学家华生曾做过一个实验，他采取一些手段使一个4岁的孩子对兔子害怕，结果很快这个孩子就害怕起一切有毛的东西，例如狗、长毛绒玩具，甚至长着胡子的人等。

　　小欣是北京某高中的一名高一学生，她家离学校不太远，每天只需乘半小时的公共汽车。近半年从家到学校，从学校到家，她早已习惯。有一天，她放学回家，像往常那样登上了回家的公共汽车。汽车突然遇到红灯紧急刹车，乘客们在惯性的作用下被晃得东倒西歪。小欣也在惯性的作用下向前猛冲，正好碰到前面一个衣着脏破、满身酸汗气的醉汉身上。当时小欣被吓了一大跳，并有一种恶心欲逃的感觉。从那之后，她只要一上公共汽车心里就紧张，感到恶心、心跳。几次发作后，她开始害怕乘车。无奈之下，她只好步行，但又不堪长时间以这种方式去上学。

　　父母见女儿这样，十分心疼，父亲曾多次陪着她乘车去学校。奇怪的是，只要父亲陪着，她乘车就没有什么异常的感受，但一旦她独自乘车，恶心、心跳加速等症状就会再次发作。父母感到不可思议，陪女儿来到心理诊所寻求帮助。

　　心理医师详细询问了小欣的发病经过后认为，小欣起病于刹车时的冲撞，病情发展于心理对此的严重性想象，再加上她自己有意回避，导致了恐惧感越来越重，还伴有严重的心理焦虑，从而引发了乘车恐惧症。

　　对乘车恐惧的治疗一般采用行为疗法，据专家介绍，使用该疗法治疗各种恐惧症的治愈率在90%以上。在进行治疗时，应先弄清患者产生恐惧的病因，尤其是发病的情景，并详细了解其个性特点、精神刺激因素，然后用适当的方法治疗，如系统脱敏疗法、满灌疗法。如对小欣的治疗就可采用满灌疗法。

　　下面我们以对小欣的治疗为例展开讨论。

　　首先，心理医师围绕"乘车与回避乘车"的利与弊对小欣进行心理疏导。心理医师对小欣说："当你回避乘车的想法变成现实以后，这在心理上是一个大的倒退。如果今后想再去乘车，怕的感觉会更加严重。也许你以为自己的害怕与乘车有关，其实不然，这是心理问题，是自己在吓自己。相反，如果在事情发生后，你能及时认识到这只是一次偶然的事件，并迅速壮起胆量，坚持继续乘车，即使一开始有些紧张不安、心里不好受，但扛过去就会习惯，那么以后乘车就容易多了。"

接着，在小欣的认识初步提高后，心理医师即决定让她乘车进行练习。为了使练习取得较好的效果，心理医师反复做工作，让她克服不适感，说明只要忍耐些把第一次练习坚持下来，以后的练习就好办了。

第二天早晨，心理医师带领小欣来到公共汽车站。为了使首次练习取得成功，心理医师同意和小欣一同乘车。两人上车后，医师让小欣坐在车的另一边座位上，并讲明彼此不要说话。公共汽车开动后，小欣开始紧张起来，只见她双手微微颤抖、呼吸急促、头上渐渐冒出虚汗，想要站起来坐到医师旁边，但又双脚发软，无法动弹；她想叫司机停车让自己下去，但又不好意思开口。她两眼直盯着心理医师，可心理医师却没有理会她，只是用手势示意让她继续坚持，不要因害怕和不适而放弃努力。就这样，他们总算坐到了站。

下车后，小欣气喘吁吁，头上大汗淋漓。心理医师则趁机鼓励她说："今天你的第一次练习完成得不错，总算能够坚持下来了，现在你还觉得乘车有危险吗？"为了打消小欣的恐惧感，心理医师继续向她解释，"刚才在公共汽车上，我看出你在乘车时确实十分难受。实践证明，你在紧张时忍耐住不舒服的感觉，焦虑、恐惧症状实际上就迅速减轻了。但是，如果你在半路上真的逃下公共汽车，那样的话以后你就更不敢乘车了。"

两天以后，心理医师又带着小欣进行第二次练习。但这次，心理医师没有同她一起乘车，而是让小欣独自从起点站乘到终点，并开导她说："有人陪你容易使你产生依赖心理，你现在开始要锻炼独自乘车的胆量。如果能闯过这一关，你害怕乘车的心理就会消除，以后就又能独立乘车上学了。希望你今天能坚持完成这一练习。"

在医师的鼓励下，小欣独自上了驶往学校方向的公共汽车。在汽车行驶的过程中，她虽然又出现了紧张害怕的心理感受，但她也发现不适感比第一次有所减轻。她不停地鼓励自己："坚持，再坚持！车上有这么多人，其实乘车并没有什么危险，我已经不是一个小孩子了，不应该害怕！"就这样，1个小时后，公共汽车到达了终点站。小欣下车后，做了几次深呼吸，感觉良好，就又乘上了返程的公共汽车……

心理医师对小欣的成功进行了赞扬，并告诫她以后每天要继续坚持练习，不可因懈怠而半途而废。小欣牢记心理医师的话，每天坚持乘车上学，半个月后她再也不为害怕乘车而烦恼了。

为了更快速有效地治疗乘车恐惧，还可以采用疏导疗法、松弛疗法、药物疗法等。

畸形心理下的"恋物癖"

恋物癖是指经常反复地收集异性使用过的物品，并将此物品作为性兴奋与满足的唯一手段的现象。患者大多数为男性，也有女性患者，多为异性恋者，偶尔也可以在同性恋者中见到。

温勇出生于干部家庭，是独生子。其父严厉而专横，在家说一不二，全家人都得顺着他，否则就要遭到责骂，甚至殴打。因此，温勇自幼胆小，性格内向，寡言少语，喜欢与小女孩玩耍。一次在给小女孩系鞋带时，那双红色的高跟鞋马上带他进入了一个五彩世界，他感觉心里特别愉快。上初中以后，他经常借故接触女生，并情不自禁地寻找机会看女孩子的红色高跟鞋。高中毕业考进大学后，他学习成绩挺好，对红色高跟鞋的依恋也与日俱增。他自己内心对此非常苦恼，但由于对所学的专业有兴趣，加之学习紧张，他的注意力暂时还放在学习上，这种心理也还未表现得太突出。但大学毕业到了工作单位后，8小时工作之外便无所事事，寂寞无聊之时，他时常回忆小时候和女孩们一块玩耍的愉快经历。每当这个时候，他心里便涌上一股想触摸女性鞋子的强烈念头。

从此以后，每当出门看到年轻女性的红色高跟鞋他便激动不安，常不能控制地设法去触摸。有时在商店看到，他便痴痴地呆看许久，内心则激动不已，觉得浑身舒服。由于怕被别人讥笑，他只好将这种冲动压抑在心里。但有时他感觉自己无法控制这种冲动，便在上班时痴痴地看女同事穿的漂亮鞋子，弄得女同事一见他就躲得远远的。尽管他在单位表现积极，工作认真，业绩也很好，但单位同事对他的评价却并不高，领导也为此找他谈了几次话。

随着时间的流逝，他内心的这种欲望变得愈来愈强烈，在对女性衣饰的迷恋不断增强的情况下，他邪念萌生。他心想：要是抢一些鞋子，放在宿舍里，就不用上街去看了，岂不更好？既可随时取出抚摸，又可捧在手中嗅闻，不出屋门就能享受女人的温情和香气。于是，有一次他抢了一位年轻女孩穿在脚上的鞋。看到女孩倒在地上惊魂未定的样子，他心里有些懊悔，但又觉得很满足、很痛快。

后来，单位同事给他介绍了女朋友，尽管他为此兴奋了几天，但他发现触摸女友的红色高跟鞋并不能找到往日那种既刺激又兴奋的感觉，所以他仍控制不了自己想触摸其他不认识的异性的红色高跟鞋的欲念。于是，他"恶习不改"。女朋友发现了他的这种癖好后，被吓跑了。他心里虽然有所懊悔，但仍忍不住这种念头。他的这些异常行为在同事间也引起了种种非议。经过一番理性的思考，在强烈的懊悔和痛苦情绪的支配下，温勇终于鼓起勇气，决心求治。

对于像温勇这样的患者，可成为他们的恋物种类很多，包括身体的各部分以及身上各种无生命的物品。常见的异常恋物可分为两类：一类为器物，包括衣着及随身所带物品，如内衣、内裤、手套、鞋袜、手帕、裙子、外衣、发卡、项链，以及雕像、画像等；一类为身体各部分及有关物体，包括正常的部分如头发、脚、手、乳房、臀和非正常部分如跛足、斜眼、麻面、六指等。广义的恋物癖还包括某些视觉性和嗅觉性对象异常，如情景恋和臭恋。前者在某一特定场合会产生性兴奋反应，后者则多在闻到异性体臭时产生性兴奋反应。

恋物癖的产生，大致有以下几个方面的原因：

　　许多患者的恋物癖行为与青春期的社会文化环境影响和性经历有关。在初、高中阶段，男女接触较少，特别是在初中阶段，男女生连话都很少讲，这样便使得一些青少年将自身的性冲动转向了一些异性的象征物。

　　恋物癖患者一般都有性心理发育异常的特点，其中有些患者性格内向，在两性关系中往往扮演不成功的男性角色。而由此产生的内心冲突引起了其强烈的焦虑，并进而使其通过心理防御机制将性冲动目标转移到了女性用品上。

　　大部分患者恋物癖行为的产生，最初是与某种偶然事件联系在一起的，但经过几次反复后，便成了一种病态的条件反射。如某男青年一次在地上躺着时，一位风韵十足的女性将一只脚放在了他身上。这一偶然的动作竟激发起他的性欲，以致该男子成为了一个终身的恋足癖者。

　　此外，性知识缺乏、好奇和意识方面的某些问题也是形成恋物癖的原因。

　　恋物癖是一种典型的性变态现象，虽说恋物癖患者并非全是道德败坏、流氓成性之人，但这种恋物行为有违正常的社会习俗，有碍社会道德的正常发展和个人的心身健康。

　　前文案例中的温勇喜欢和女孩一起玩，尤其对女孩的红色高跟鞋感兴趣，以至于他走在街上就总注意女人的红色高跟鞋，还会有性冲动。这是因为温勇在青春发育期时对性有着极大的兴趣，但无法通过正常的渠道排解，所以只好压抑。同时，他的家庭富裕但缺乏温馨，和父母没有交流，这更使得他因在青春期得不到正确、健康的性启蒙教育而容易出现错误的性经历，从而对以后的生活产生了极坏的影响。

　　患者欲克服这种有违伦理道德的恋物情结，必须积极投入与异性间的交往，走正常的性宣泄途径。具体解决方法有：降低体内的雄性激素水平，让性欲降低到可以控制的水平，遏止自己走向性变态；建立理性的生活态度，树立正确的人生观，积极投身学习、工作和社交活动，充分发掘自己的潜能，争取实现自我的价值，寻找更高层次的心理满足；避免接触淫秽色情物品，培养广泛兴趣，陶冶情操，正确对待自己的性渴求、性欲望；树立正确的恋爱、家庭、婚姻道德观；重塑性格，促进人格成熟。社会应对这些高危人群实施监控，并应及早干预，及早帮他们求助心理医生，以防患于未然。

第二节　常见的心理问题及应对策略

贪婪心理

贪婪是一种常见的心理问题。"贪"的本义指爱财，"婪"的本义指爱食，"贪婪"指贪得无厌，意即对与自己的力量不相称的某一目标过分的欲求。与正常的欲望相比，贪婪没有满足的时候，反而是愈满足，胃口就越大。古人用"贪冒""贪鄙""贪墨"来形容那些贪图钱财、欲望过分的行为，认为是"不洁""不干净""不知足"的。贪婪并非遗传所致，是个人在后天社会环境中受病态文化的影响，形成自私、攫取、不满足的价值观而出现的不正常的行为表现。这一点，在那些沦为腐败分子的官员身上体现得较为典型。一般而言，贪婪心理的形成主要有以下几个方面：

错误的价值观念

认为社会是为自己而存在，天下之物应皆为自己拥有。这种人存在极端的个人主义思想，是永远不会满足的。他们会得陇望蜀，有了票子，想房子；有了房子，想车子，永不休止。

行为的强化作用

有贪婪之心的人，初次伸出黑手时，多有惧怕心理，一怕引起公愤，二怕被捉。一旦得手，便喜上心头，屡屡尝到甜头后，胆子就越来越大。每一次侥幸过关都是一种条件刺激，会不断强化他的贪婪心理。

攀比心理

有些人原本也是清白之人，但是看到原来与自己境况差不多的同事、同学、战友、邻居、朋友、亲戚、下属、小辈，甚至原来那些比自己条件差得远的人都发了财，心理就不平衡了，觉得自己活得太冤枉，由此也学着伸出了贪婪的双手。

补偿心理

有些人原来家境贫寒，或者生活中有一段坎坷的经历，便觉得社会对自己不公平。一旦其地位、身份上升，就会利用手中的权力索取不义之财，以补偿以往的损失。

功利心理

一些人把市场经济看成金钱社会，拜金成为他们的信条；一些人有失落感，认为"今天这个样，明天变个样，不知将来怎么样"；一些人滋长了占有欲，把市场等价交换原则引入现实生活中，"有权不用，过期作废"，从而引发以权谋私、权钱交易等。

虚荣心理

一些教工、官员曾经表现较好，可一旦地位变了，权力大了，讨好的人多了，就开始飘飘然起来。他们失足犯罪，往往不是为金钱所惑，而是被胜利冲昏头脑，自我膨胀，被见风使舵的人利用，混淆是非，放弃原则，经受不住权力和地位的考验。

侥幸心理

有不少贪官明知贪污受贿国法不容，但又认为自己作案并非明火执仗，吃得下，擦得干净，即使被发现也不容易被抓到把柄。贪污能"天衣无缝"，受贿只有"你知，我知"，只要满足行贿人的要求，他不举报就不会出事，就是出了事也未必抓住直接证据，未必定得了罪。这种心态导致犯罪分子自我欺骗，我行我素，随着作案次数的增多，胆子越来越大，因而越陷越深。

贪婪之心并非生来就有的，是后天形成的，因此它是可以矫治的。异化的环境与文化可以改变一个人的心理，那么正常的环境与文化同样可以矫治一个人的心理。矫治贪婪，可以用以下几种方法：

第一，二十问法。

这是一种自我反思的方法，即自己在纸上写出 20 个"我喜欢……"。全部写下后，再逐一分析哪些是合理的欲望，哪些是超出能力的过分的欲望，这样就可明确贪婪的对象与范围。最后对造成贪婪心理的原因与危害作较深层的分析。

第二，警戒法。

古往今来，仁人贤士对贪婪之人是非常鄙视的，他们撰文作诗，鞭挞或讽刺那些索取不义之财的行为。想消除贪婪心理的人，应牢记那些诗文和名言格言，朝夕自警。经常想一想那些因为贪婪而遭杀头之罪的贪官污吏，以此为戒，改正贪婪心理。

第三，知足常乐法。

在生活中不能对自己的期望过高，自己的需求和欲望要和自己的能力及社会条件相适应，不要贪图虚荣、讲攀比，内心要想到知足常乐。生活中你应该明白：即使你拥有整个世界，但你一天也只能吃三餐。这是人生思悟后的一种清醒，谁懂得了它的含义，谁就能活得轻松，过得自在。

虚荣心理

莫泊桑小说《项链》中的玛蒂尔德，在虚荣中耗尽自己的青春岁月。关于虚荣心，《辞海》有云：表面上的荣耀、虚假的荣誉。此最早见于柳宗元诗："为农信可乐，居宠真虚荣。"心理学上认为，虚荣心是自尊心过分的表现，是为了取得荣誉和引起普遍注意而表现出来的一种不正常的社会情感。虚荣心是一种常见的心态，因为虚荣与自尊有关。人人都有自尊心，当自尊心受到损害或威胁时，或过分自尊时，就可能产生虚荣心，如珠光宝气招摇过市、哗众取宠，等等。

虚荣心与赶时髦有关系。时髦是一种社会风尚，是短时间内到处可见的社会生活方式，制造者多为社会名流。虚荣心强的人为了追赶偶像、显示自己，也模仿名流的生活方式。

虚荣的心理与戏剧化人格倾向有关。爱虚荣的人多半为外向型、冲动型、反复善变、做作，具有浓厚、强烈的情感反应，装腔作势、缺乏真实的情感，待人处世突出自我、浮躁不安。虚荣心的背后掩盖着的是自卑与心虚等深层心理缺陷。具有虚荣心理的人，多存在自卑与心虚等深层心理的缺陷，为了一种补偿，竭力追慕浮华以掩饰心理上的缺陷。

几十年前，林语堂先生在《吾国吾民》中认为，统治中国的三女神是"面子、命运和恩典"。"讲面子"是中国社会普遍存在的一种民族心理，面子观念的驱动，反映了中国人尊重与自尊的情感和需要，丢面子就意味着否定自己的才能，这是万万不能接受的，于是有些人为了不丢面子，通过"打肿脸充胖子"的方式来显示自我。

林语堂先生的"打肿脸充胖子"与培根的哲学有很大的相似之处，培根说："虚荣的人被智者所轻视，愚者所倾服，阿谀者所崇拜，而为自己的虚荣所奴役。"德国哲学家叔本华说："虚荣心使人多嘴多舌；自尊心使人沉默。"虚荣心强的人，在思想上会不自觉地渗入自私、虚伪、欺诈等因素，这与谦虚谨慎、光明磊落、不图虚名等美德是格格不入的。虚荣的人为了表扬才去做好事，对表扬和成功沾沾自喜，甚至不惜弄虚作假。他们对自己的不足想方设法遮掩，不喜欢也不善于取长补短。虚荣的人外强中干，不敢袒露自己的心扉，给自己带来沉重的心理负担。虚荣在现实中只能满足一时，长期的虚荣会导致非健康情感因素的滋生。

虚荣心理的表现是多方面的：对自己的能力、水平过高估计；处处炫耀自己的特长和成绩，喜欢听表扬，对批评恨之入骨；常在外人面前夸耀自己有点权势的亲友；对上级竭尽拍马奉承；不懂装懂，打肿脸充胖子，喜欢班门弄斧；家境贫寒却大手大脚，摆阔气赶时髦；处处争强好胜，觉得处处比人强，自命不凡；把生活中的失误归咎于他人，从不找自身的原因；有了缺点，也寻找各种借口极力掩饰；对别人的才能妒火中烧，说长道短，搬弄是非，等等。

虚荣心男女都有，但总的说来，女性的虚荣心比男性强。因此，虚荣心带给女性的痛苦比男性大得多。这一类型的人表面上表现为强烈的虚荣，其深层心理就是心虚。表面上追求面子，打肿脸充胖子，内心却很空虚。表面的虚荣与内心深处的心虚总是不断地在斗争着：一方面在没有达到目的之前，为自己不尽如人意的现状所折磨；另一方面即使达到目的之后，也唯恐自己的真相败露而恐惧。要克服虚荣心理，需做到以下几点：

树立正确的荣辱观

即对荣誉、地位、得失、面子要持一种正确的认识和态度。人生在世界上要有一定的荣誉与地位，这是心理的需要，每个人都应十分珍惜和爱护自己及他人的荣誉与地位，但是这种追求必须与个人的社会角色及才能一致。面子"不可没有，也不能强求"，如果"打肿脸充胖子"，过分地追求荣誉，显示自己，就会使自己的人格受到歪曲。同时也应该正确看待失败与挫折，"失败乃成功之母"，必须从失败中总结经验，从挫折中悟出真谛，才能建立自信、自爱、自立、自强，从而消除虚荣心。

在社会生活中把握好比较的尺度

社会比较是人们常有的社会心理，但在社会生活中要把握好攀比的尺度、方向、范围与程度。从方向上讲，要多立足于社会价值而不是个人价值的比较，如比一比个人在学校和班上的地位、作用与贡献，而不是只看到个人工资收入、待遇的高低。从范围上讲，要立足于健康的而不是病态的比较，如比实绩、比干劲、比投入，而不是贪图虚名，嫉妒他人表现自己。从程度上讲，要从个人的实力上把握好比较的分寸，能力一般的就不能与能力强的相比。

学习良好的社会榜样

从名人传记、名人名言中，从现实生活中，以那些脚踏实地、不图虚名、努力进取的革命领袖、英雄人物、社会名流、学术专家为榜样，努力完善人格，做一个"实事求是、不自以为是"的人。

如果你已经出现了自夸、说谎、嫉妒等行为，可以采用心理训练的方法进行自我纠偏。即当病态行为即将或已出现时，个体给自己施以一定的自我惩罚，如用套在手腕上的皮筋反弹自己，以求警示与干预作用。久而久之，虚荣行为就会逐渐消退，但这种方法需要本人超人的毅力与坚定的信念才能收效。

要想从根本上解决虚荣心理，关键不在于如何消除它，而在于如何改善它，诱导它走向有用的方面去。虚荣只有用到有利于人类的事业上去，它才有利而无害。

嫉妒心理

嫉妒是痛苦的制造者，在各种心理问题中对人的伤害最严重，可称得上是心灵上的恶性肿瘤。弗朗西斯·培根说过："犹如毁掉麦子一样，嫉妒这恶魔总是暗地里，悄悄地毁掉人间美好的东西！"

何谓嫉妒呢？心理学家认为，嫉妒是由于别人胜过自己而引起的一种情绪的负性体验，是心胸狭窄的共同心理。嫉妒不是天生的，而是后天获得的，嫉妒有三个心理活动阶段：嫉羡——嫉优——嫉恨。这三个阶段都有嫉妒的成分，而且是从少到多，嫉羡中羡慕为主，嫉妒为辅。嫉优中嫉妒的成分增多，已经到了怕别人威胁自己的地步了。嫉恨则把嫉妒之火已熊熊燃烧到了难以消除的地步。这把嫉恨之火，没有燃向别人，而是炙烤着自己的心，使自己没有片刻宁静，于是便绞尽脑汁想方设法去诋毁别人嫉妒实质上是用别人的成绩进行自我折磨，别人并不因此有何逊色，自己却因此痛苦不堪，有的甚至采用极端行为走向犯罪深渊。

一般说来，嫉妒心理有以下几个基本特点：

嫉妒的产生是基于相对主体的差别

这个相对主体即嫉妒主体指向的对象，既可以是具体人，也可以是人和某一现象，亦可以是某一集体或群体，例如单位与单位、家庭与家庭之间的嫉妒。那种相对主体的差别既可以是现实的客观差距，比如财富和相貌的差距；也可以是非物质性的差距，比如才能、地位的差别；亦可以是不真实的幻想出来的差距，例如总感觉室友之间特别亲热；还可以是对将来可能会遇到的威胁和伤害的假设，例如上级对于下级才能的妒忌。

嫉妒具有明显的对抗性，由此可能引发巨大的消极性

嫉妒心理是一种憎恨心理，具有明显的与人对抗的特征。嫉妒心理的对抗性来源于比较过程中的不满和愤怒情绪。而且，这种对抗性常常带来对社会的巨大危害性。

嫉妒心理具有普遍性

嫉妒是一种完全自然产生的情感，古今中外，没有哪个社会和国家的居民完全没有嫉妒心。在社会现实生活中，一旦看到别人比自己幸运，心里就"别有一番滋味"。这"滋味"是什么呢？就是嫉妒心理的情绪体验。我们每个人都会这种经历。

嫉妒心理具有不断发展的发泄性，且无法轻易摆脱

发泄性是指嫉妒者向被嫉妒者发泄内心的抱怨、憎恨。一般来说，除了轻微的嫉妒仅表现为内心的怨恨而不付诸行为外，绝大多数的嫉妒心理都伴随着发泄行为，并且这种发泄的欲望具有无法轻易摆脱的顽固性。培根曾经幽默地引用古人的话说："嫉妒心是不知休息的。"嫉妒是与私心相伴而生，相伴而亡的，只要私心存在一天，嫉妒心理也就要存在一天。

此外，嫉妒心理另外几点值得注意之处是：嫉妒是从比较中产生的，必涉及第三者的态度；地位相等、年龄相仿、程度相同的人之间最可能发生嫉妒；是否出现嫉妒心理还与思想品质、道德情操修养有关，等等。

虽然嫉妒是人普遍存在的也可以说是天生的缺点，但我们绝不能忽视它的危害性。有关嫉妒的危害，我国的传统医学早就有过论述。《黄帝内经·素问》明确指出："妒火中烧，可令人神不守舍，精力耗损，神气涣失，肾气闭塞，郁滞凝结，外邪入侵，精血不足，肾衰阳失，疾病滋生。"心理学家弗洛伊德曾经说过："一切不利影响中，最能使人短命夭亡的，是不好的情绪和恶劣的心境，如忧虑和嫉妒。"嫉妒心理可以危害人们的身心健康。美国有些专家通过调查研究发现，嫉妒程度低的人在 25 年中仅有 2%～3% 的人患有心脏病，死亡率只占 2.2%。而嫉妒心强的人，同一时期内竟有 9% 以上的人患有心脏病，死亡率也高达 13.4%。由于嫉妒情绪能使人体大脑皮质及下丘脑垂体促肾上腺皮质激素分泌增加，造成大脑功能紊乱，免疫机能失调，从而使自身免疫性疾病以及心血管、周期性偏头痛的发病率增加。医学家们还观察到，嫉妒心强的人常会出现一些诸如食欲不振、胃痛恶心、头

痛背痛、心悸郁闷、神经性呕吐、过敏性结肠炎、痛经、早衰等现象。

嫉妒破坏友谊、损害团结，给他人带来损失和痛苦，既贻害自己的心灵，又殃及自己的身体健康。因此，必须坚决、彻底地与嫉妒心理告别。

上面的情况在我们的身边不止一次地发生，然而我们却常常只当故事来听、来看。其实，嫉妒的杀伤力远远超过我们的想象，每当心中怀着一股嫉妒之火时，伤害最大的就是自己。

要想使自己的生活充满阳光，我们必须走出嫉妒的泥淖，学会超越自我，克服嫉妒心理。

开阔胸怀，宽厚待人

19世纪初，肖邦从波兰流亡到巴黎。当时匈牙利钢琴家李斯特已蜚声乐坛，而肖邦还是一个默默无闻的小人物，然而李斯特对肖邦的才华却深为赞赏。怎样才能使肖邦在观众面前赢得声誉呢？李斯特想了个妙法：那时候在演奏钢琴时，往往要把剧场的灯熄灭，一片黑暗，以便使观众能够聚精会神地听演奏。李斯特坐在钢琴面前，当灯一灭，就悄悄地让肖邦过来代替自己演奏。观众被美妙的钢琴演奏征服了。演奏完毕，灯亮了。人们既为出现了这位钢琴演奏的新星而高兴，又对李斯特推荐新秀的胸怀深表钦佩。

自我认知，客观地评价自己和他人

当嫉妒心理萌发时，或是有一定表现时，应该积极主动地调整自己的意识和行动，从而控制自己的动机和感情。这就需要冷静地分析自己的想法和行为，同时客观地评价一下自己，从而找出一定的差距和问题。当认清了自己后，再评价别人，自然也就能够有所觉悟了。

自我宣泄

嫉妒心理也是一种痛苦的心理，当还没有发展到严重的程度时，用各种感情的宣泄来舒缓一下是相当必要的。

在这种发泄还仅仅是处于出气解恨阶段时，最好能找一个较知心的朋友或亲友，痛痛快快地说个够，暂求心理的平衡，然后由亲友适时地进行一番开导。虽不能从根本上克服嫉妒心理，但却能中断这种发泄性朝着更深的程度发展。如有一定的爱好，则可借助各种业余爱好来宣泄和疏导，如唱歌、跳舞、书画、下棋、旅游，等等。

快乐可以治疗嫉妒

快乐之药可以治疗嫉妒，是说要善于从生活中寻找快乐，正像嫉妒者随时随处为自己寻找痛苦一样。如果一个人总是想比起别人可能得到的欢乐来，我的那一点快乐算得了什么呢？那么他就会永远陷于痛苦之中，陷于嫉妒之中。快乐是一种情绪心理，嫉妒也是一种情绪心理。何种情绪心理占据主导地位，主要靠人来调整。

少一份虚荣就少一份嫉妒

虚荣心是一种扭曲了的自尊心。自尊心追求的是真实的荣誉，而虚荣心追求的是虚假的荣誉。对于嫉妒心理来说，它更要面子，不愿意别人超过自己，以贬低别人来抬高自己，正是一种虚荣，是一种空虚心理的需要。单纯的虚荣心与嫉妒心理相比，还是比较好克服的。而两者又紧密相连，相依为命。所以，克服一份虚荣心就少一份嫉妒。

猜疑心理

猜疑心理是一种狭隘的、片面的、缺乏根据的盲目想象。猜疑是基于一种对他人不信任的、不符合事实的主观想象，是人际交往过程中的拦路虎。具有猜疑心理的人与别人交往时，往往抓住一些不能反映本质的现象，发挥自己的主观想象进行猜疑，而产生对别人的误解；或者在交往之前对某人有某种印象，在交往之中就处处用这种成见效应与对方接触，对方一有举动，就对原有成见加以印证。虽然猜疑心理有种种表现，但我们可以发现其共同的特征，即没有事实根据，单凭自己主观的想象；抓住"毛皮"，忽略本质，片面推测；不怀疑自己的判断，只是相信自己，怀疑他人，挑剔他人。具有猜疑心理的人把自己置于一种苦恼的心态中，对别人采取不信任的态度，严重的甚至对自己的感觉也产生怀疑。

猜疑心理往往导致心理偏执。这种人常常敏感固执、谨小慎微，事事要求十全十美。这样不仅危害自己，也危害他人。

在平时的生活工作当中，有时遇到一些自己不了解的事情，一般人都会进行一些猜测与怀疑，这是人之常情，没什么大不了的。但是，如果对任何事都持怀疑态度，并常常无端怀疑，不去辨别真假，只相信自己的想法、自己的猜测，这是成了多疑。这种现象在我们生活的周围并不少见。

一般的猜疑，大多是在判断错误的基础上产生，一旦搞清真相后，也能自己纠正，这些都是正常的状态。但也有的人的猜疑是一种心理偏异。易于产生猜疑的人大致有以下几种：

性格敏感多疑的人

他们总是疑神疑鬼，见别人在说悄悄话，或别人无意朝他多看了几眼，就以为他们在讲自己的坏话；看到别人的脸色冷漠，就疑心他人对自己有什么不满；领导安排工作，自己不在其中，就会认定是领导对自己有成见……这种人整天耿耿于怀、胡思乱想，使自己的人际关系十分紧张，使周围的人们对他敬而远之。

在特殊境遇下的人

这类人"一朝被蛇咬，十年怕井绳"。如有的人被骗上当以后会变得疑虑多端，会因怕再上当受骗而不相信任何人；有的人因自身的人生道路比较坎坷，看到过多的社会黑暗面而形成多疑的心态，错误地认为人间没有真情在。这种人在与人交往中，通常表现为比较冷漠、孤僻、怪异，如不及时改变自己的心态，会形成心理偏差和障碍。

思想修养和道德水平不高的人

他们有的是私心较重者。有人说，"猜疑心与人的私欲成正比例，私欲越大，猜疑心就越强"。如权欲重的人，总怀疑有人要赶他下台、抢班夺权；金钱欲大的人，总怀疑别人要抢他生意、分他的钱财。他们十分警惕，非常敏感，"疑人者，人未必皆诈，己则先诈矣"。他们有的是心术不正者。他们总是以恶意去判断他人的行为，即使是他人一个善意的行动，也被认为是出于卑劣的动机，正是"以小人之心，度君子之腹"。不加强自我意识修养的人，为人处世一切以个人为中心，遇事斤斤计较、患得患失，与人交往心胸狭窄、固执己见，经常会疑心生暗鬼。

不善与人交往的人

不善与人交往的人，很少与别人交流思想、沟通感情，往往不愿把自己心里的疑惑说出来，而是藏在内心，冥思苦想，越想越疑，越疑越想，有如"作茧自缚"，在猜疑的泥沼里愈陷愈深，无法解脱心中的疑团而自我烦恼。

遇事不愿做调查与了解的人

英国哲学家培根说："猜疑的根源产生于对事物的缺乏认识，所以多了解情况是解除疑心病的有效办法。"容易猜疑的人常常是固执己见的人，他们根据自己的一点印象就下结论，并常常会感情用事，不去做调查了解，也不是理智地作判断，只是相信自己的猜想与判断。

轻信与道听途说的人

《三国演义》中的长坂坡一战，刘备所部被曹军打得七零八落。正在慌乱之中，糜芳又报告说："赵子龙反投曹操去了！"张飞一听，便猜疑赵云背信弃义，立即大怒，要立即过去杀掉赵云。尽管刘备告诫他："休错疑人……子龙此去，必有事故。吾料子龙必不弃我也。"张飞仍是不信，径自带领二十铁骑，到长坂坡寻杀赵云。其实，赵云是为了救甘、糜二夫人和刘备的儿子阿斗，才匹马单枪，杀回乱军之中。幸亏简雍亲眼目睹，并报信给张飞，这才避免了一场误会。

猜疑的人通常过于敏感。敏感并不一定是缺点，对事物敏感的人往往很有灵气，有创造力。但如果过于敏感，特别是与人交往时过于敏感，就需要想办法加以控制了。具体可采用以下几种方法：

培养自信心

每个人都应当看到自己的长处，培养起自信心，相信自己会与周围人处理好人际关系，会给别人留下良好的印象。这样，当我们充满信心地进行工作和生活时，就不用担心自己的行为，也不会随便怀疑别人是否会挑剔、为难自己了。

学会自我安慰

一个人在生活中，遭到别人的非议和流言，与他人产生误会，没有什么值得大惊小怪的。在一些生活细节上不必斤斤计较，可以糊涂些，这样就可以避免自己烦恼。如果觉得别人怀疑自己，应当安慰自己不必为别人的闲言碎语所纠缠，不要在意别人的议论，这样不仅解脱了自己，而且还取得了一次小小的精神胜利，产生的怀疑自然就烟消云散了。

用理智力量克制冲动情绪的发生

当发现自己开始怀疑别人时，应当立即寻找产生怀疑的原因，在没有形成思维之前，引进正反两个方面的信息。现实生活中许多猜疑，戳穿了是很可笑的，但在戳穿之前，由于猜疑者的头脑被封闭性思路所主宰，却会觉得他的猜疑顺理成章。此时，冷静思考显然是十分必要的。

及时沟通，解除疑惑

世界上不被误会的人是没有的，关键是我们要有消除误会的能力与办法。如果误会得不到尽快的解除，就会发展为猜疑；猜疑不能及时解除，就可能导致不幸。所以如果可能的话，最好同你"怀疑"的对象开诚布公地谈一谈，以便弄清真相，解除误会。猜疑者生疑之后，冷静地思索是很重要的，但冷静思索后如果疑惑依然存在，那就该通过适当方式，同被疑者进行推心置腹的交谈。若是误会，可以及时消除；若是看法不同，通过谈心，了解对方的想法，也很有好处；若真的证实了猜疑并非无端，那么，心平气和地讨论，也有可能使事情解决在冲突之前。

自私心理

自私同样是一种较为普遍的病态心理现象。"自"是指自我，"私"是指利己，"自私"指的是只顾自己的利益，不顾他人、集体、国家和社会的利益。自私有程度上的不同，轻微一点是计较个人得失、有私心杂念、不讲公德；严重的则表现为为了达到个人目的，侵吞公款、诬陷他人、铤而走险。贪婪、嫉妒、报复、吝啬、虚荣等病态社会心理从根本上讲，都是自私的表现。

自私心理的表现主要有：

不讲社会公德，损人利己，极端自私。

嫉妒成性，以自我为中心，目中无人，容不得他人。

垄断技术，剽窃成果，把集体、国家利益和成果攫为己有。

以权谋私，以钱谋私，做权钱交易。

自私心理形成的原因是多方面的，在这里仅从主客观两方面来分析。

从客观方面看，地球上各种资源的数量、种类、方式在占有和配置方面都存在许多不平衡、不合理之处。于是，缺乏资源的一方不得不用非正当的方式去交换。由此，一方面以权谋私，另一方面以钱谋私，搞权钱交易、权色交易。另外，病态文化的沉积和社会监督不严，也为自私心理的滋长创造了条件。

从主观方面看，个人的需求若是脱离社会规范的不合理的需求，人就可能会倾向于自私。人的私欲是无限的，正因如此，人的不合理的私欲必须要受到社会公理、道义、法律的制约。

自私心理有如下的特点：

深层次性

自私是一种近似本能的欲望，处于一个人的心灵深处。不顾社会历史条件的要求，一味想满足自己的各种私欲的人就是具有自私心理的人。

下意识性

正因为自私心理潜藏较深，它的存在与表现便常常不为个人所意识到，有自私行为的人并非已经意识到他在于一种自私的事，相反他在侵占别人利益时往往心安理得，也因为如此，我们才将自私称为病态社会心理。

隐蔽性

自私是一种羞于见人的病态行为，自私之人常常会以各种手段掩饰自己，因而自私具有隐秘性。

自私作为一种异常心理，是可以演变的。作为自我来说，最有效的方法就是心理调适。具体来说有如下方法：

内省法

这是构造心理学派主张的方法，是指通过内省，即用自我观察的陈述方法来研究自身的心理现象。自私常常是一种下意识的心理倾向，要克服自私心理就要经常对自己的心态与行为进行自我观察。观察时要有一定的客观标准，这些标准有社会公德与社会规范和榜样等。加强学习，更新观念，强化社会价值取向，对照榜样与规范找差距。并从自己自私行为的不良后果中看危害找问题，总结改正错误的方式方法。

多做利他行为

一个想要改正自私心态的人，不妨多做些利他行为。例如关心和帮助他人，给希望工程捐款，为他人排忧解难等。私心很重的人，可以从让座、借东西给他人这些小事情做起，多做好事，可在行为中纠正过去那些不正常的心态，从他人的赞许中得到利他的乐趣，使自己的灵魂得到净化。

厌恶疗法

这是心理学上以操作性反射原理为基础，以负强化作为手段的一种治疗方式。具体做法是：在自己手腕上系一根橡皮筋，一旦头脑中有自私的念头或行为时，就用橡皮筋弹击自己，从痛觉中意识到自私是不好的，然后使自己逐渐纠正。

自闭心理

凯思·柯林斯说："把自己封闭起来，风雨是躲过去了，但阳光也照不进来。"自我封闭的人将自己与外界隔绝开来，很少或根本没有社交活动，除了必要的工作、学习、购物以外，大部分时间将自己关在家里，不与他人来往。自我封闭者都很孤独，没有朋友，甚至害怕社交活动。自我封闭的心理现象在各个年龄层次都可能产生，儿童有电视幽闭症，青少年有因羞涩引起的恐人症、社交恐惧心理，中年人有社交厌倦心理，老年人有因"空巢"（指子女成家）和配偶去世而引起的自我封闭心理。

有封闭心理的人不愿与人沟通，很少与人讲话，不是无话可说，而是害怕或讨厌与人交谈，前者属于被动型，后者属于主动型。他们只愿意与自己交谈，如写日记、撰文咏诗，以表志向。自我封闭行为与生活挫折有关，有些人在生活、事业上遭到挫折与打击后，精神上受到压抑，对周围环境逐渐变得敏感，变得不可接受，于是出现回避社交的行为。自我封闭心理实质上是一种心理防御机制。

自我封闭心理与人格发展的某些偏差有因果关系。从儿童来讲，如果父母管教太严，儿童便不能建立自信心，宁愿在家看电视，也不愿外出活动。从青少年来讲，同一性危机是产生自我封闭心理的重要原因。该危机是青年企图重新认识自己在社会中的地位和作用而产生的自我意识的混乱，即指青年人向各种社会角色学习技能与为人处世策略，如果他没有掌握这些技能与策略，就意味着他没有获得生活自信心以进入某种社会角色，他不认识自己是谁，该做些什么，如何与他人相处。于是，他就没有发展出与别人共同劳动和与他人亲近的能力，而退回到自己的小天地里，不与别人有密切的往来，这样就出现了孤单与孤立。从中年人来讲，如果一个人不能关心和爱护下一代，为下一代提供物质与精神财富（还应包括整个家庭成员），那他就是一个"自我关注"的人。这种人只关心自己，不与他人来往，或者自我评价低而懒于与人交往。从老年人来讲，丧偶丧子的打击，很易使人心灰意懒，精神恍惚，对生活失去信心，不能容纳自己，常常表现为十分恋家。

自我封闭的心理具有一定的普遍性，各个历史时期、不同年龄层次的人都可能出现，其症状特点有：不愿意与人沟通，害怕和人交流，讨厌与人交谈，逃避社会，远离生活，精神压抑，对周围环境敏感。由于他们的自我封闭，所以常常忍受着难以名状的孤独寂寞。众所周知，人类的内心世界是由感情凝结而成的，所以我们才能在邻居或朋友之间建立起诚挚的友谊，才能在夫妻间建立起美满的婚姻和家庭，社会也才能通过感情的纽带协调转动。

如果一个人总是将自己封闭在一个狭窄的交际范围内，对自己、对社会都没有好处，所以自闭的人都应走出自我封闭的限制，注意倾听自己心灵的声音，并大胆表现它的美好和幸福。

走出自我封闭的限制，你就要多交些朋友，多开展些社交活动。自闭的人应保持身心的活跃状态，以积极的生活态度待人处世，树立确定可行的生活目标，既对明天充满希望，又珍惜每一个今天；正确对待挫折与失败，以"失败为成功之母"的格言来激励自己，信念不动摇、行动不退缩；乐于与人交往，加强信心与情感的交流，增进相互间的友谊与理解，得到勇气和力量；增加适应能力，培养广泛的兴趣爱好，保持思维的活跃。

为了使自己生活得更快乐、更有意义，请走出自我封闭的限制，重视自己的内心世界。为此，我们要做到以下几个方面：

顺其自然地去生活

不要为一件事没按计划进行而烦恼，不要为某一次待人接物时礼貌不够周全而自怨自艾。如果你对每件事都精心策划以求万无一失的话，你就会不知不觉地把自己的感情紧紧封闭起来。

我们应该重视生活中偶然的灵感和乐趣，快乐是人生的一个重要价值标准，有时能让自己高兴一下就行，不要整日为解决某一项难题而奔忙。

不要掩饰自己的真实感情

如果你和挚友分离在即，你不必为了避免让他人看到自己流泪而躲到洗手间去。为了怕人说长道短而把自己身上最有价值的一部分掩饰起来，这种做法没有任何道理。生活中许许多多的事都是这样，需要遵从你的心，听取你心灵的声音。

信任他人

如果你对新结识的人表现冷淡，这往往意味着你对他人的信任感已被自我封闭的重压毁灭了。那么，你就不会从你周围的人群中获得乐趣。

这时，你应该放松自己紧张的生活节奏，不妨和初次见面的人打打招呼；或者在你常去买东西的小店里和售货员聊聊；或者和刚结识的新朋友一道参加郊游。努力寻找童年时交友的感觉，信任他人和你自己，而不要每时每刻都疑窦丛生。

学会对自己说"没关系"

孩子们常常发出无缘无故的笑声，他们的烦恼从不闷在心里。而我们成人却常常会被生活中各种各样伤脑筋的事压得喘不过气来。生活中真有那么多的烦恼吗？其实，许多事并没有什么大不了的，只是我们把它放大了而已。我们要学会对自己说"没关系"，这样我们的生活里就会常常充满开怀的笑声。

第三节　常见的人格障碍

依赖型人格障碍

有一对夫妇晚年得子，十分高兴。他们把儿子视为至宝，捧在手上怕摔了，含在口里怕化了，什么事都不让他干，儿子长大以后连基本的生活也不能自理。一天，夫妇要出远门，怕儿子饿死，于是想了一个办法，烙了一张大饼，套在儿子的颈上，告诉他饿了就咬一口。但是等他们回到家里时，发现儿子已经死了，他是饿死的。原来他只知道吃颈前面的饼，不知道把后面的饼转过来吃。

依赖型人格障碍是日常生活中较为常见的人格障碍，依赖型人格对亲近与归属有过分的渴求。这种渴求是强迫的、盲目的、非理性的，与真实的情感无关。依赖型人格的人宁愿放弃自己的个人兴趣、人生观，只要他能找到一座靠山，时刻得到别人对他的温情就心满意足了。依赖型人格的这种处世方式使得他越来越懒惰、脆弱，缺乏自主性和创造性。由于处处委曲求全，依赖型人格障碍患者会产生越来越多的压抑感，这种压抑感会使他渐渐放弃自己的追求和爱好。

依赖型人格障碍的表现特征

在没有从他人处得到大量的建议和保证之前，对日常事物不能出决策。

无助感，让别人为自己作大多数的重要决定，如在何处生活，该选择什么职业等。

被遗弃感。明知他人错了，也随声附和，因为害怕被别人遗弃。

无独立性，很难单独展开计划或做事。

过度容忍，为讨好他人甘愿做低下的或自己不愿做的事。

独处时有不适和无助感，或竭尽全力以逃避孤独。

当亲密的关系中止时感到无助或崩溃。

经常被遭人遗弃的念头所折磨。

很容易因未得到赞许或遭到批评而受到伤害。

具有上述特征中的五项，即可诊断为依赖型人格。

心理学家霍妮在分析依赖型人格障碍时，指出这种类型的人深感自己软弱无助，有一种"我真可怜"的感觉。当要他自己拿主意时，便感到一筹莫展，像一只迷失了港湾的小船，又像失去了父母的小孩。他们理所当然地认为别人比自己优秀，比自己有吸引力，比自己能干，无意识地倾向于以别人的看法来评价自己。

依赖型人格障碍的成因

依赖型人格源于个人发展的早期。幼年时期儿童离开父母就不能生存，在儿童印象中保护他、养育他、满足他一切需要的父母是万能的。他必须依赖他们，总怕失去了这个保护神。这时如果父母过分溺爱，鼓励子女依赖父母，不让他们有长大和自立的机会，以致久而久之，在子女的心目中就会逐渐产生对父母或权威的依赖心理，成年以后依然不能自主。缺乏自信心，总是依靠他人来作决定，终身不能负担起承担各项任务、工作的责任，形成依赖型人格。

依赖型人格障碍的治疗

习惯纠正法。依赖型人格的依赖行为已成为一种习惯，治疗首先必须破除这种不良习惯。你可以每天做记录，记满一个星期，然后将这些事件按自主意识强、中等、较差分为三等，每周一小结。

对自主意识强的事件，以后遇到同类情况应坚持自己做。例如某一天按自己的意愿穿鲜艳衣服上班，那么以后就坚持穿鲜艳衣服上班，而不要因为别人的闲话而放弃，直到自己不再喜欢穿这类衣服为止。这些事情虽然很小，但正是你改正不良习惯的突破口。

对自主意识中等的事件，你应提出改进的方法，并在以后的行动中逐步实施。例如，在制订工作计划时，你听从了朋友的意见，但你并不欣赏这些意见，便应把自己不欣赏的理由说出来。这样，在工作计划中便渗入了你自己的意见，随着自己意见的增多，你便能从听从别人的意见逐步转为完全自主决定。

对自主意识较差的事件，你可以采取诡控制技术逐步强化、提高自主意识。诡控制法是指在别人要求的行为之下增加自我创造的色彩。例如，你从爱人的暗示中得知她喜欢玫瑰花，你为她买一枝花，似乎有完成任务之嫌。但这类事情的次数逐渐增多以后，你会觉得这样做也会给自己带来快乐。你如果主动提议带爱人去植物园度周末，或带爱人去参观插花表演，就证明你的自主意识已大为强化了。

依赖行为并不是轻易可以消除的，一旦形成习惯，你会发现要自己决定每件事毕竟很难，可能会不知不觉地回到老路上去。为防止这种现象的发生，简单的方法是找一个监督者，最好是找自己最依赖的那个人。

重建自信法。如果只简单地破除了依赖的习惯，而不从根本上找原因，那么依赖行为也可能复发。重建自信能从根本上矫治依赖型人格障碍。

第1步，消除童年不良印迹。依赖型的人缺乏自信，自我意识十分低下，这与童年期的不良教育在心中留下的自卑痕迹有关。你可以回忆童年时父母、长辈、朋友对自己说过的具有不良影响的话，例如："你真笨，什么也不会做""瞧你笨手笨脚的，我来帮你做"等等，你把这些话语仔细整理出来，然后一条一条加以认知重构，并将这些话语转告给你的朋友、亲人，让他们在你试着干一些事情时，不要用这些话语来指责你，而要热情地鼓励、帮助你。

第2步，重建勇气。你可以选做一些略带冒险性的事，每周做一项，例如：独自一人到附近的风景点做短途旅行，或者独自一人去参加一项娱乐活动或一周规定一天"自主日"，这一日不论什么事情，决不依赖他人。通过做这些事情，可以增加你的勇气，改变你事事依赖他人的弱点。

自恋型人格障碍

自恋型人格在许多方面与戏剧型人格的表现相似，如情感戏剧化，有时还喜欢性挑逗。二者的不同之处在于，戏剧型人格的人外向、热情，而自恋型人格的人却内向、冷漠。自恋型的人过分看重自己，对权力与理想式的爱情有非分的幻想。他们渴望引人注目，对批评极为敏感。在人际交往中，这种人很难表现出同情心。

自恋型人格障碍的表现特征

1. 对批评的反应是愤怒、羞愧或感到耻辱（尽管不一定当即表露出来）。

2. 喜欢指使他人，要他人为自己服务。

3. 过分自高自大，对自己的才能夸大其词，希望受人关注。

4. 坚信他关注的问题是世上独有的，不能被某些特殊的人物了解。

5. 对无限的成功、权力、荣誉、美丽或理想爱情有过分的幻想。

6. 认为自己应享有他人没有的特权。

7. 渴望持久的关注与赞美。

8. 缺乏同情心。

9. 有很强的嫉妒心。

只要出现其中的 5 项，即可诊断为自恋型人格。

自恋型人格的自我中心特点大多表现为自我重视、夸大、缺乏同情心、对别人的评价过分敏感等。他们一听到别人的赞美之辞，就沾沾自喜，反之，则会暴跳如雷。他们对别人的才智十分嫉妒，有一种"我不好，也不让你好"的心理。在和别人相处时，很少能设身处地理解别人的情感和需要。由于缺乏同情心，所以人际关系很糟，容易产生孤独抑郁的心情，加之他们有不切实际的高目标，容易在各方面遭受失败。

自恋型人格障碍的成因

自恋型人格障碍患者通常在童年时期受到过多的关注和无原则的赞赏，同时又很少承担责任，很少受到批评与挫折。自恋型人格障碍的最根本的动机是得到他人的赞赏与爱，然而，因为他们对他人的冷漠和藐视，而常常被他人所拒绝。这恰好是他们害怕得到的恐惧的后果。

自恋型人格障碍的治疗方法

第一，解除自我中心观。自恋型人格的最主要特征是自我中心，而人生中最为自我中心的阶段是婴儿时期。由此可见，自恋型人格障碍患者的行为实际上退化到了婴儿期。朱迪斯·维尔斯特在他的《必要的丧失》一书中说道："一个迷恋于摇篮的人不愿丧失童年，也就不能适应成人的世界。"因此，要治疗自恋型人格，必须了解那些婴儿化的行为。你可把自己认为讨人嫌的人格特征和别人对你的批评罗列出来，看看有多少婴儿期的成分。

还可以请一位和你亲近的人作为你的监督者，一旦你出现自我中心的行为，便给予警告和提示，督促你及时改正。

第二，学会爱别人。对于自恋型的人来说，光抛弃自我中心观念还不够，还必须学会去爱别人，唯有如此才能真正体会到放弃自我中心观是一种明智的选择，因为你要获得爱首先必须付出爱。

弗洛姆在他的《爱的艺术》一书中阐述了这样的观点：幼儿的爱遵循"我爱因为我被爱"的原则；成人的爱遵循"我被爱因为我爱"的原则；不成熟的爱认为"我爱你因为我需要你"；成熟的爱认为"我需要你因为我爱你"。维尔斯特认为，通过爱，我们可以超越人生。自恋型的爱就像是幼儿的爱、不成熟的爱，因此，要努力加以改正。

生活中最简单的爱的行为便是关心别人，尤其是当别人需要你帮助的时候。只要你在生活中多一份对他人的爱心，你的自恋症便会自然减轻。

强迫型人格障碍

在日常生活中，我们会发现一些儿童或成人会不由自主地去数钟声、台阶，甚至天上的星星；全神贯注地思考某个名词、韵律或典故；一遍遍认真推敲写就的文稿；废寝忘食地探索某个公式、假说或定理；一丝不苟地按顺序起床、进食、上班和入睡；反复洗手等这些现象就叫强迫现象。这些人难以容忍些微的过错和失误，不允许丝毫的杂乱和污秽。他们讲究整洁和秩序，一切都要仔细检查，反复核实。这实际上成了他们的优点：做事认真可靠，遵时守信，井井有条，只不过灵活性有些逊色而已。这些固定刻板的行为对他们而言已经习以为常，不会给他本人带来任何痛苦，并且可以通过注意力的转移或外界的影响而中断，也不会伴有焦虑。

其实，在我们每个正常人身上，都会多多少少地出现一定程度的强迫现象，这些属于正常的心理现象。当强迫思考或行为总是纠缠着你，操纵着你，使你欲罢不能，无从回避，就有可能演变成为强迫性人格障碍，甚至强迫性神经症。强迫型人格障碍是一种性格障碍，多见于尚属成功的男性，男女比例约为 2：1，主要特征是苛求完美。

强迫型人格障碍的表现特征

强迫型人格障碍者特征如下：

1. 做任何事情都要求完美无缺、按部就班、有条不紊，因而有时会影响工作的效率。

2. 不合理地坚持别人也要严格地按照他的方式做事，否则心里很不痛快，对别人做事很不放心。

3. 犹豫不决，常推迟或避免做出决定。

4. 常有不安全感，穷思竭虑，反复考虑计划是否得当，反复核对检查，唯恐疏忽和差错。

5. 拘泥细节，甚至生活小节也要"程序化"，不遵照一定的规矩就感到不安或要重做。

6. 完成一件工作之后常缺乏愉快和满足的体验，相反容易悔恨和内疚。

7. 对自己要求严格，过分沉溺于职责义务与道德规范，无业余爱好，拘谨吝啬，缺少友谊往来。

患者状况至少符合上述项目中的3项，方可诊断为强迫型人格障碍。

强迫型人格的最主要特征就是苛求严格和完美，容易把冲突理智化，具有强烈的自制心理和自控行为。这类人在平时缺乏安全感，对自我过分克制，过分注意自己的行为是否正确、举止是否适当，因此表现得特别死板、缺乏灵活性。责任感特别强，往往用十全十美的高标准要求自己，追求完美，同时又墨守成规。在处事方面，过于谨小慎微，常常由于过分认真而重视细节、忽视全局。怕犯错误，遇事优柔寡断，难以做出决定。他们的情感以焦虑、紧张、悔恨时多，轻松、愉快、满意时少。不能平易近人，难于热情待人，缺乏幽默感。由于对人对己都感到不满而易招怨恨。

强迫型人格具体行为表现有3个方面：

第一，心里总笼罩着一种不安全感，常处于莫名其妙的紧张和焦虑状态。如门锁上后还要反复检查，担心门是否锁好，写完信后反复检查邮票是否已贴好，地址是否写对了，等等。

第二，思虑过多，对自己做的事总没把握，总以为没达到要求，别人一怀疑，自己就感到不安。

第三，行为循规蹈矩，不知变通。自己爱好不多，清规戒律倒不少。处理事情有秩序、整洁，守时，但对节奏明快、突然来的事情显得不知所措，很难适应，对新事物接受慢。

强迫型人格障碍的成因

强迫型人格障碍一般形成于幼年时期，与家庭教育和生活经历直接相关。父母管教过分苛刻，要求子女严格遵守规范，绝不准许其自行其是，造成孩子生怕做错事而遭到父母的惩罚的心理，从而做任何事都思虑甚多，优柔寡断，过分拘谨和小心翼翼，逐渐形成经常性紧张、焦虑的情绪反应。一些家庭成员的生活习惯，也可能对孩子产生影响，如医生家庭，由于过分爱清洁，对孩子的卫生特别注意，容易使孩子形成"洁癖"，产生强迫性洗手等行为。另外，幼年时期受到较强的挫折和刺激，也可能产生强迫型人格。有研究还表明，强迫型人格与遗传也有关系，家庭成员中有患强迫型人格障碍的，其亲属患强迫型人格障碍的概率比普通正常家庭要高。

强迫型人格障碍的治疗

顺其自然法。强迫型人格的主要表现是把冲突理智化，过分压抑和控制自己，因此强迫型人格障碍的纠正主要是减轻和放松精神压力，最有效的方法是顺其自然，不要对做过的事进行评价。比如担心门没有关好，就让它没关好；桌上的东西没有收拾干净，就让它不干净；字写得别扭，也由它去，与自己无任何关系。开始时可能会由此带来焦虑的情绪反应，但由于患者的强迫行为还远没有达到强迫症的无法自控的程度，所以经过一段时间的训练和自己意志的努力，症状是会消除的。

当头棒喝法。"棒喝"是借用禅宗中的"德山棒，临济喝"的说法。德山常以大棒惊吓学生，使执迷不悟的学生顿然开悟，而临济则以模棱两可的问题问学生，学生犹豫不能作答时，临济则大喝一声以示警醒。当一个人过分执着于经典与规矩时，就会对多变的现实感到无所适从。强迫型人格障碍患者已经习惯于按教条办事，在某种程度上像个机器人。而要改变这种状况，就要发现生活中的独特事件，用新的观念和解决问题的新思路、新方法，来改变墨守成规、循规蹈矩的习惯。

分裂型人格障碍

有一位著名的数学家，曾在科研领域做出过卓越的贡献，并以他的名字命名了一个数学定理。尽管他在科研事业上出类拔萃，然而他却是一个人格障碍患者。他性格孤僻内向，成天关在小房间里看书学习，演算公式，攻克难题，几乎谈不上有社会交往和人际交往。他为人沉默寡言，兴趣索然，生活随便，给人一种"古怪"的印象。40岁左右才在家人催促下结了婚。结婚时不知如何操办家具布设，婚后不知道上街购买生活用品。由于过分内向离群，对外界反应不灵敏，社会适应性很差，多次发生车祸，造成严重的后遗症。他所表现出的这些人格特征，心理学上称之为分裂型人格障碍。

分裂型人格障碍一般表示为：内向、孤僻、胆小、懦弱、自卑、害羞、沉默寡言、不爱交往、不关心别人对他的评价、缺乏知己、行为怪癖（但尚能使人理解）。他们尽管没有丧失对现实的认知能力，但社会活动能力差，又缺乏进取心，常静坐沉思，沉溺于幻想之中。自我中心倾向明显，对人态度冷淡，怕见生人，不主动与人打招呼，也不愿意介入别人的事，尤其回避那些竞争性情境。几乎没有自信心，害怕在别人面前讲话做事，往往话到嘴边就犹豫起来，吞吞吐吐，浑身紧张，手足无措；做作业、写文章或干别的事都不愿意让别人看见，害怕被人耻笑。

分裂型人格障碍的表现特征

1. 有奇异的信念，或与文化背景不相称的行为，如相信透视力、心灵感应、特异功能和第六感等。

2. 奇怪的、反常的或特殊的行为或外貌，如服饰奇特、不修边幅、行为不合时宜、习惯或目的不明确。

3. 言语怪异，如离题、用词不当、繁简失当、表达意见不清，并非文化程度或智能障碍等因素所引起。

4. 不寻常的知觉体验，如一惯性的错觉、幻觉、看见不存在的人。

5. 对人冷淡，对亲属也不例外，缺少温暖体贴。

6. 表情淡漠，缺乏深刻或生动的情感体验。

7. 多单独活动，主动与人交往仅限于生活或工作中必需的接触，除一级亲属外无亲密友人。

符合上述项目中的 3 项的人，可诊断为分裂型人格障碍。

从以上的诊断标准我们可以看出，分裂型人格障碍患者主要表现出缺乏温情，难以与别人建立深切的情感联系，于是，他们的人际关系一般很差。因而，大多数分裂型人格障碍患者独身。患者对别人的意见漠不关心，对别人的赞扬、批评，均无动于衷，过着一种孤独寂寞的生活。其中有些人，也有一些业余爱好，但多是阅读、欣赏音乐、思考之类安静、被动的活动，部分人还可能一生沉醉于某种专业，做出较高的成就。但从总体来说，这类人生活平淡、刻板，缺乏创造性和独立性，难以适应多变的现代社会生活。

这类人的内心世界却极其广阔，常常想入非非，但常常缺乏相应的情感内容，缺乏进取心。他们总是以冷漠无情来应付环境，以"眼不见为净"的方式逃避现实，但他们这种与世无争的外表不能压抑内心的焦虑和痛苦。

分裂型人格障碍的成因

分裂型人格障碍的形成与人的早期心理发展有很大的关系。婴儿出生后，有很长一段时间不能独立，需要父母亲的照顾，在这个过程中，儿童与父母的关系占重要地位，儿童就是在与父母的关系中建立自己的早期人格的。在成长过程中，尽管每个儿童不免要受到一些指责，但只要他感觉到周围有人爱他，就不会产生心理上的偏差。但如果终日不断被骂、被批评，得不到父母的爱，儿童就会觉得自己毫无价值。更进一步，如果父母对子女不公正，就会使儿童是非观念不稳定，产生心理上的焦虑和敌对情绪，有些儿童因此而分离、独立、逃避与父母身体和情感的接触，进而逃避与其他人和事物的接触，这样就极易形成分裂型人格。

导致分裂型人格的主要原因是个体不能适应环境。有分裂型人格的人在青少年时期一般都有较强的自尊心和进取心，但由于各种原因使他们经常遭受挫折、失败、屈辱，尊重长期得不到满足，因而自卑、怯懦、胆小等特点逐渐发展、强化和巩固下来，成为他身上稳定的人格特征。他们好高骛远，能力不足，或缺乏合作经验，因而遭受挫折；缺乏机会，与他人合作不好，人际关系不融洽，因而很少获得成功；经常受到家长过分的苛责和打骂、教师或上级过分严厉的批评指责；受环境压抑或社会观念影响（如遗传决定论、宿命论等），承认自己天资不如人；以时运不济来解释自己的处境，聊以自慰。其结果必然助长自卑心理。性格内向，不好交往，使他们不了解周围的人，别人也不了解他们。他们难以得到他人同情、谅解和帮助，于是自卑、怯懦、胆小和内向等人格特征更加强化巩固。

分裂型人格障碍的治疗

兴趣培养法。兴趣是指积极探究某种事物而给予优先注意的认识倾向，并具有向往的良好情感。因此兴趣培养有助于克服兴趣索然、情感淡漠的人格。具体做法如下：

提高认知。要求本人有意识地分析自己，确定积极人生的理想和追求目标。应使其懂得这样一个道理：人生是一个乐趣无穷的愉快旅程，每一个人都应该像一位情趣盎然的旅行家，像欣赏宇宙万物那样，每时每刻都在奇趣欢乐的道路上旅行，这样才能充满生活乐趣和前进的动力。

社会实践。创造条件，有意识地接触社会实际生活，扩大接受社会信息量，促使兴趣多样化。

参加兴趣小组活动。这是培养兴趣的较好形式，内容有绘画、书法、音乐、舞蹈、艺术、体育锻炼、科技活动等。

自我调适法。分裂型人格常从童年期形成起就存在于人的一生，很少改变，而且各种表现比较稳定，不易发生衰退。迄今无特殊药物治疗这种病态人格。不过有分裂型人格的人智力尚属良好，有的人还能获得杰出成就，中外一些艺术家、哲学家和自然科学家也有患分裂型人格障碍的。因此，有这种人格症状的人不要自卑，要勇于承认自己的人格缺陷，注意多与他人接触，不要总是担心会被人耻笑或误解；要尽量轻松愉快地与人谈话、交往，在与人交往中跟他人相互了解，争取得到他人的理解和帮助，用友谊来取代孤独。此外，必须摒弃遗传决定论、女不如男和宿命论的观点，努力实践奋斗，以勤补拙。要相信"世上无难事，只怕有心人"这句至理名言。只要选准适合自己特长和条件的奋斗方向，经过自己努力，一定能够有所成就。

另外还可以通过饲养自己感兴趣的小动物来激发生活的情趣，实现自我满足感和改善其冷漠的心态。

第二章

突破意志障碍，轻松前行

第一节　突破意志障碍

不被回忆所控制

靠怀念过去来逃避现实，确是一种无益的习惯，其结果往往是使人逃避成熟的思考，而进入一种虚无缥缈的幻想境界。

一个夏天的下午，在纽约的一家中国餐厅里，奥里森·科尔在等待着，他感到沮丧而消沉。由于他在工作中有几个地方出现错误，使他没有做成一项相当重要的项目。即使在等待见他一位最珍视的朋友时，也不能像平时一样感到快乐。

他的朋友终于从街那边走过来了，他是一名了不起的精神病医生。医生的诊所就在附近，科尔知道那天他刚刚和最后一名病人谈完了话。

"怎么样，年轻人，"医生不加寒暄就说，"什么事让你不痛快？"对他这种洞察心事的本领，科尔早就不意外了，因此他就直截了当地告诉他使自己烦恼的事情。然后，医生说："来吧，到我的诊所去。我要看看你的反应。"

医生从一个硬纸盒里拿出一卷录音带，塞进录音机里。"在这卷录音带上，"他说，"一共有三个来看我的人所说的话。当然没有必要说出来他们的名字。我要你注意听他们的话，看看你能不能挑出支配了这个 3 个案例的共同因素，只有4个字。"他微笑了一下。

在科尔听起来，录音带上这3个声音共有的特点是不快活。第一个是男人的声音，显示他遭到了某种生意上的损失或失败。第二个是女人的声音，说她因为照顾寡母的责任感，以至于一直没能结婚，她心酸地述说她错过了很多结婚的机会。第三个是一位母亲，因为她十几岁的儿子和警察有了冲突，而她一直在责备自己。

在3个声音中，科尔听到他们一共6次用到4个文字："如果，只要。"

"你一定大感惊奇，"医生说，"你知道我坐在这张椅子里，听到成千上万用这几个字作开头的内疚的话。他们不停地说，直到我要他们停下来。有的时候我会要他们听刚才你听的录音带，我对他们说：'如果，只要你不再说如果、只要，我们或许就能把问题解决掉！'"医生伸伸他的腿。"用'如果''只要'这4个字的问题，"他说，"是因为这几个字不能改变既成的事实，却使我们面朝着错误的方面，向后退而不是向前进，并且只是浪费时间。最后，如果你用这几个字成了习惯，那这几个字就很可能变成阻碍你成功的真正的障碍，成为你不再去努力的借口。"

"现在就拿你自己的例子来说吧。你的计划没有成功。为什么？因为你犯了一些错误。那有什么关系，每个人都会犯错误，错误能让我们学到教训。但是在你告诉我你犯了错误，而为这个遗憾、为那个懊悔的时候，你并没有从这些错误中学到什么。"

"你怎么知道？"科尔带着一点辩护地说。

"因为，"医生说，"你没有脱离过去式，你没有一句话提到未来。从某些方面来说，你十分诚实，你内心里还以此为乐。我们每个人都有一点不太好的毛病，喜欢一再讨论过去的错误。因为不论怎么说，在叙述过去的灾难或挫折的时候，你还是主要角色，你还是整个事情的中心人……"

在医生的开导下，科尔终于意识到，自己沉浸在过去错误的阴影中，还没有真正走出错误，并用积极上进的态度去改变现在的处境。医生告诉科尔，他患上了严重的"怀旧病"，而采用"如果""只要"这类字眼是"怀旧病"

的重要特征。

应该说，一个人适当怀旧是正常的，也是必要的，但是一味地沉湎于过去而否认现在和将来，就会陷入病态。

每个人都应当谨记：昨天就像使用过的支票，明天则像还没有发行的债券，只有今天是现金，可以马上使用。今天是我们轻易就可以拥有的财富，无度的挥霍和无端的错过，都是一种对生命的浪费。

这世上再也没有什么能比今天更真实了。

不要回避今天的真实与琐碎，走脚下的路，唱心底的歌，把头顶的阳光编织成五彩的云裳，遮挡风霜雨雪。每一个日子都向人们敞开，让花朵与微笑回归你疲惫的心灵，让欢乐成为今天的中心。如果有荆棘刺破你匆匆的脚步，那也是今天最真实的痛苦。

只有把持今天，才能让生命感知生活的无边快乐。

都是依赖惹的祸

有些人经常持有的一个最大谬见，就是以为他们永远会从别人不断的帮助中获益。力量是每一个志存高远者的目标，而依靠他人只会导致懦弱。力量是自发的，不依赖于他人。坐在健身房里让别人替我们练习，我们是无法增强自己肌肉的力量的。没有什么比依靠他人更能破坏独立自主的了。如果你依靠他人，你将永远坚强不起来，也不会有独创力。要么抛开身边的"拐杖"独立自主，要么埋葬雄心壮志，一辈子老老实实做个普通人。

一个登山者，一心一意想登上世界第一高峰。

在经过多年的准备之后，他开始了新的旅程。但是，由于他希望完全由自己独得全部的荣耀，所以他决定独自出发。他开始向上攀爬，时间已经有些晚了，然而，他非但没有停下来准备露营的帐篷，反而继续向上攀登，直到四周变得非常黑暗。山上的夜晚显得格外的黑暗，这位登山者什么都看不见。到处都是黑漆漆的一片，能见度为零，因为月亮和星星又刚好被云层给遮住了。即使如此，这位登山者仍然继续不断地向上攀爬着，就在离山顶只剩下几米的地方，他滑倒了，并且迅速地跌了下去。跌落的过程中，他仅仅能看见一些黑色的阴影，以及一种因为被地心引力吸住而快速向下坠落的恐怖感觉。

他下坠着，在这极其恐怖的时刻，他的一生，不论好与坏，也一幕幕地显现在他的脑海中。当他一心一意地想着，此刻死亡是正在如何快速地接近他的时候，突然间，他感到系在腰间的绳子，重重地拉住了他。他整个人被吊在半空中……而那根绳子是唯一拉住他的东西。

在这种上不着天、下不着地、求助无门的境况中，他一点办法也没有，只好大声呼叫："上帝啊！救救我！"

突然间，从天上有个低沉的声音回答他说："你要我做什么？"

"上帝！救救我！"

"你真的相信我可以救你吗？"

"我当然相信！"

"那就把系在你腰间的绳子割断。"在短暂的寂静之后：登山者决定继续全力抓住那根救命的绳子。

第二天，搜救队找到了他的遗体，已经冻得僵硬，他的尸体挂在一根绳子上。他的手也紧紧地抓着那根绳子……在距离地面仅仅1米的地方。

新生命的诞生是从剪断脐带开始的，生命所受到的最大束缚就来自于它对"绳子"的依赖性，人类注定只有靠自己才能获得自由，"你的命运藏在你自己的胸里"，如果你依恋那根"绳子"，你至死也不会明白为什么自己会那么卑贱地离开这个世界。

"在这个世界上最坚强的人是孤独地、只靠自己站着的人。"这是挪威著名戏剧家易卜生对于人所做出的一个断言。穿越世纪的风尘，这句话依然掷地有声，因为它揭示了一个亘古不变的真理：你的命运只藏在你自己的胸里，你就是主宰一切的上帝。

用自己的脚走路

生活中最大的危险，就是依赖他人来保障自己。"让你依赖，让你靠"，就如同伊甸园的蛇，总在你准备赤膊努力一番时引诱你。它会对你说："不用了，你根本不需要。看看，这么多的金钱，这么多好玩、好吃的东西，你享受都来不及呢……"这些话，足以抹杀一个人意欲前进的雄心和勇气，阻止一个人利用自身的资本去换取成功的快乐，让你日复一日原地踏步，止水一般停滞不前，以至于你到了垂暮之年，终日为一生无为悔恨不已。

而且，这种错误的心理，还会剥夺一个人本身具有的独立的权利，使其依赖成性，靠拐杖而不想自己一个人走；有依赖，就不会想独立，其结果是给自己的未来挖下失败的陷阱。

美国总统约翰·肯尼迪的父亲从小就注意对儿子独立性格和精神状态的培养。有一次他赶着马车带儿子出去游玩。在一个拐弯处，因为马车速度很快，猛地把小肯尼迪甩了出去。当马车停住时，儿子以为父亲会下来把他扶起来，但父亲却坐在车上悠闲地掏出烟吸起来。

儿子叫道："爸爸，快来扶我。"

"你摔疼了吗？"

"是的，我自己感觉已站不起来了。"儿子带着哭腔说。

"那也要坚持站起来，重新爬上马车。"

儿子挣扎着自己站了起来，摇摇晃晃地走近马车，艰难地爬了上来。

父亲摇动着鞭子问："你知道为什么让你这么做吗？"

儿子摇了摇头。

父亲接着说："人生就是这样，跌倒、爬起来，奔跑，再跌倒，再爬起来、再奔跑。在任何时候都要全靠自己，没人会去扶你的。"

从那时起，父亲就更加注重对儿子的培养，如经常带着他参加一些大的社交活动，教他如何向客人打招呼、道别，与不同身份的客人应该怎样交谈，如何展示自己的精神风貌、气质和风度，如何坚定自己的信仰，等等。有人问他："你每天要做的事情那么多，怎么有耐心教孩子做这些鸡毛蒜皮的小事？"

谁料约翰·肯尼迪的父亲一语惊人："我是在训练他做总统。"

雨果曾经写道："我宁愿靠自己的力量打开我的前途，而不愿求有力者的垂青。"只要一个人是活着的，他的前途就永远取决于自己，成功与失败，都只系于自己身上。而依赖作为对生命的一种束缚，是一种寄生状态。英国历史学家弗劳德说："一棵树如果要结出果实，必须先在土壤里扎下根。同样，一个人首先需要学会依靠自己、尊重自己，不接受他人的施舍，不等待命运的馈赠。只有在这样的基础上，才可能做出成就。"将希望寄托于他人的帮助，便会形成惰性，失去独立思考和行动的能力；将希望寄托于某种强大的外力上，意志力就会被无情地吞噬掉。

为了训练小狮子的自强自立，母狮子故意将它推到深谷，使其在困境中挣扎求生。在残酷的现实面前，小狮子挣扎着一步一步从深谷之中走了出来。它体会到了"不依靠别人，只能凭借自己的力量前进"，它逐渐成熟了。

真实人生的风风雨雨，只有靠自己去体会，去感受，任何人都不能为你提供永远的庇荫。你应该掌握前进的方向，把握住目标，让目标似灯塔般在高远处闪光；你应该独立思考，有自己的主见，懂得自己解决问题。你不应相信有什么救世主，不该信奉什么神仙或皇帝，你的品格、你的作为，你所有的一切都是你自己行为的产物，并不能靠其他什么东西来改变。

一位父亲和他的儿子出征打仗。父亲已做了将军，儿子还只是马前卒。又一阵号角吹响，战鼓擂响了，父亲庄严地托起一个箭囊，其中插着一支箭。他郑重地对儿子说："这是家传宝箭，佩带在身边，你将力量无穷，但千万不可抽出来。"

那是一个极其精美的箭囊，用厚牛皮打制，镶着幽幽泛光的铜边儿，再看露出的箭尾，一眼便能认定是用上等的孔雀羽毛制作的。儿子喜上眉梢，贪婪地推想箭杆、箭头的模样，耳旁仿佛嗖嗖地箭声掠过，敌方的主帅应声落马而毙。

果然，佩带宝箭的儿子英勇非凡，所向披靡。当鸣金收兵的号角吹响时，儿子再也禁不住得胜的豪气，完全背弃了父亲的叮嘱，强烈的欲望驱赶着他呼一声就拔出宝箭，试图看个究竟。骤然间他惊呆了——一支断箭，箭囊里装着一支折断的箭。

"我一直带着断箭打仗呢！"儿子吓出了一身冷汗，必胜的信念仿佛顷刻间失去支柱的房子，轰然坍塌了。

结果不言自明，儿子惨死于乱军之中。

拂开蒙蒙的硝烟，父亲拣起那支断箭，沉重地说道："不相信自己的意志，永远也做不成将军。"

能够充分发挥一个人的潜能的，不是外援，而是自助；不是依赖，而是自立，如果你总是让其他力量推着才能前行，那么，你的生命意义将归于零。

有这么一则希腊神话：

一个马车夫正赶着马车，艰难地行进在泥泞的道路上。马车上装满了货物。

忽然马车的车轮深深地陷进了烂泥中，马怎么用力也拉不出来。

车夫站在那儿，无助地看着四周，时不时大声地喊着大力士阿喀琉斯的名字，让他来帮助自己。

最后阿喀琉斯出现了，他对车夫说：

"把你自己的肩膀顶到车轮上，然后再赶马，这样你就会得到大力士阿喀琉斯的帮助。如果你连一个手指头都不动一动，就不要指望阿喀琉斯或其他什么人来帮助你。"自助者天助，完全依赖别人的恩赐是不可能的，只有你自己首先尽力而为，别人对你的帮助才能最终解决问题。

你，就是主宰一切的神灵。一个人，即使驾着的是一匹羸弱的老马，但只要马缰掌握在他的手中，他就不会陷入人生的泥潭。人只有依靠他自己，才能自视配得上最高贵的东西。

独立自主的人最可爱

善于驾驭自我命运的人，是最幸福的人，正像康德所说："我早已致力于我决心保持的东西，我将沿着自己的路走下去，什么也无法阻止我对它的追求。"最高的自立是追随自己的心灵，确定自己是正确的，不被任何人的评断所左右的精神上的自立。

剑桥郡的世界第一名女性打击乐独奏家伊芙琳·格兰妮说："从一开始我就决定，一定不要让其他人的观点阻挡我成为一名音乐家的热情。"

她成长在苏格兰东北部的一个农场，从 8 岁时她就开始学习钢琴。随着年龄的增长，她对音乐的热情与日俱增。但不幸的是，她的听力却在渐渐地下降，医生们断定是由于难以康复的神经损伤造成的，而且断到 12 岁，她将彻底耳聋。可是，她对音乐的热爱却从未停止过。

她的目标是成为打击乐独奏家，虽然当时并没有这么一类音乐家。为了演奏，她学会用不同的方法"聆听"其他人演奏的音乐。她只穿着长袜演奏，这样她就能通过她的身体和想像感觉到每个音符的震动，她几乎用她所有的感官来感受着她的整个声音世界。

她决心成为一名音乐家，于是她向伦敦著名的皇家音乐学院提出了申请。

因为以前从来没有一个聋学生提出过申请，所以一些老师反对接收她入学。但是她的演奏征服了所有的老师，她顺利地入了学，并在毕业时荣获了学院的最高荣誉奖。

从那以后，她就致力于成为第一位专职的打击乐独奏家，并且为打击乐独奏谱写和改编了很多乐章，因为那时几乎没有专为打击乐而谱写的乐谱。

至今，她作为独奏家已经有十几年的时间了，因为她很早就下了决心，不会仅仅由于医生诊断她完全变聋而放弃追求，因为医生的诊断并不意味着她的热情和信心不会有结果。

"在这个世界上最坚强的人是孤独地、只靠自己站着的人。"这样的人即使濒临绝望，也依然能认清自己和世界，进而改变自己的所有本质，超越自身和一切的痛苦，进入真正自主的世界。赤橙黄绿青蓝紫，谁都应该有自己的一片天地和特有的亮丽色彩。你应该果断地、毫不顾忌地向世人宣告并展示你的能力、你的风采、你的气度、你的才智。在生活道路上，必须善于作出抉择，不要总是踩着别人的脚步走，不要总是听凭他人摆布，而要勇敢地驾驭自己的命运，调控自己的情感，做自己的主宰，做命运的主人。

一位成功人士回忆他的经历时说："小学 6 年级的时候，我考试得了第一名，老师送我一本世界地图，我好高兴，跑回家就开始看这本世界地图。很不幸，那天轮到我为家人烧洗澡水。我就一边烧水，一边在灶边看地图，看到一张埃及地图，想到埃及很好，埃及有金字塔、有埃及艳后、有尼罗河、有法老王，有很多神秘的东西，心想长大以后如果有机会我一定要去埃及。

"看得入神的时候，突然有一个大人从浴室冲出来，胖胖的围一条浴巾，用很大的声音跟我说：'你在干什么？'我抬头一看，原来是我爸爸，我说：'我在看地图。'爸爸很生气，说：'火都熄了，看什么地图！'我说：'我在看埃及的地图。'我父亲跑过来'啪、啪'给我两个耳光，然后说：'赶快生火，看什么埃及地图！'打完后，踢我屁股一脚，把我踢到火炉旁边去，用很严肃的表情跟我讲：'我向你保证！你这辈子不可能到那么遥远的地方！赶快生火！'

"我当时看着我爸爸，呆住了，心想：我爸爸怎么给我这么奇怪的保证，真的吗？这一生真的不可能去埃及吗？20 年后，我第一次出国就去埃及，我的朋友都问我：'到埃及干什么？'那时候还没开放观光，出国是很难的。我说：'因为我的生命不能被别人设定。'自己就跑到埃及旅行。

"有一天，我坐在金字塔前面的台阶上，买了张明信片寄给我爸爸。我写道：'亲爱的爸爸：我现在在埃及的金字塔前面给你写信，记得小时候，你打我两个耳光，踢我一脚，保证我不能到这么远的地方来，现在我就坐在这里给你写信。'写的时候感触很深。我爸爸收到明信片时跟我妈妈说：'哦！这是哪一次打的，怎么那么有效？一脚踢到埃及去了。'"

在宇宙的中心，回响着那个坚定神秘的音符"我"，如果你听从它的呼唤，致力于你所决定保持的东西，那么你必将突破别人对你的设定，牢牢掌控你的命运。正如泰戈尔所说："我存在，乃是所谓生命的一个永久的奇迹。"

拖延是一种错误的生活

"明天，明天，还有明天"，很多人总是在这样的自我安慰中度过一个又一个今天，殊不知，时间滔滔不息地奔赴终点，当你把今天应该完成的事拖到明天去做时，这个"明天"就足以把你送进坟墓了。

深夜，一个危重病人迎来了他生命中的最后一分钟，死神如期来到了他的身边。在此之前，死神的形象在他脑海中几次闪过。他对死神说："再给我一分钟好吗？"死神回答："你要一分钟干什么？"他说："我想利用这一分钟看一看天，看一看地。我想利用这一分钟想一想我的朋友和我的亲人。如果运气好的话，我还可以看到一朵绽开的花。"

死神说："你的想法不错，但我不能答应。这一切早已留了足够时间让你去欣赏，你却没有像现在这样去珍惜，你看一下这份账单：在60年的生命中，你有1/3的时间在睡觉；剩下的40多年里你经常拖延时间；曾经感叹时间太慢的次数达到了10000，平均每天一次。上学时，你拖延完成家庭作业；成人后，你抽烟、喝酒、看电视，虚掷光阴。

"我把你的时间明细账罗列如下：做事拖延的时间从青年到老年共耗去了36500小时，折合1520天。做事有头无尾、马马虎虎，使得事情不断要重做，浪费了大约300多天。因为无所事事，你经常发呆；你经常埋怨、责怪别人，找借口、找理由、推卸责任；你利用工作时间和同事聊天，把工作丢到了一旁毫无顾忌；工作时间呼呼大睡，你还和无聊的人煲电话粥；你参加了无数次无所用心、懒散昏睡的会议，这使你睡眠远远超出了20年；你也组织了许多类似的无聊会议，使更多的人和你一样睡眠超标；还有……"

说到这里，这个危重病人就断了气。死神叹了口气说："如果你活着的时候能节约一分钟的话，你就能听完我给你记下的账单了。哎，真可惜，世人怎么都是这样，还等不到我动手就后悔死了。"

每个人的生命都是有限的，当拖延成为你的习惯时，死神也就在不知不觉中来临了。你可以给自己时间，但生命却不会给你时间，正如中国古代诗人李商隐所吟诵的"人间桑海朝朝变，莫遣佳期更后期"。

人为什么会被"拖延"的恶魔所纠缠，很大的原因在于当认识到目标的艰巨时所采取的一种逃避心理，能以后再面对的就以后再面对，只要今天舒服就行，拖延就这样成为了"逃避今天的法宝"。而逃避是弱者最明显的特征。

有些事情你的确想做，绝非别人要求你做，尽管你想，但却总是在拖延。你不去做现在可以做的事情，却想着将来某个时间来做。这样你就可以避免马上采取行动，同时你安慰自己并没有真正放弃决心。你会跟自己说："我知道我要做这件事，可是我也许会做不好或不愿意现在就做。应该准备好再做，于是，我当然可以心安理得了。"每当你需要完成某个艰苦的工作时，你都可以求助于这种所谓的"拖延法宝"，这个法宝成了你最容易也是最好的逃避方式。

拖延自己的时间，往往有1/3的原因是自我欺骗，另外2/3是逃避现实。之所以坚持自己这样的拖延行为，还因为你自己从其中得到了一些"好处"：

通过拖延，你显然可以不去做那些令自己感到头疼的事，有些事情你害怕去做，有些事情你想做又害怕行动。

欺骗自己的各种理由让你心安理得，因为你觉得自己还是个实干家，也许就是慢一点的实干家。

只要能一拖再拖，你就可以永远保持现状，无须力求改进，也不必承担任何随之而来的风险。

你厌倦生活，你抱怨说是其他人或一些琐事让你情绪消沉，这样你便轻松摆脱责任，并且推卸给客观环境。

你通过拖延时间，让自己在最短的时间内完成工作，如果做得不好，你会说："我时间不够！"

你找借口不做任何没把握的事情，以避免失败，这样你觉得自己还真不是个低能的人。

就这样，拖延成了你用来逃避的通行证，你和社会上千万人一样像草木般活着，遇到任何困难都不当机立断，任其耽误下去。

人的本质都是懦弱的，从这一点上说，拖延和犹豫是人类最合乎人情的弱点，但是正因为它合乎人情，没有明显的危害，所以无形中耽误了许多事情，因此而引起的烦恼，实在比明显的罪恶还要厉害。你拖延得了一时，却拖延不过一世，今天你利用拖延这张证件避免了危险和失败，但这样做又能达到怎样的目的呢？在你避免可能遭到失败的同时，你也失去了取得成功的机会。

第二节　走出过去的阴影

你仍生活在过去的阴影当中吗

在往下读之前，请先回答下面具有启发性的问卷调查表。

1. 你经常以同样的方式讲述以前的经历吗？

　A. 人们用呆滞的目光看着你，礼貌地倾听着，但你却毫不在意，继

续讲下去

　　B. 当谈及某些你想要发表个人看法的事情时，你会时不时地讲一些

　　C. 有时人们会问到你的过去，但你倾向于拒绝回答

　　D. 当话题与过去的事情相关时，你会时不时地讨论一番

　　2. 你经常抱怨你年轻时与现在的物价差别吗？

　　A. 经常

　　B. 有时

　　C. 你记不清以前的物价到底是多少

　　D. 一点也不在意

　　3. 很多年以前，你失去了一个心爱的宠物，你会？

　　A. 你再也没有心情喂养宠物，因为你不能面对失去它的痛苦

　　B. 从那以后你已经接着喂养宠物，但不再是同样的宠物

　　C. 你没有再喂养宠物，因为你对它已失去兴趣

　　D. 从那以后你已经接着喂养同一种宠物，并同样地喜爱它

　　4. 你喜欢尝试新鲜事物吗？如食品、时尚产品、旅行或新的体验等？

　　A. 你喜欢坚持你所知道的和喜欢的事物

　　B. 你有时尝试新鲜事物

　　C. 你不会总是倾向于尝试任何特殊的食品、产品或体验，只是随遇而安

　　D. 你有着广泛的兴趣，好奇心强，喜欢冒险

　　5. 数学老师告诉你说，你在数学上没有什么前途，再继续这样教你没有任何意义。对此你会怎样处理？

　　A. 你相信他所说的，没有继续学习数学

　　B. 你用足够的精力去学数学，以求勉强通过

　　C. 你尽量避免数学，即使它限制了你的选择

　　D. 你找到某个以正确的方式教导你的人，所以你数学方面的欠缺从没有阻碍你的发展

　　6. 别人对你的诽谤或消极言论是否对你产生影响？

A. 你记忆非常深刻，从没有忘记

B. 你尽力去忘记它们，但它们有时仍会在头脑中浮现

C. "我为什么会为别人的想法而苦恼呢？"

D. 你会回忆此类的事情，直到它们从你头脑中完全消失

7. 你崇尚于学习、研究新信息和新知识或是提高和增长你现有的技能和知识水平吗？

A. 你从不读书、参加培训，或者看教育性节目，你崇尚实际的生活

B. 你喜欢阅读和观看电视上的节目

C. 你认为正式的学习无关紧要，而且浪费时间

D. 你喜欢学习和研究，如果有机会就参加培训，而且总是在不停地读书

8. 你接受新知识的能力有多强？

A. 人们经常说他们已经告诉你某些事情，但你没有记住，或者你没有认真听

B. 有时你发现自己无法接受新知识

C. 你不是经常有足够的兴趣

D. 你喜欢接受新思想，挑战自己，学习新知识并加以应用

9. 你思考时有多少想法是关于现在的？

A. 你经常做白日梦，回忆过去或计划未来

B. 你思考现实的生活，但你还是想着过去的很多事情

C. 你思考现实的生活，过去的就过去了

D. 你尽量思考现实的生活，但你会从过去当中吸取一些特殊的教训

10. 你健忘吗？

A. 你的长期记忆要好于短期记忆，你常常忽略每天的一些细节或信息

B. 你会记住一些，同时也会忘记一些

C. 你感觉记东西非常困难，除非你把事情都写下来并排好顺序

D. 你会记住重要的事情

11. 你是否认为自己有时会一次又一次地面对同样的情况或问题？

A. 是的，非常肯定

B. 是的，有些事情确实会再次发生，但并不是你有意要让它们发生的

C. 不是，你尽量继续生活，忘记过去，从不重复

D. 当这种情况发生时，你尽量理解并找出重复的部分

12. 在一段新的感情关系开始不久后，你是否发现对方会让你想起以前的那个他或她？

A. 你只经历过一段认真的关系；或者，是的，他们（她们）确实具有相同之处

B. 你尽量选择不同的对象，但有时他们（她们）之间的共同点要多于你所想象的

C. 每个人都是不同的

D. 有些东西是不同的，有些东西是相同的；你尽量理解是什么在驱使着你的选择

分析

把所有相同的选项都加起来：

A _____   B _____   C _____   D _____

你受过去影响的程度有多大？很少人只选择一个相同的选项；阅读下面对每个选项的评论，参看你所选的两个或两个以上相同的选项。

选 A 最多：这种人在他们的早期生活中有过特殊意义的经历，不管什么原因，他们当时没有能力完全处理。比如，你可能搬到一个新地方，放弃了原有的生活；你遇到过损失或困难，你没有与别人讨论过此事，当时你也没有能力解决，或者年轻时你只有依靠自己。在观念上你可能很保守，抵制改变，不愿接受新信息，因为你发现那样会令你不安，感觉受到威胁。你可能不喜欢挑战自己的传统观念。当处于安全状态时你可能会接受改变，但你不喜欢强加给自己的事情。

选 B 最多：你受过去的影响比你意识到的要强烈。它们会慢慢地影响你并分散你的注意力。可能有些过去的事情需要你关注和理解。你是否已经

摆脱它们，或已经对它们失去感觉，或这些年来你在逃避回忆，或你告诉自己不要那么幼稚，适应它们就行了？你并不像你想象中的那么有逻辑思维，你还受到不可自控的感情的影响。给自己一些空间去思考你的真实想法和感受，你会发现事情还可以用不同的方式解决。

选C最多：你对过去的事情有着非常固执的态度：过去的事情已经过去，你不想再受它们的影响。为了不受它们的影响，你在竭尽全力与过去的事情保持距离。这会阻止你接受新信息和改变，无法适应新环境，你无法忍耐任何事情威胁到你精心维护的现状。如果它们确实影响到你，你并不会因为它们而茫然不知所措，你可能已经有能力轻松地处理它们。

选D最多：你是个富有洞察力的人，你能够意识到过去生活对你的影响。你尽力从过去的经历中吸取教训，并且对解决你所意识到任何重复出现的情况非常感兴趣。你非常清楚自己的过去，以及它把你塑造成什么样的人——这便是所谓的"传记能力"。

走过的脚印

有这样一句名言："生活越艰难，你就会变得越发坚强。"德国哲学家尼采也曾说过："那些没有毁灭我的经历会让我变得更加强大。"你对这样的说法有什么见解？

这是解决改变和抚平伤痛的一个办法。生活就是由一系列的阶段组成的，每个阶段都是因重大的"分裂"而结束的。这些"分裂"是生活周期的自然组成部分：比如，长大离开家庭、拥有孩子、到达中年、有能力对付必须面对的重大挑战。每个"分裂"都会宣告过去的结束，新的开始。在这些时期，人们都会改变以便有能力适应并融合到新的现实。有时人们会由于压力而暂时不知所措或病倒。这种改变的过程在本质上是令人痛苦不堪的，因此，我们会希望时间停止，任何事情不再改变，也不会再继续出错。但事实上，改变的过程本身没有任何错误，只是我们不喜欢它而已。我们除了要生存下去，还要成长、改变和提高，就像人类进化一样。我们会变得更加复杂，掌握更多技能、能力，培养更强的理解和反应能力；我们会变得更加有耐心和富有远见。回忆从小时候起你经历过的所有重要的事情，你从中吸取到哪些教训？

我们持续不断地成长和发展取决于我们充分体验生活中每件事情的能力，不会有失败的感觉，也不会主动逃避这些经历。当一个人真诚地面对所发生的事情时，他或她会发自内心地去解决它们，并从中明白一些道理，这便是一种成长。这会让你培养一种能力和信任感，你将有能力回答生活向你提出的任何难题。我们需要信赖、幽默感、友谊和自律，并希望它们在前面的旅途上支持我们。

你从过去的经历中得到哪些特殊的能力、远见和技能？

1. _____
2. _____
3. _____
4. _____
5. _____
6. _____
7. _____
8. _____
9. _____
10. _____

移情的陷阱

移情现象发生在所有的人际关系当中，包括感情关系。当我们和别人交往时，我们往往会通过从过去的经历得出的观点去理解它，这时就会发生移情。多数情况下，我们对此并没有注意。在密切的人际关系中，移情的作用会越发激烈。这意味着你不会去听从某些人现在说的话，而是听从他们（她们）已经说过的话，当然两者会有细微的差别。你对他们（她们）的看法会影响到自己的期望。在细微的层次上，我们"希望"某些人会以过去同样的方式表现，以便于我们会有一如既往的感觉，即使事实上并不如此。在人际交往中，这种误解常常会招致争论和不愉快的事情的发生。

建立于过去的期望会导致一概的消极想法：你在过去是沮丧和孤独的，所以未来也是如此，但你不会相信任何期望保持现状的人。"自我实现预言"的说法就是从这里得出的。

李琳的男友要求她把垃圾清理出去，他正在忙着修理电视机的遥控器。李琳的第一反应是生气，她非常愤怒——他怎么可以坐在睡椅上对她如此呼来喝去；然后她感觉非常厌烦——每次都是她清理垃圾，而他却很少帮她做任何事情。李琳有份全职工作，而且还要去大学上课，但男友却认为在晚上除了清理他留下的垃圾以外她没有什么可做的。

李琳已经 33 岁，居无定所，她的生活方式与父母如出一辙。家里没有很多钱，但为了让她和妹妹李娜拥有她们想要的东西，让她们受到良好的教育，父母非常努力地工作。李琳和李娜学会了音乐，并得到了她们想要的东西。李娜考上了音乐学院，而李琳却违背了父母的期望，他们认为她应该非常出色。当离开学校后她没有朝着职业人的方向发展，而是去印度旅行，几年内换着各种各样的工作和男友。李琳清晰地记得父母早期的婚姻生活：妈妈总是在努力工作，为一家人做出牺牲；而爸爸回到家后则总是坐在电视机前，等着妈妈准备好晚餐。

爸爸还要求妈妈为他准备好一切，而且从不帮忙做家务。李琳还记得爸爸经常唠叨，叫她帮妈妈干活，而他却总坐在那里。她讨厌爸爸让妈妈干这干那的方式，当她懂得男女应该具有平等地位后，她便批评和否定爸爸消极和疏远的行为。

当李琳的男友高强让她清理垃圾时，她所听到的不是一个简单的请求，而是她生命中所有男人的声音，包括她的爸爸。她憎恨他们一贯地懒惰、剥削，利用女人的善良仁慈。她决定不再忍受，她告诉高强要么他自己清理垃圾，要么就离开。

高强把视线从刚刚修好的遥控器转移到她身上，他不明白李琳所说的，或者为什么突然间她会如此气愤，然后就请她再说一次。

"你听到了，"李琳说，"我对你的呼来喝去感到极为厌烦，每周都是我清理垃圾，你从没有帮过我。我不需要你告诉我什么时候去做。你总是坐在那里，整晚上看体育节目，而我却要购物、做饭、清理，你甚至不问我是否需要帮助。"

"喂！"高强说，"别太认真，我的意思是提醒你清理垃圾——你告诉我让我提醒你。我已经修理好电视遥控器，它只需要更换电池，就这样。我本以为一会儿我们要一起看你想要看的电影呢！"

他已经变得苍白无力，当李琳这样攻击他时他经常有不安的感觉，他不知道到底哪出了问题。他发现这会给他带来很大的压力。在他小的时候父母经常吵架，他们最后就是以离婚而告终。

如果高强和李琳能够充分地意识到各自的问题，他们会在这方面寻求帮助，因为他们之间的冲突对双方来说都非常严重，以至于不能清楚地思考。高强的经历近乎是一场灾难，他的妈妈坚持要求爸爸离开家庭。李琳也重新回忆了十几岁时她对爸爸的愤怒，正如当时她亲身感受到的。在这点上他们的反应可能会终结双方的感情关系，除非他们都后退一步，并且弄明白他们对彼此的愤怒与目前的情况没有任何关系。他们没有意识到已经陷入了过去的阴影，他们都认为这是对方的"错误"。

忘记过去，寻找全新的体验并不是件容易的事。我们都经历过感情关系并彼此相互影响，在某种程度上这都有助于我们培养和铸就自己的个性。但过去的事情总是阻碍着我们欣赏和享受现在所拥有的。回忆过去是一个不容易摆脱的习惯。现在有许多自助计划，以及建议放开过去、继续向前发展的方法。但你怎样放开过去呢？它不像听起来那么简单，因为我们总是固执地坚持自我感觉，即使灵活的变通会让生活更加美好，但我们还是倾向于以一贯的方式行事，这会让我们感到安全和熟悉。为什么？我们只是不知道怎样变得不同而已。

忘记过去旧有的伤口并不完全等同于将所有的事情都抛之脑后。忘记或"我不知道怎样思考和讨论过去的事情"，这些都只是在逃避压力或痛苦。这种企图靠拒绝面对现实来逃避痛苦经历的方法不会让你永久地忘记伤口。我们可以抵触或否认某些经历对我们产生的影响，或者当别人提及时我们会急躁敏感，但这些经历仍然是压力的潜在来源。

李琳和高强确实在努力思考问题到底出自哪里，因为他们都和亲近的朋友谈论了此事，而且高强的一个老朋友认为他在感情关系中正处于一种类似于恐惧和泄气的状态。他是家中最小，也是对父母打架感到最为恐惧的孩子。他告诉李琳当她向他喊叫时他感到非常不公平。他感觉自己已经尽力分担他们共同的责任，做饭和清理垃圾只是不属于他的工作而已。在他的家庭中，妈妈承担所有的家务，他对自己的厨艺一点信心都没有。李琳这种气势汹汹的对抗方式让他感到非常不安。

在他们互相交流想法时，李琳泣不成声，因为他们谈及一些真正重要和痛苦的问题。他们都意识到没有必要再重新扮演父母的角色。李琳还第一次明白了一些事情，因为父母从没有向她解释过：妈妈对爸爸如此照顾是因为他患有肌痛性脑脊髓炎，他每天都非常疲惫，而且饱受病痛的折磨。爸爸对妈妈承担如此多的家务也感到非常内疚，这也是他要尽力让孩子们过上幸福生活的原因。李琳意识到高强对她的心情非常敏感，很难处理她对抗的态度。她说服了高强让他放弃对自己原有的看法，而且高强也同意如果她对他的厨艺不过多批评的话，他会帮更多的忙。这次对话拉近了彼此之间的距离，因为他们学会了怎样更好地去理解对方。

痛苦或不安的回忆

你如何知道自己是否受过去的影响？你是否已经处理好你的生活经历，并最终让它们"成为过去"？或者你是否"遗忘"而没有再次回忆它们，并把它们摆在正确的位置？在生活中任何特殊的时刻，我们都会以不同的观点看待过去的经历。如果我们对任何经历的看法是固定而不可改变的，那是因为你还没有回忆和思考它。如果我们能综合对过去的认识和理解，我们便能自由地作出改变和进行新的选择。

在生活中，你有没有对你造成压力、痛苦甚至精神创伤的回忆？它们可能会是每天生活中的日常事情，比如，小时候经历的失败或失望，一段不愉快的经历，难以确定生活方向；如果涉及精神上的创伤，比如痛失亲人，被忽视、受虐待或被出卖的经历，那么情况可能会更加严重。

痛苦回忆的测试

在生活中令你感到最痛苦的回忆是什么？请列举 5 个，它们可以来自于生活中的任何阶段。不用过多地思考，简单写下你头脑中想到的即可。

1. _____

2. _____

3. _____

4. _____

5. _____

现在你对这些回忆是什么感觉？选择下面其中的一项。

A. 我克服了发生过的事情，现在已经不再受它的影响

B. 有时我仍会思考发生过的事情，但不管怎样它并不会影响我

C. 有时我仍会思考一些事情，而且我知道它们已经影响着我的生活和我作出决定的方式

D. 我不能忘记所发生的，我几乎每天都会仔细地思考它

E. 我仍会做噩梦，或幻觉重现；我不断地感到恐惧，比如在去某些地方或做某些事情时感到非常恐怖

分析

如果你选择 A 或 B，这意味着在过去的经历和感情关系上你仍有一些没有解决的问题。即使你能很好地应付，但它们会影响你的一些行为和态度。这种影响只是细微的，与以前的事情没有关系。然而有时候如果谈到一些话

题时你会非常小心。有时当亲近你的人体会你的态度或行为时，他们会觉得你有些奇怪，很难完全明白你的感受，就像是你不允许他们谈论没有遗忘的一些回忆，不允许把它们和现在的你放在一起。

如果你选择 C，这意味着你是一个爱思考的人，而且对自己有很深的了解。这已经让你颇为受益，因为随着时间的过去，你已经学会在头脑中把事情理顺，把它们放在正确的位置。这些体会还可以让你具备帮助他人的能力。

如果你选择 D，这意味着你的一些回忆只得到部分解决，你会发现以某种方式提高解决过程的速度会更加有效，以便于抑制这些不安的回忆影响你。这样做会极大地提高你的生活质量。

如果你选择 E，这明显标志着在思考一些没有得到完全解决的经历时，你需要帮助。为什么不试着探索哪种帮助对你最有用？是什么在拖延或阻碍着你寻求帮助？面对过去痛苦和恐惧的经历而产生的不安绝没有你想象的那样糟糕，只要你选择有能力的人以合适的方式支持你，问题就会迎刃而解。最糟糕的事情都已经发生了，把它们和盘托出，然后将它们放置在正确的位置，不要再胡思乱想。

继续前进的秘密

解决过去的回忆、失败和改变并不等同于遗忘过去，继续前进，好像什么都没有发生。痛苦的伤口会从过去保持到现在，治愈它是生活中一项艰巨的任务。有时人们会认为他们要做的就是继续做下一件事情，并避免任何不安的回忆或回声（类似于在你头脑中不断响起而又让你不安的声音）。继续前进便是正确的决定。比如，他们可能觉得在一间看起来有些像父母住所的房间居住会让他们找到童年时的感觉。或者某人曾给过他们柠檬汽水，他们小时候讨厌柠檬，于是他们会讨厌一切带有一点柠檬味的东西，并且会煞费苦心地避免吃任何带有柠檬味的食物。避免柠檬是在逃避现实的行为。试问：那段回忆怎样对你产生如此强烈的影响？

精神治疗专家称这样的回忆为"屏障记忆"。这种回忆代表着一整套的感觉、回声和深刻的回忆，它们与那些没有得到完全处理和理解的经历有关系。它们仅是"发生了"，就像是我们吃下的食物，在我们的内部系统中不停地乱转，因为我们不能对它们进行新陈代谢。像这样的回忆就需要我们耐心地思考和理解；我们需要回忆并思考它们对我们产生怎样的影响。如果能做到这些，我们的生活经历便会成为个人力量的源泉。

回忆过去

我们所有人很早就会形成一些核心观念，它们在某些情况下影响着我们的自尊心和自信心。它们不是我们通过自觉思考而得到的体会，而是我们的本能，这形成于我们的经历，以及小时候成年人对我们的教诲。这些隐藏于内心的核心观念的问题是：我们并没有完全意识到它们的存在。它们确实处于隐藏状态。只有一些非常了解你的人能体会到它们的存在，你自己可能从没有意识到你多么依赖于这些看待事情的方法。这些观念的另一个问题是它们是过时的古董、遗物，它们是在你小时候，或者非常年轻，或你的世界观还非常狭隘时所养成的。

它们是你应对生活的决策。它们使你避免以全新的角度去应对任何新情况，现在它们又阻碍你学习怎样解决自己的问题。在复杂、多层次的现实世界中，它们对于你——一个成年人来说，起不到任何帮助的作用。

过去你是否拥有自认为不可改变的核心观念？小时候，你有没有听别人说你是个坏小孩，淘气、丑陋、笨拙、不受欢迎、没人理睬？

陷入困境

我们每个人都会时不时地陷入困境。在这种情况下你无法前进，好像一种无形的力量在把你拉向相反的方向。每次当你付出艰苦努力前进的时候，其他的一些事情便会阻碍你。有时你只能听天由命，因为你已经力不从心。有时保持沉默，什么都不做是非常明智的，因为你不会把情况搞得更加糟糕。但有时你则需要摆脱成规旧俗，以自己独特的方式行事。保持惯例还是摆脱成规，哪个需要你付出更多的精力？这完全取决于你所处的情况。

（1）思考你在过去生活中陷入困境的一次经历，你尽力走出困境并继续前进。

（2）当时是什么帮助你做出行动的决定？

（3）现在什么会帮助你做出行动的决定？

正如一位名人说的那样：在某种意义上，每个出口同时又是一个入口。

打破成规

打破成规是件容易的事情，它会帮助你走出困境继续前进。当然每个人在这方面都有自己独特的方法，下面列举的方法就能经常起到改进的作用。

更换环境。你可以去不同的地方，或你从没有去过的地方，或者让你有自信、产生良好感觉的地方。如果你暂时不能更换住所，那就去度假。如果你不能度假，那就出去玩一个周末。如果你不能玩一个周末，那就做一些新颖、不同的事情。比如，做一些挑战自己的事情，或者从中可以领会到新知识的事情。你难道不喜欢吗？重要的是你要做自己喜欢的事情。

收拾和整理东西。你不一定整理整个房屋，而是一部分，甚至是一小部分，让它给人一种新鲜、明亮、整洁的感觉。摆放你最喜欢的一些物品，或者更换成新的物品。你要相信这个空间是你从事新的活动，实现梦想或计划的地方。这个地方能够赋予你灵感，让你拥有积极的思想。

扔掉一些废弃物。

做2～3件你由于某些原因而推迟了一二天的事情，它们可能让你感到困难或乏味。你可以去做，但不要马上做太多。比如，到邮局送一封信。

随意地做一些善事。比如施舍别人一些东西，或帮他们解决困难。这可能完全出于自己的利益考虑，只要这样做能让你感觉更加良好。

微笑。研究表明，经常微笑的人在内心会感觉更好一些。

寻找生活中的一些笑料，比如喜剧电影等。如果你的人生经历就是一个喜剧，那么它是怎样进行的呢？

与某些没有任何烦恼的人讨论你的情况，注意不是那些可能会同情你、鼓励你，与你为伴的人。同时与几个人讨论，他们更有可能为你提供更多的解决方案，而不是同情你的悲惨遭遇。

使自己所处的环境充满鼓舞人心和提升情绪的音乐、香气或者你喜爱的氛围。这种良好的氛围对某些人会起作用："醒来后，闻到咖啡的香味。"

锻炼身体。如果可以的话最好是户外锻炼，除非你已经习惯于每天到体育馆内锻炼。

冒险。你可以尝试解决一些困难，承担更多的工作，以挑战自己的极限。争取能够取得一鸣惊人的成绩。这会让你摆脱其他困难给你带来的痛苦，并增强你的自信心。

变换参照物。这涉及创新思维和重新定义的问题。从一个全新的角度去审视你面临的困难。以第一人称"我"写下你的问题。然后，转换成第三人称"他"或"她"，从一个完全不同于自己的角度写下问题。比如，如果你是一位 32 岁的城市单身女人，那么就从一位 55 岁的农村已婚老太太的角度去叙述故事。这听起来是否荒谬可笑？这当然会让你以一种完全不同于自己的角度看待生活和问题。

思考生活中一次走进死胡同的经历。返回到原来的路上会怎么样？那样会有什么样的感觉？你是怎样重新恢复方向感的？

你非常喜欢去做，而又没有做的事情是什么？

思考小时候真正让你受挫的事情。你是如何解决它们的？现在是否遇到过任何与你的解决问题方法类似的事情？你能以不同的方式解决它们吗？

在什么情况下你感觉最好？

最好的方法是自己研究出的创新方法。